# 地球システム環境化学

鹿園直建[著]

東京大学出版会

Environmental Chemistry of the Earth System

Naotatsu SHIKAZONO

University of Tokyo Press, 2010
ISBN 978-4-13-060755-1

# はしがき

地球は，大気圏，水圏，岩石圏（地圏），生物圏，人間社会というサブシステムから構成され，それぞれの相互作用からなるシステムといえる（図1）．ここではこれを地球システムと呼ぶ．人間社会とほかのサブシステム間の相互作用の問題は，現代社会にとって最重要課題になってきている．すなわち近年，資源の有限性・枯渇化の問題が明らかになり，さまざまな地球環境・資源問題が顕在化し，現代人は地球と人間社会の危機を強く認識してきている．これらの問題を解決するための第一歩は，地球システムの科学的理解にある．特に地球を構成する要素（水，大気，岩石などのサブシステム）間のさまざまな相互作用（物質とエネルギーの移行循環）のメカニズムが明らかにされる必要がある．

そこで，ここでは地球環境・資源問題についての科学理解を得るための基礎的考え方について述べる．特に，地球表層環境に起こっているさまざまな水を含む物質移動のプロセスとメカニズムを取り上げる．それは，水は物質を溶解する力が大きく，流動しやすいために，物質移動の力が大きく，人間社会，生物圏に多大な影響を与えるからである．具体的にいうと，地球環境問題に関連し，1) 水・土壌・岩石反応，2) 廃棄物・地下水反応，資源問

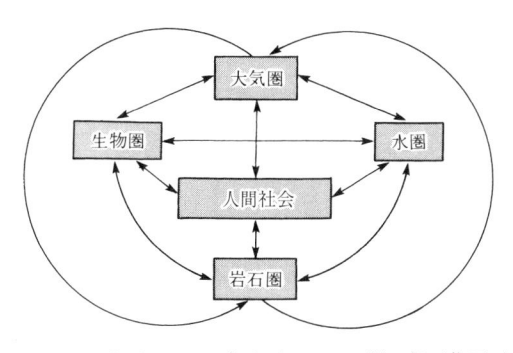

**図1** 地球システムのサブシステムとサブシステム間の相互作用（鹿園，1997）

題に関連して，1）金属鉱床の生成，2）熱水系での物質移動，および両問題に関連して，1）水・岩石（鉱物）系の化学平衡論，速度論，物質移動論，2）物質循環，元素の地球化学サイクルについて，本書では特に詳しく扱った．

　以前，筆者は『地球システムの化学』を出版した（鹿園，1997）．本書は，基本的にはその改訂版であるが，前書との違いは，地球表層環境のシステム解析と物質移動のメカニズムを中心に論じている点にある．すなわち，以前は取り上げなかった吸着・脱着反応，コロイド，バイオミネラリゼーション，元素分配，フリーラジカル反応などのメカニズム，プロセスについても新たに加え，また土壌，河川水，グローバル物質循環，二酸化炭素地中貯留における物質移動解析など解析例を多く取り上げている．また，グローバル物質循環についてのシステム解析についてより詳しい説明を加えた．このグローバル物質循環では数式による解析の基礎が述べられているが，そのほかに数式と物質循環メカニズムとの関連性についても簡単にふれてある．このほかに，本書では前書に比して基礎的事項について多く述べるようにし，また全体を通して内容的に系統的な構成になるように心掛けたつもりである．

　本書は，慶應義塾大学理工学部・理工学研究科，筑波大学地球科学系，秋田大学工学資源学部，東北大学理学部，京都大学理学部で行ってきた授業内容を基に書き下ろした．授業を通しての学生諸君からの質問と意見は，本書を執筆する上でたいへん有意義であった．本書の内容の一部は，慶應義塾大学地球化学研究室の卒業論文，修士論文，博士論文の研究成果（柏木洋彦，小川泰正，大谷晴啓，荒川貴之；敬称略）である．東京大学出版会の小松美加さんにはたいへん丁寧な原稿校閲をしていただいた．東京学芸大学藤本光一郎氏，原子力安全基盤機構竹野直人氏には原稿を読んでいただき，多くの有益なコメントをいただいた．相澤素子さん，片山典子さん，菅京子さんには文章入力の手伝いをしていただいた．以上の方々に深く感謝いたします．

　　2010年春

鹿園直建

# 目次

はしがき

## 1 地球表層環境システム ………………………………… 1

1-1 地球システムの不均一性　1
1-2 地球表層環境システム内の相互作用　3

## 2 化学平衡論 …………………………………………………… 6

2-1 化学平衡　6
　2-1-1 化学平衡モデル　6
　2-1-2 活動度係数　8
　　(1) デバイ・ヒュッケルモデル　8
　　(2) デービスモデル，ピッツァーモデル　8
2-2 固相-水溶液相系における固相の安定性　9
2-3 鉱物の溶解度　14
　2-3-1 酸化物，水酸化物　14
　2-3-2 炭酸塩鉱物　14
　　(1) 大気の $CO_2$ 分圧一定のときの方解石の溶解度　14
　　(2) 閉鎖系で方解石と水溶液が平衡にあるときの方解石の溶解度　17
　2-3-3 ケイ酸塩鉱物　17
　2-3-4 硫化鉱物　22
2-4 酸化還元条件　26
　2-4-1 酸素フガシティー-pH図　26
　　(1) H-S-O系　26
　　(2) Fe-S-O-H系，Cu-Fe-S-O-H系　28
2-5 元素分配　32
　2-5-1 レイリー分別　32
　2-5-2 固溶体と分配係数　33
　　(1) 方解石と水溶液間のカドミウムの分配　33
　　(2) 方解石-水溶液間の希土類元素の分配　34
　2-5-3 イオン交換平衡　36

(1) 粘土鉱物の陽イオン交換平衡　36
         (2) 固溶体の影響　39
      2-5-4　弾性体理論　40
   2-6　部分化学平衡　42
      2-6-1　水－岩石反応　42
      2-6-2　液相－気相分離と沸騰に伴う鉱物の生成　45
         (1) 1段階沸騰　46
         (2) 多段階沸騰　47

# 3　物質移動論　49

   3-1　物質移動の基本式　49
   3-2　鉱物の溶解，沈澱と反応律速　50
      3-2-1　溶解・沈澱反応速度式　50
      3-2-2　溶解反応メカニズム　60
         (1) 石英　60
         (2) 長石　62
         (3) 方解石　66
         (4) ガラス　66
      3-2-3　天然の鉱物の溶解支配因子　69
      3-2-4　沈澱反応メカニズム　69
         (1) シリカ　71
         (2) 方解石　72
      3-2-5　前駆物質と準安定相　75
   3-3　吸着反応　76
      3-3-1　吸着　76
      3-3-2　重金属イオンの特異吸着　77
      3-3-3　表面反応，吸・脱着反応，イオン交換メカニズム　79
   3-4　コロイド　81
   3-5　バイオミネラリゼーション　82
   3-6　フリーラジカル反応　85
   3-7　拡散　86
      3-7-1　フィックの法則　87
      3-7-2　岩石・鉱物の空隙中の拡散　89
      3-7-3　鉱物(変質層)中の拡散係数の推定　90
   3-8　流動　91
      3-8-1　ダルシー則　91
   3-9　カップリングモデル　93

3-9-1　反応 – 流動モデル　93
     (1) 定常完全混合流動 – 反応モデル　94
     (2) 非定常完全混合流動 – 反応モデルに基づく固体の溶解　96
     (3) 押し出し流れ – 反応モデル　100
   3-9-2　反応 – 拡散モデル　101

# 4　システム解析　102

 4-1　地下水　102
   4-1-1　地下水水質形成メカニズム　102
     (1) 化学量論的反応(水溶液 – 固相間) – 化学平衡(水溶液 – 気相間)モデル　102
     (2) 反応速度(固相 – 水溶液間) – 流動モデル　108

 4-2　風化・土壌系　112
   4-2-1　土壌水組成　112
   4-2-2　化学的風化作用における元素の移動　114

 4-3　熱水系　116
   4-3-1　地熱系　116
     (1) 多元素多成分不均一系の解析 – 地熱水の化学組成　116
     (2) 熱水変質作用における物質移動　122
   4-3-2　海底熱水系　125
     (1) 流入帯　126
     (2) 貯留層　129
     (3) 流出帯　131
     (4) 海底熱水性鉱床生成プロセス　133
     (5) 沈澱 – 流動モデル　135
     (6) 沈降 – 分散モデル　138
     (7) 拡散 – 流動モデル　139
     (8) 溶解 – 再結晶モデル　141
     (9) 準安定相の生成　143
     (10) 熱水変質帯　145
     (11) 水溶液の混合による鉱物の沈澱と鉱床の生成　145

 4-4　海水系　149
   4-4-1　化学平衡と定常状態　149
   4-4-2　化学平衡モデル　151
   4-4-3　海水の化学組成の支配要因　154
     (1) 河川水　154
     (2) 鉱物の生成　156
     (3) 蒸発岩の生成　158
     (4) 生物作用　158
     (5) 間隙水　161
     (6) 低温湧水　162
     (7) 海底風化　163

(8) 熱水　163

## 5　地球化学サイクル …………………………………………………… 168

　5-1　一般式　168
　5-2　炭素サイクル　171
　　5-2-1　短期的サイクル　172
　　5-2-2　長期的サイクル　176
　5-3　硫黄サイクル　182
　　5-3-1　短期的サイクル　183
　　5-3-2　長期的サイクル　184
　5-4　リンサイクル　185
　5-5　硫黄 – 炭素 – 酸素サイクル　187
　5-6　地球表層環境システム – 地球内的システム間物質循環 – グローバル地球化学サイクル　189
　　5-6-1　グローバル炭素サイクル　190
　　5-6-2　グローバル硫黄サイクル　193
　5-7　微量元素サイクル　195
　　5-7-1　ヒ素　195
　　5-7-2　ホウ素　198
　　5-7-3　そのほかの元素（鉱床構成元素）　199
　5-8　島弧・背弧系における揮発性元素の濃集原因　201

## 6　地球表層環境問題 …………………………………………………… 204

　6-1　人間社会システムから大気圏へのフラックス　205
　　6-1-1　二酸化炭素　205
　　6-1-2　硫黄　207
　　6-1-3　リン　208
　　6-1-4　微量元素　210
　6-2　人間社会システムから水圏，土壌へのフラックスと物質移動メカニズム　212
　　6-2-1　酸性雨 – 土壌 – 地下水プロセス　212
　　　(1) 雨水 – 大気反応　213
　　　(2) 雨水 – 土壌反応　215
　　6-2-2　地下水中の重金属元素濃度　220

  6-2-3　河川水の汚染　224
  6-2-4　湖沼水の汚染　225
   (1)　湖沼水のpH　226
   (2)　完全混合モデル　228
   (3)　1次元垂直モデル　231
  6-2-5　海洋の汚染　232
6-3　人間社会システムから排出された廃棄物のフィードバック　234
  6-3-1　放射性廃棄物地層処分　234
   (1)　地下水移行シナリオ　235
   (2)　ナチュラルアナログ研究　241
  6-3-2　二酸化炭素地中貯留問題　243

あとがき　247

参考書，引用・参考文献　249

索引　261

# 1
# 地球表層環境システム

## 1-1 地球システムの不均一性

　地球システムの最も大きな特徴は，鉛直的な層状構造を持っている点にある（図1-1）．外側は流体地球であり，内側は固体地球からなる．この流体地球と固体地球の境界部に生物，人間が生存している．この境界部付近を本書では地球表層環境システムと呼ぶ．

　流体地球は大気と水からなり，これらの移行速度は速い．一方，固体地球は岩石よりなり，その移行速度は遅い．しかし，固体地球もプレート運動，マントル対流，プルームの上昇・下降などにより，3次元的運動を起こしている．これらの運動によって，固体地球内で不均一性が生じ，垂直的構造だけでなく，水平的構造がみられる．

　垂直的構造の例として，大気圏の構造があげられる．大気圏は垂直的に熱

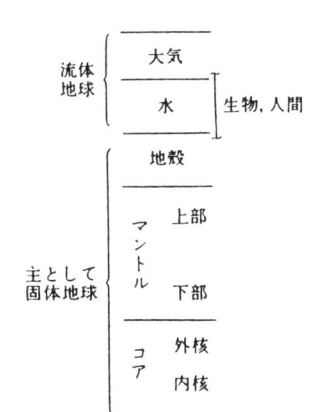

図1-1　地球の層状（成層）構造（鹿園，1992a）

圏，中間圏，成層圏，対流圏に分けられる．また，海水は表層水，中層水，深層水，底層水に分けられる．一方，陸の近くの閉鎖性海域の海水と大洋の海水では組成が異なるが，これは水平的構造の例である．

　固体地球は，垂直的に地殻，マントル，コア（外核，内核）に分けられる．それぞれの部分も不均一であり，いくつかに分けることができる．たとえば，地殻は海洋地殻と大陸地殻からなる．大陸地殻は従来，地殻上部は花崗岩質物質，下部は玄武岩質物質からなる垂直的不均一性を持つと考えられていた．現在ではもっと複雑で，かなり不均一であると考えられている．また，マントル内も不均一であることは近年の同位体地球化学の進展により明らかにされている．

　これらの構造が生じるのは，さまざまな流れと運動がみられるからである．この流れは，外的営力と内的営力という2つの営力によって生じる．

　外的営力のもととなるエネルギーは主として太陽エネルギーである．これは核融合反応（P（プロトン）-P（プロトン）反応など）がエネルギー源である．この外的営力は主に流体地球の不均一性を生じさせる．

　内的営力は主に固体地球の不均一性を生じさせる．内的営力を生み出すエネルギーは地球内部エネルギー（歪，重力，弾性，粘性・塑性変形，化学エネルギー（化学反応，転移に伴うエネルギー），熱エネルギー（放射性壊変熱など））である．これらのエネルギーの作用により，固体地球の層状構造がつくられた．たとえば，重力ポテンシャルの解放はコアの形成によるケイ酸塩と鉄との重力分離に伴って生じる．

　化学エネルギーのなかでは，鉄の酸化還元反応が重要と思われる．それは，コアが鉄・ニッケル合金によってつくられ，コアの重量は地球の30％以上とたいへん大きいからである．熱エネルギーは，①重力ポテンシャルエネルギーの解放，②収縮に伴う発熱，③放射性壊変による原子核結合エネルギーの解放，④化学エネルギーの熱への転換が主なものであるが，地球では特に③，④が重要である．たとえば表1-1に示すように，放射性壊変による熱エネルギーは非常に大きい．

　本書では以上の地球外部エネルギーと地球内部エネルギーによりもたらされる地球表層環境付近における水や炭素などの循環と，それに伴う化学反応，

**表1-1** 代表的火成岩中の放射性元素による発熱量 (小嶋, 1990)

| 岩石の種類 | 岩石中の放射性元素の量 | | | 発熱量 |
| --- | --- | --- | --- | --- |
| | ウラン(ppm) | トリウム(ppm) | カリウム(%) | (erg g$^{-1}$y$^{-1}$) |
| 花崗岩 | 4 | 13 | 4 | 300 |
| 玄武岩 | 0.5 | 2 | 1.5 | 50 |
| カンラン岩 | 0.02 | 0.06 | 0.02 | 1 |

1 erg = 10$^{-7}$ J.

物質移動,グローバル物質循環について考える.しかし,エネルギー(重力,歪,熱エネルギーなど)や流動の問題には深く立ち入らない.特に化学ポテンシャルの差に基づく不均一系化学反応を中心に述べ,このほか,拡散,流動,およびこれらと化学反応とのカップリング現象について考える.

## 1-2 地球表層環境システム内の相互作用

　この地球表層環境システムは,流体地球と固体地球に大きく2つに分けられる.流体地球(大気,水)の組成は比較的均一であり,固体地球の不均一性の方が著しい.このシステムは大気圏,水圏,生物圏,人間社会,岩石圏(地圏)からなっている.大気圏については対流圏までをここで考える.岩石圏としては地殻,マントル上部を扱い,特に地殻上部を中心に考える.

　この地球表層環境システムは,流体地球と固体地球の境界部付近にあり,内的営力による作用と外的営力による作用という両方の作用を受けている.したがってさまざまな相互作用がみられる.図1-2に地球表層付近がどのようなサブシステムから構成されているか,また主な物質循環について模式的にまとめた.固体地球表層部は地形的に海洋域と陸域に分けられる.海洋域は,海嶺,深海底,海山,海溝,背弧海盆,大陸斜面に分けられ,陸域は,大陸と島弧に分けられる.大陸,島弧をさらに山脈,平野部などに分けることができる.これらの地形の区分は基本的にはプレートテクトニクスによって説明できるが,これらの間の相互作用については取り上げない.

　地球表層環境システムには生物や人間が存在している.これらを生物システム(生物圏),人間社会システムと呼ぶ.本書では人間社会システムと流

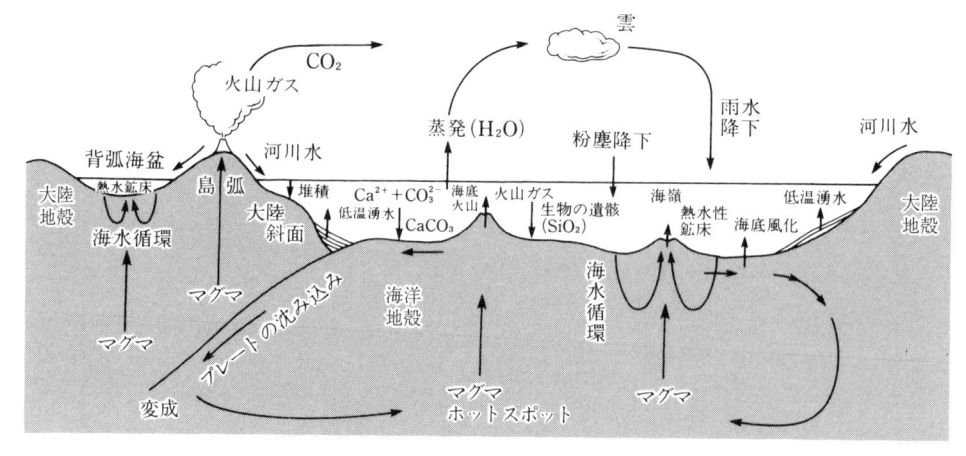

**図1-2** 地球表層部の構成要素と物質循環

体地球,固体地球との相互作用についても考える.

固体地球,流体地球もそれぞれサブシステムに区分され,これらのサブシステム内でも相互作用が生じている.これまで気体－気体間,液体－液体間,固体－固体間の相互作用と物質科学については,既存の学問体系のなかで扱われてきた.たとえば,海洋内の相互作用については海洋学・地球化学,岩石については岩石学・地質学・鉱床学・鉱物学・地球化学・地球物理学,大気については気象学において主として取り上げられ,多くの専門書で述べられている.しかし,本書で取り上げる異なるサブシステム間の相互作用に関しては,従来はあまり扱われてこなかったといえる.

地球表層環境システムにおける多くの現象は流体－固体間相互作用により生じていることが近年明らかにされている.そこで,本書ではこの相互作用,特に水－岩石相互作用を取り上げ,それによる物質移動メカニズムについて説明することを主な目的とする.

本書では地球システムのなかでも地球表層環境システム内での相互作用,特に物質移動メカニズム,物質循環について詳しく考える.地球深部システム(コア,マントル)内の物質循環については考えないが,地球表層環境システムは地球深部システムに対して物質とエネルギーに関して開いたシステムであるので,これらの間での相互作用とグローバル物質循環については取

り上げる（5-6節参照）．

　本書では，まず地球表層環境システムの解析をするための基本的事項，すなわち，化学平衡論（2章），物質移動論（反応，拡散，流動）（3章）について述べる．次に以下の事象などの解析を化学平衡論と物質移動論をもとに行う（4章）．熱水－岩石相互作用と鉱床の生成，海水－堆積物－生物相互作用，海水の蒸発と鉱物の沈澱，地下水－土壌・岩石相互作用，である．次にボックスモデルに基づく物質循環（地球化学サイクル）について述べる（5章）．4章，5章では自然システムにおける物質移動メカニズム，物質循環の問題を扱っている．6章では，自然システムと人間社会システム間の物質移動の問題（地球表層環境問題），たとえば酸性雨，大気・土壌反応，廃棄物（放射性廃棄物，二酸化炭素）－地下水反応を取り上げる．

# 2
# 化学平衡論

## 2-1 化学平衡

### 2-1-1 化学平衡モデル

水溶液相，気相，固相からなるシステムの化学平衡モデルを図2-1に示す．このモデルでは温度，圧力，水溶液中の各化学種（イオン，錯体など）の活動度，気相中の各気体のフガシティー，固相中の各成分の活動度がパラメーターである．この活動度 $a_i$ は $a_i = \gamma_i m_i$ と表される．ここで，$m_i$ は $i$ 成分の濃度（モル分率，モル濃度），$\gamma_i$ は $i$ 成分の活動度係数である．

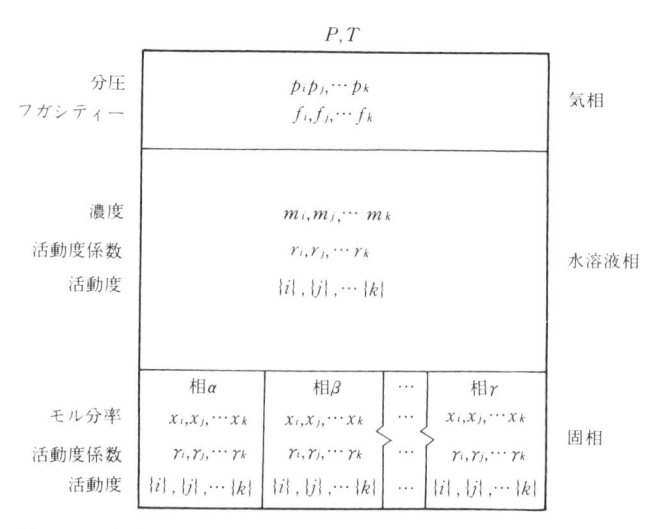

図2-1 天然水システムを熱力学的に記述するための一般化したモデル
（スタム・モーガン，1974）

いま，水溶液中の濃度を熱力学計算により求める場合を考える．そのために，温度と圧力が一定の条件下での水溶液相－固相間の化学平衡を仮定する．この条件で水溶液中の濃度を求めるためには，ほかのパラメーター（固相中の各成分の濃度，活動度係数，水溶液中の溶存種の活動度係数）が求まっていないといけない．固相中の各成分の濃度は固相の化学分析を行うことで求められる．固相についての固溶体モデル（たとえば正則溶液モデル）をたて，この濃度を用いて理論的に活動度係数を求めることが可能である（図2-2）(Thompson, 1959, 1967 など)．図2-2のソルバス（固相分離線）は不混合関係を温度－組成図でたどった曲線であり，1つの固溶体から分かれ，平衡に共存する2相の固溶体の組成を与える．また，スピノーダルとは2成分混合系を高温度から急冷し不安定状態においた場合に起こる2相分離の過程をいう．

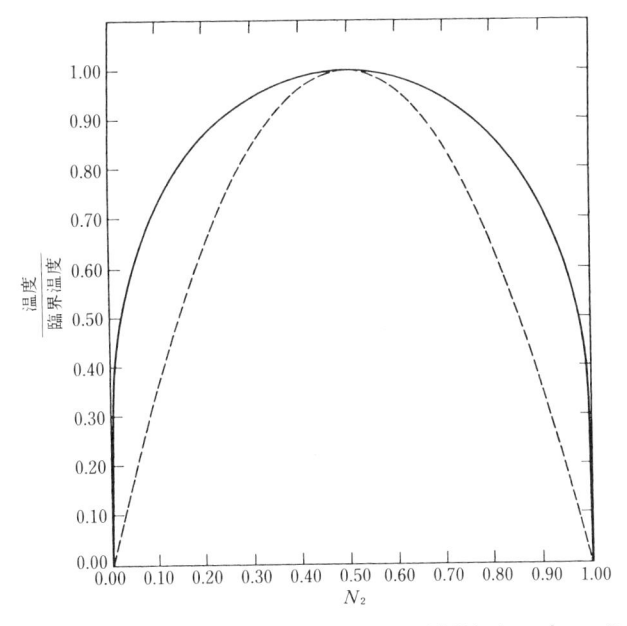

**図2-2** 2成分系正則溶液に対するソルバス（実線）とスピノーダル（破線）(Thompson, 1967)

$N_2$：成分2のモル分率．ソルバス（固相分離線）は不混合関係を温度－組成図でたどった曲線である．スピノーダルとは2成分混合系を高温度から急冷し不安定状態に置いた場合に起こる2相分離の過程をいう．

この固溶体中の成分の活動度係数については，2-5-2 で述べる．

## 2-1-2　活動度係数
### (1)　デバイ・ヒュッケルモデル
　水溶液中のイオン種の活動度係数に関して，デバイ・ヒュッケル理論がある．このデバイ・ヒュッケルモデルによると，活動度係数は以下の式で表される．

$$-\log \gamma_i = \frac{A z_i^2 I^{1/2}}{1 + aBI^{1/2}} \tag{2-1}$$

ここで，$A$，$B$ は温度，圧力が一定のとき，溶媒により一定となる係数，$z_i$ は $i$ 種の電荷，$I$ はイオン強度（$=1/2 \Sigma z_i^2 m_i$，ここで $m_i$ は $i$ 種の濃度），$a$ はイオン半径と関係した各イオンによって定まる定数．水溶液の温度，圧力が一定のとき $A$，$B$ が求まり，また水溶液中の各イオン濃度がかわっているとき $I$ が求まり，(2-1) 式より活動度係数を求めることができる．

### (2)　デービスモデル，ピッツァーモデル
　デバイ・ヒュッケル理論式が成り立つのは，イオン強度が 0.02 くらいまでの希薄溶液に対してである．ところが，天然の水溶液ではより濃厚な塩溶液である場合がある．濃厚溶液の場合，イオンと溶媒分子間の近距離相互作用を考慮しないといけない．そこで濃厚溶液に対して，デバイ・ヒュッケル理論式を拡張した式が種々提案されている（Stumm and Morgan, 1996）．
　たとえば，デービスの式（Davies, 1962）は，

$$\log \gamma_i = A z_i^2 \left[ I^{1/2}/(1+I^{1/2}) - 0.31 \right] \tag{2-2}$$

と表される．ここで $A$ は温度，圧力が一定のとき，溶媒により一定となる係数．
　このデービスの式よりも塩濃度の高い領域で成り立つものとして，以下のピッツァーの式が提案されている（Pitzer, 1973）．

$$\ln \gamma \pm = \left( -\frac{A}{3} \right) |z^+ z^-| f(I) + \frac{2 \nu^+ \nu^-}{\nu} B(I) m + 2 \left[ \frac{(\nu^+ \nu^-)^{3/2}}{\nu} \right] C m^2 \tag{2-3}$$

ここで，$f(I) = I^{1/2}/(1+1.2 I^{1/2}) + 1.67 \ln(1+1.2 I^{1/2})$，$B(I) = 2\beta_0 + (2\beta'/\alpha^2 I)$

$[1-(1+\alpha I^{1/2}-(1/2)\alpha^{2l})e^{-\alpha I^{1/2}}]$．また，$\beta_0$，$\beta'$はスペシフィックイオンパラメター，$\alpha$は同じ電荷クラスの電解質に対しての一定値，$B$と$C$は第2次，第3次ビリアル係数，$\nu = (\nu^+ + \nu^-)$は陽イオン（$\nu^+$）と陰イオン（$\nu^-$）の化学量論的係数の和，$z$は電荷，$m$はモル濃度，$I$はイオン強度．

このピッツァーモデルは低温の塩水における鉱物の溶解度に対して応用が可能である（Harvie and Weare, 1980; Harvie et al., 1980）．高温（500℃まで），高圧（5 kbまで）下の水溶液に対しては，Helgesonらによるモデル（HKFモデルという；Helgeson, Kirkham and Flowers, 1981）があり，このモデルではボルン関数とイオンの水和を考慮している．

## 2-2　固相－水溶液相系における固相の安定性

単純な固相－水溶液系における固相の安定性の問題について考えてみる．
まず$K_2O-H_2O$系における$K_2O$（固相）の安定領域を考える．$K_2O$と$H_2O$の反応は以下で表される．

$$K_2O + 2H^+ = H_2O + 2K^+ \tag{2-4}$$

この平衡定数（$K_{2-4}$）は，

$$K_{2-4} = \frac{a_{H_2O}\, a_{K^+}^2}{a_{K_2O}\, a_{H^+}^2} \tag{2-5}$$

ここで，$a$は活動度．また固相$K_2O$の活動度を1とした（以下同様）．
水溶液中の$H_2O$の活動度を1とし，上の式を対数で表すと，

$$\log a_{K_2O} = 2\log\left(\frac{a_{K^+}}{a_{H^+}}\right) - \log K_{2-4} \tag{2-6}$$

すなわち，$K_2O$の安定領域は$K^+$と$H^+$の活動度比と平衡定数（これは温度，圧力の関数）で表される．

たとえば，活動度$a_{K_2O}$は$K_2O$の化学ポテンシャル（$\mu_{K_2O}$）と以下の関係で表される．

$$\mu_{K_2O} = \mu_{K_2O}^\circ + RT \ln a_{K_2O} \tag{2-7}$$

ここで，$\mu_{K_2O}^\circ$は$K_2O$の標準化学ポテンシャル．
したがって，$K_2O$の安定性は，温度，圧力が一定のとき，$\mu_{K_2O}$，$\mu_{K^+}$，$\mu_{H^+}$

表2-1 地熱水－鉱物間反応の平衡定数 (Arnorsson et al., 1982)

| 鉱物 | 反応 | 平衡定数（温度関数 $K$） |
|---|---|---|
| 氷長石 | $KAlSi_3O_8 + 8H_2O = K^+ + Al(OH)_4^- + 3H_4SiO_4$ | $+38.85 - 0.0458T - 17260/T + 1012722/T^2$ |
| 低温Na長石 | $NaAlSi_3O_8 + 8H_2O = Na^+ + Al(OH)_4^- + 3H_4SiO_4$ | $+36.83 - 0.0439T - 16474/T + 1004631/T^2$ |
| Na長石 | $NaAlSi_3O_8 \cdot H_2O + 5H_2O = Na^+ + Al(OH)_4^- + 2H_4SiO_4$ | $+34.08 - 0.0407T - 14577/T + 970981/T^2$ |
| 硬石膏 | $CaSO_4 = Ca^{2+} + SO_4^{2-}$ | $+6.20 - 0.0229T - 1217/T$ |
| 方解石 | $CaCO_3 = Ca^{2+} + CO_3^{2-}$ | $+10.22 - 0.0349T - 2476/T$ |
| カルセドニー | $SiO_2 + 2H_2O = H_4SiO_4$ | $+0.11 - 1101/T$ |
| Mgクロライト | $Mg_5Al_2Si_3O_{10}(OH)_8 + 10H_2O = 5Mg^{2+} + 2Al(OH)_4^- + 3H_4SiO_4 + 8OH^-$ | $-1022.12 - 0.3861T + 9363/T + 412.46\log T$ |
| 蛍石 | $CaF_2 = Ca^{2+} + 2F^-$ | $+66.54 - 4318/T - 25.47\log T$ |
| ゲータイト | $FeOOH + H_2O + OH^- = Fe(OH)_4^-$ | $-80.34 + 0.099T + 20290/T - 217296/T^2$ |
| 濁沸石 | $CaAl_2Si_4O_{12} \cdot 4H_2O + 8H_2O = Ca^{2+} + 2Al(OH)_4^- + 4H_4SiO_4$ | $+65.95 - 0.0828T - 28358/T + 191698/T^2$ |
| マイクロクリン | $KAlSi_3O_8 + 8H_2O = K^+ + Al(OH)_4^- + 3H_4SiO_4$ | $+44.55 - 0.0498T - 19883/T + 121019/T^2$ |
| 磁鉄鉱 | $Fe_3O_4 + 4H_2O = 2Fe(OH)_4^- + Fe^{2+}$ | $-155.58 + 0.1658T + 35298/T - 4258774/T^2$ |
| Caモンモリロナイト | $6Ca_{0.167}Al_{2.33}Si_{3.67}O_{10}(OH)_2 + 60H_2O + 12OH^- = Ca^{2+} + 14Al(OH)_4^- + 22H_4SiO_4$ | $+30499.49 + 3.5109T - 1954295/T + 125536640/T^2 - 10715.66\log T$ |
| Kモンモリロナイト | $3K_{0.33}Al_{2.33}Si_{3.67}O_{10}(OH)_2 + 30H_2O + 6OH^- = K^+ + 7Al(OH)_4^- + 11H_4SiO_4$ | $+15075.11 + 1.7346T - 967127/T + 61985927/T^2 - 5294.72\log T$ |
| Mgモンモリロナイト | $6Mg_{0.167}Al_{2.33}Si_{3.67}O_{10}(OH)_2 + 60H_2O + 12OH^- = Mg^{2+} + 14Al(OH)_4^- + 22H_4SiO_4$ | $+30514.87 + 3.5188T - 1953843/T + 125538830/T^2 - 10723.71\log T$ |
| Naモンモリロナイト | $3Na_{0.33}Al_{2.33}Si_{3.67}O_{10}(OH)_2 + 30H_2O + 6OH^- = Na^+ + 7Al(OH)_4^- + 11H_4SiO_4$ | $+15273.90 + 1.7623T - 978782/T + 62805036/T^2 - 5366.18\log T$ |
| K雲母 | $KAl_3Si_3O_{10}(OH)_2 + 10H_2O + 2OH^- = K^+ + 3Al(OH)_4^- + 3H_4SiO_4$ | $+6113.68 + 0.6914T - 394755/T + 25226323/T^2 - 2144.77\log T$ |
| ブドウ石 | $Ca_2Al_2Si_3O_{10}(OH)_2 + 10H_2O + 6OH^- = 2Ca^{2+} + 2Al(OH)_4^- + 2OH^- + 3H_4SiO_4$ | $+90.53 - 0.1298T - 36162/T + 251432/T^2$ |
| 磁硫鉄鉱 | $8FeS + SO_4^{2-} + 22H_2O + 6OH^- = 8Fe(OH)_4^- + 9H_2S$ | $+3014.68 + 1.2522T - 103450/T - 1284.86\log T$ |
| 黄鉄鉱 | $8FeS_2 + 26H_2O + 10OH^- = 8Fe(OH)_4^- + SO_4^{2-} + 15H_2S$ | $+4523.89 + 1.6002T - 180405/T - 1860.33\log T$ |
| 石英 | $SiO_2 + 2H_2O = H_4SiO_4$ | $+0.41 - 1309/T$ (0–250℃); $+0.12 - 1164/T$ (180–300℃) |

| | | |
|---|---|---|
| ワイラケ沸石 | $CaAl_2Si_4O_{12}\cdot 2H_2O+10H_2O=Ca^{2+}+2Al(OH)_4^-+4H_4SiO_4$ | $+61.00-0.0847T-25018/T+1801911/T^2$ |
| 珪灰石 | $CaSiO_3+2H^++H_2O=Ca^{2+}+H_4SiO_4$ | $-222.85-0.0337T+16258/T-671106/T^2+80.68\log T$ |
| ゾイサイト | $Ca_2Al_3Si_3O_{12}(OH)+12H_2O=2Ca^{2+}+3Al(OH)_4^-+3H_4SiO_4+OH^-$ | $+106.61-0.1497T-40448/T+3028977/T^2$ |
| エピドート | $Ca_2FeAl_2Si_3O_{12}(OH)+12H_2O=2Ca^{2+}+Fe(OH)_4^-+2Al(OH)_4^-+3H_4SiO_4+OH^-$ | $-27399.84-3.8749T+1542767/T-9277836.4/T^2+9850.38\log T$ |
| 白鉄鉱 | $8FeS_2+26H_2O+10OH^-=8Fe(OH)_4^-+SO_4^{2-}+15H_2S$ | $+4467.61+1.5879T-169944/T-1838.45\log T$ |

によって表すこともできるといえる．しかし，天然の鉱物は$K_2O$のような単純な化合物ではない．カリウム（K）は多くの場合，K長石（$KAlSi_3O_8$）やK雲母（$KAl_3Si_3O_{10}(OH)_2$）という複雑な組成のケイ酸塩鉱物中に存在する．これらの長石や雲母中にはカリウム以外にナトリウムが存在する．これらのケイ酸塩鉱物は，主として，$K_2O$，$Al_2O_3$，$SiO_2$，$Na_2O$，$H_2O$からなっている．

そこで，次に$K_2O-Al_2O_3-SiO_2-Na_2O-H_2O$系における鉱物の安定性の問題を考える．たとえば，K雲母とNaモンモリロナイトの安定関係は以下の式より求められる．

$$2.3KAl_3Si_3O_{10}(OH)_2 (\text{K雲母}) + Na^+ + 1.3H^+ + 4SiO_2 (\text{石英})$$
$$= 3Na_{0.33}Al_{2.33}Si_{3.66}O_{10}(OH)_2 (\text{Naモンモリロナイト}) + 2.3K^+ \qquad (2\text{-}8)$$

この平衡定数は，

$$K_{2\text{-}8} = \frac{a_{K^+}^{2.3}}{a_{Na^+} a_{H^+}^{1.3}} \qquad (2\text{-}9)$$

であり，このような反応式の平衡定数の値が求まっていると（表2-1），活動度図や化学ポテンシャル図上に鉱物の安定領域を求めることができる（図2-3, 2-4, 2-5）．

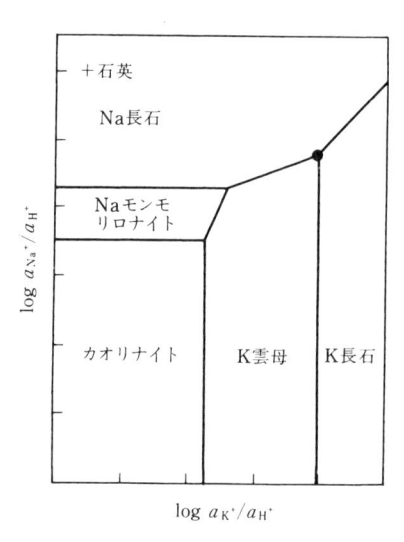

図2-3　$Na_2O-K_2O-Al_2O_3-H_2O$系の活動度図；250℃，1 kb（Henley, 1984a）
●は多くの地熱水の組成である．

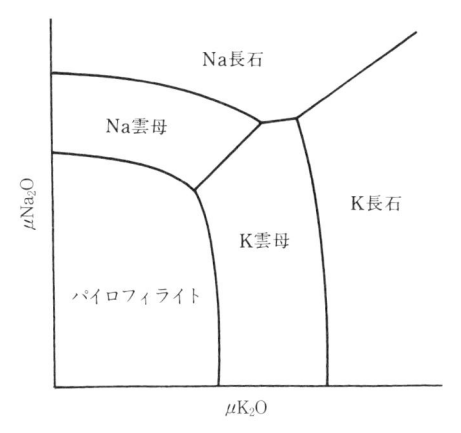

**図2-4** $K_2O - Na_2O - Al_2O_3 - SiO_2 - H_2O - HCl$ 系の安定関係；400 ℃, 1 kb (Rose and Burt, 1979)
$\mu$：化学ポテンシャル.

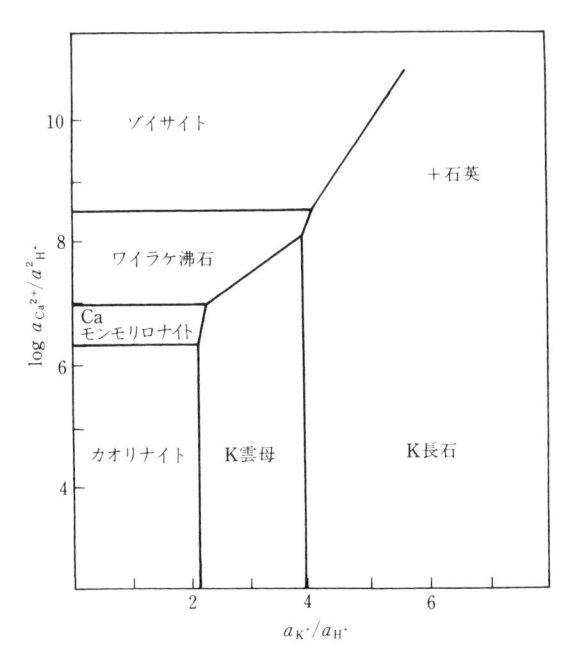

**図2-5** 石英に飽和している場合の $CaO - Al_2O_3 - K_2O - H_2O$ 系の活動度図；250 ℃ (Henley, 1984a)

## 2-3 鉱物の溶解度

鉱物を水溶液中に入れると，鉱物は溶解し，時間がたつと最終的には水溶液と化学平衡に達する．このときの溶解濃度を溶解度という．この溶解度は水溶液の化学組成，温度，圧力によって異なる．以下では岩石を構成する主な鉱物（酸化物，水酸化物，ケイ酸塩鉱物，硫化鉱物，炭酸塩鉱物）の溶解度の支配因子について考える．

### 2-3-1 酸化物，水酸化物

酸化物，水酸化物は，ケイ酸塩鉱物よりも天然ではあまりみられないが，化学組成が比較的単純なので，まずこれらの水溶液に対する溶解度について考える．これらは，温度，圧力が一定の場合，pH に著しく依存する．この溶解度は，これらの溶解平衡定数を用いて計算により求めることができる．

たとえば，ZnO を水に溶かし，溶液中に，$Zn^{2+}$, $ZnOH^+$, $Zn(OH)_3^-$, $Zn(OH)_4^{2-}$ が存在するとする．各々の溶存 Zn 種間の化学平衡を考えればよい．この溶解度は以下の反応式の化学平衡より求められる．

$$\left.\begin{array}{l} ZnO + 2H^+ = Zn^{2+} + H_2O \\ ZnO + H^+ = ZnOH^+ \\ ZnO + 2H_2O = Zn(OH)_3^- + H^+ \\ ZnO + 3H_2O = Zn(OH)_4^{2-} + 2H^+ \end{array}\right\} \quad (2\text{-}10)$$

表 2-2 の平衡定数をもとに求めた ZnO の溶解度の pH 依存性を図 2-6 に示した．同様にして求められた CuO および非晶質 $Fe(OH)_3$ の溶解度の pH 依存性も図 2-6 に示した．表 2-2 には ZnO 以外の酸化物，水酸化物の溶解平衡定数（$K$）も示してある．

### 2-3-2 炭酸塩鉱物

(1) **大気の $CO_2$ 分圧（$P_{CO_2}$）一定のときの方解石（$CaCO_3$）の溶解度**（Stumm and Morgan, 1996）

この場合，以下の反応の化学平衡より方解石の溶解度が求まる．

$$H_2CO_3 = H^+ + HCO_3^- \quad (2\text{-}11)$$

**表2-2** 酸化物，水酸化物の溶解平衡定数 ($K$)（スタム・モーガン，1974）

| 反　　応 | log $K$ (25°C) |
|---|---|
| $H_2O(l) = H^+ + OH^-$ | $-14.00$ |
| $(am)Fe(OH)_3(s) = Fe^{3+} + 3OH^-$ | $-38.7$ |
| $(am)Fe(OH)_3(s) = FeOH^{2+} + 2OH^-$ | $-27.5$ |
| $(am)Fe(OH)_3(s) = Fe(OH)_2^+ + OH^-$ | $-16.6$ |
| $(am)Fe(OH)_3(s) + OH^- = Fe(OH)_4^-$ | $-4.5$ |
| $2(am)Fe(OH)_3(s) = Fe_2(OH)_2^{4+} + 4OH^-$ | $-51.9$ |
| $(am)FeOOH(s) + 3H^+ = Fe^{3+} + 2H_2O$ | $3.55$ |
| $\alpha\text{-}FeOOH(s) + 3H^+ = Fe^{3+} + 2H_2O$ | $1.6$ |
| $\alpha\text{-}Al(OH)_3(ギブサイト) + 3H^+ = Al^{3+} + 3H_2O$ | $8.2$ |
| $\gamma\text{-}Al(OH)_3(バイエライト) + 3H^+ = Al^{3+} + 3H_2O$ | $9.0$ |
| $(am)Al(OH)_3(s) + 3H^+ = Al^{3+} + 3H_2O$ | $10.8$ |
| $Al^{3+} + 4OH^- = Al(OH)_4^-$ | $32.5$ |
| $CuO(s) + 2H^+ = Cu^{2+} + H_2O$ | $7.65$ |
| $Cu^{2+} + OH^- = CuOH^+$ | $6.0$ (18°C) |
| $2Cu^{2+} + 2OH^- = Cu_2(OH)_2^{2+}$ | $17.0$ (18°C) |
| $Cu^{2+} + 3OH^- = Cu(OH)_3^-$ | $15.2$ |
| $Cu^{2+} + 4OH^- = Cu(OH)_4^{2-}$ | $16.1$ |
| $ZnO(s) + 2H^+ = Zn^{2+} + H_2O$ | $11.18$ |
| $Zn^{2+} + OH^- = ZnOH^+$ | $5.04$ |
| $Zn^{2+} + 3OH^- = Zn(OH)_3^-$ | $13.9$ |
| $Zn^{2+} + 4OH^- = Zn(OH)_4^{2-}$ | $15.1$ |
| $Cd(OH)_2(s) + 2H^+ = Cd^{2+} + 2H_2O$ | $13.61$ |
| $Cd^{2+} + OH^- = CdOH^+$ | $3.8$ |
| $Mn(OH)_2(s) = Mn^{2+} + 2OH^-$ | $-12.8$ |
| $Mn(OH)_2(s) + OH^- = Mn(OH)_3^-$ | $-5.0$ |
| $Fe(OH)_2(活性) = Fe^{2+} + 2OH^-$ | $-14.0$ |
| $Fe(OH)_2(不活性) = Fe^{2+} + 2OH^-$ | $-14.5$ |
| $Fe(OH)_2(不活性) + OH^- = Fe(OH)_3^1$ | $-5.5$ |

am：非晶質，s：固相，l：液相．

$$HCO_3^- = H^+ + CO_3^{2-} \qquad (2\text{-}12)$$

$$CO_2 + H_2O = H_2CO_3 \qquad (2\text{-}13)$$

$$CaCO_3 = Ca^{2+} + CO_3^{2-} \qquad (2\text{-}14)$$

$$H_2O = H^+ + OH^- \qquad (2\text{-}15)$$

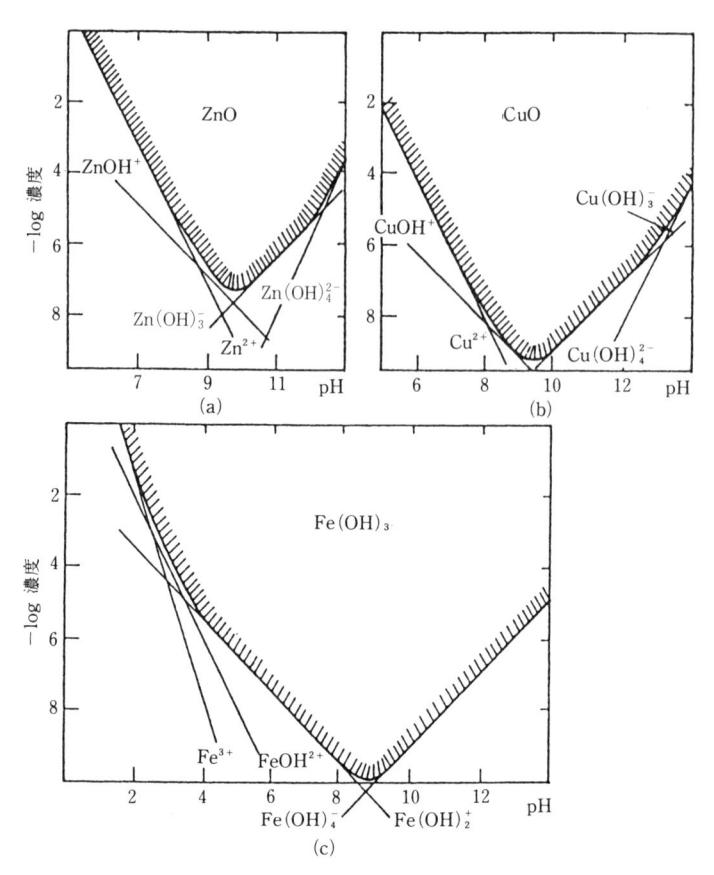

**図2-6** 非晶質 $Fe(OH)_3$, $ZnO$, $CuO$ の溶解度の pH 依存性（スタム・モーガン，1974）

以上の平衡定数は，以下で表される．

$$K_{2-11} = \frac{m_{H^+} \cdot m_{HCO_3^-}}{m_{H_2CO_3}} \tag{2-16}$$

$$K_{2-12} = \frac{m_{H^+} \cdot m_{CO_3^{2-}}}{m_{HCO_3^-}} \tag{2-17}$$

$$K_{2-13} = \frac{m_{H_2CO_3}}{P_{CO_2}} \tag{2-18}$$

$$K_{2-14} = m_{Ca^{2+}} \cdot m_{CO_3^{2-}} \tag{2-19}$$

表2-3 大気 $CO_2$ にオープンなシステム（$P_{CO_2} = 10^{-3.5}$ atm）

|  | $CO_2$(g) | $CaCO_3$(s) | $H^+$ | $\log K_{so}$ ($I=0$) |
|---|---|---|---|---|
| $H_2CO_3$ | 1 | 0 | 0 | $-1.5$ |
| $HCO_3^-$ | 1 | 0 | $-1$ | $-7.8$ |
| $CO_3^{2-}$ | 1 | 0 | $-2$ | $-18.1$ |
| $Ca^{2+}$ | $-1$ | 1 | 2 | 9.7 |
| $OH^-$ | 0 | 0 | $-1$ | $-14.0$ |
| $H^+$ | 0 | 0 | 1 | 0 |

$$K_{2-15} = m_{H^+} \cdot m_{OH^-} \tag{2-20}$$

なお（2-16）式〜（2-20）式では溶存種および固相の活動度係数を1とした．

水溶液内の電荷バランスの式は以下で表される．

$$2m_{Ca^{2+}} + m_{H^+} = m_{HCO_3^-} + 2m_{CO_3^{2-}} + m_{OH^-} \tag{2-21}$$

以上の（2-16）式〜（2-21）式より，大気の $P_{CO_2}$（$10^{-3.5}$ atm）を与えると，pH = 8.3，$m_{H_2CO_3} = 10^{-5}$ mol kg$^{-1}$H$_2$O，$m_{HCO_3^-} = 10^{-3}$ mol kg$^{-1}$H$_2$O，$m_{Ca^{2+}} = 5 \times 10^{-4}$ mol kg$^{-1}$H$_2$O，$m_{CO_3^{2-}} = 1.6 \times 10^{-5}$ mol kg$^{-1}$H$_2$O と求まる．上記反応の平衡定数（$K_{so}$）を表2-3に示した．

なお，表2-3で，たとえば，$CO_2$(g) + $H_2O$ = $H_2CO_3$ の反応の平衡定数（$K_{so}$）（対数）は $-1.5$ である．

(2) **閉鎖系で方解石と水溶液が平衡にあるときの方解石の溶解度**（Stumm and Morgan, 1996）

この場合，$\Sigma C$（全溶存炭素種濃度）は一定である．すなわち，$\Sigma C = m_{H_2CO_3} + m_{HCO_3^-} + m_{CO_3^{2-}} =$ 一定である．この場合 $m_{Ca^{2+}} = K_{SO}/m_{CO_3^{2-}} = K_{SO}/\Sigma C \alpha$ となる．ここで，$K_{SO} = m_{Ca^{2+}} \cdot m_{CO_3^{2-}}$，$\alpha$ は全溶存炭素種濃度に対する $CO_3^{2-}$ 濃度の割合である．なお，ここでは溶存種の活動度係数を1とした．

図2-7に $\Sigma C = 3 \times 10^{-3}$ $m$ に対する炭酸塩鉱物（$CaCO_3$，$FeCO_3$，$SrCO_3$，$ZnCO_3$）と化学平衡にある各溶存種濃度 $m_{Ca^{2+}}$，$m_{Fe^{2+}}$，$m_{Sr^{2+}}$，$m_{Zn^{2+}}$，$m_{H_2CO_3}$，$m_{HCO_3^-}$，$m_{CO_3^{2-}}$ のpH依存性を示す．

### 2-3-3 ケイ酸塩鉱物

雨水などの地表水が岩石と反応すると，岩石は溶解し，鉱物が沈殿する．

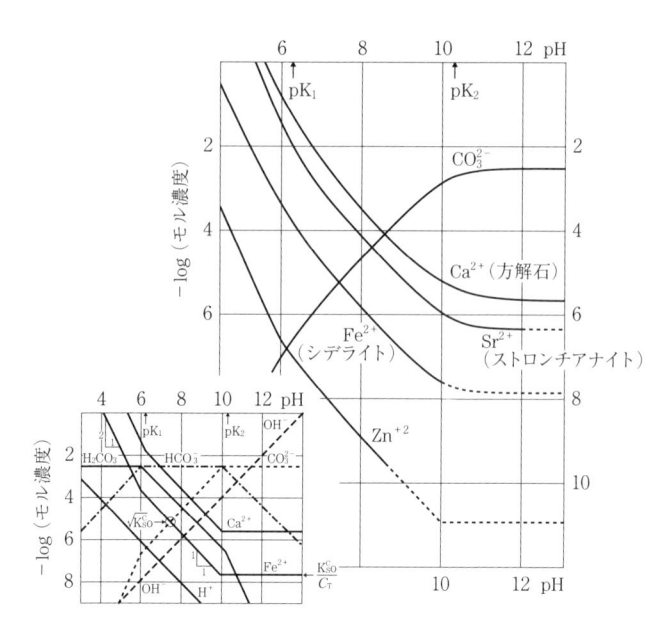

**図2-7** 閉鎖系 $C_T$（全濃度）＝一定（＝$3\times 10^{-3}$M）における炭酸塩鉱物に飽和した $Me^{2+}$濃度の pH 依存性
　点線以下の領域では $MeCO_3(s)$ は熱力学的に不安定である
(Stumm and Morgan, 1996). 図の縦軸はモル濃度（モル $kg^{-1}$ $H_2O$）.

すなわち岩石は化学的風化作用を受ける．化学的風化作用にとってケイ酸塩鉱物の水溶液に対する溶解度が本質的に重要である．以下では，主なケイ酸塩鉱物の $CO_2$ 溶液に対する溶解度を求める（Stumm and Morgan, 1970）.

Na 長石（$NaAlSi_3O_8$）が $CO_2$ を溶解した水溶液に溶け，カオリナイト（$Al_2Si_2O_5(OH)_4$）が生成する反応を考える．この溶解は以下の反応で進む．

$$NaAlSi_3O_8(\text{Na 長石}) + H^+ + \frac{9}{2} H_2O$$
$$= Na^+ + 2H_4SiO_4 + \frac{1}{2} Al_2Si_2O_5(OH)_4 \text{（カオリナイト）} \tag{2-22}$$

ここで，Si は水溶液中で $SiO_2$ ではなく，普通の pH 条件では $H_4SiO_4$ となるので，このように表示した．

この化学平衡は以下で表される．

$$K_{2-22} = \frac{a_{Na^+} \cdot a_{H_4SiO_4}^2}{a_{H^+}} = 10^{-1} \tag{2-23}$$

ここで，固相（Na長石，カオリナイト），水の活動度を1とした．

$CO_2$（気相）は $H_2O$ に溶解するが，この反応は以下で表される．

$$CO_2 + H_2O = HCO_3^- + H^+ \tag{2-24}$$

この平衡定数の対数は，

$$\log K_{2-24} = \log \frac{a_{HCO_3^-} a_{H^+}}{P_{CO_2}} = -7.8 \tag{2-25}$$

ここで，$P_{CO_2}$ は $CO_2$ 分圧である．

(2-22) 式，(2-24) 式より，

$$NaAlSi_3O_8 + CO_2 + \frac{11}{2} H_2O$$
$$= Na^+ + HCO_3^- + 2H_4SiO_4 + \frac{1}{2} Al_2Si_2O_5(OH)_4 \tag{2-26}$$

この平衡定数は，

$$\log K_{2-26} = \log \frac{a_{Na^+} a_{HCO_3^-} a_{H_4SiO_4}^2}{P_{CO_2}} = -9.7 \tag{2-27}$$

である．

電荷バランスの式は，一般的に $Na^+$ が陽イオンのなかで卓越し，$HCO_3^-$ が陰イオンのなかで卓越しているので，近似的に，

$$m_{Na^+} = m_{HCO_3^-} \tag{2-28}$$

と表される．また，Na長石の溶解に対する化学量論的関係として以下が成り立つ．

$$m_{Na^+} = \frac{1}{2} m_{H_4SiO_4} \tag{2-29}$$

以上より，

$$\log \left( \frac{4 m_{HCO_3^-}^4}{P_{CO_2}} \right) = -9.7 \tag{2-30}$$

なお，溶存種の活動度係数，$\gamma_{H_4SiO_4}$，$\gamma_{HCO_3^-}$，$\gamma_{CO_2} = 1$ とした．

以上より，Na長石の溶解度（$m_{Na^+}$ または $m_{HCO_3^-}$）を $P_{CO_2}$，pHの関数として表すことができる（図2-8）．同様にしてほかのケイ酸塩鉱物の溶解度と $m_{HCO_3^-}$，$P_{CO_2}$，pHとの関係が求められる（図2-8）．これらの計算から熱力学的に推定された風化作用に対する鉱物の安定性は，石膏（$CaSO_4 \cdot 2H_2O$），方解石（$CaCO_3$），Ca長石（$CaAl_2Si_2O_8$），Na長石（$NaAlSi_3O_8$），Caモンモリ

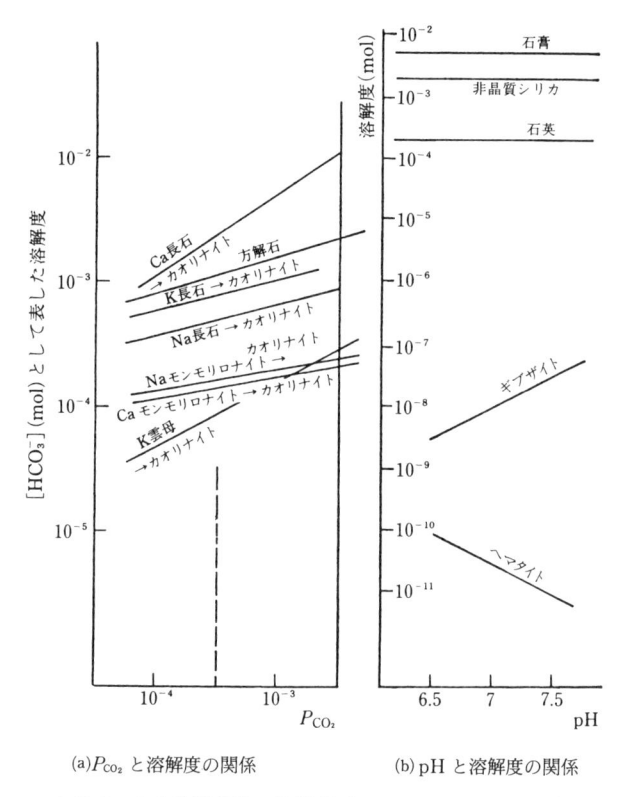

(a) $P_{CO_2}$ と溶解度の関係　　(b) pH と溶解度の関係

図2-8　主な造岩鉱物の溶解度（Stumm and Morgan, 1970）

表2-4　風化作用に対する造岩鉱物の抵抗性

| 抵抗性小 ↑ | | | |
|---|---|---|---|
| | 輝石 | カンラン石 | Ca 質斜長石 |
| | 角閃石 | | |
| | 黒雲母 | | Na 質斜長石 |
| | | Na 長石 | |
| | | K 長石 | |
| 抵抗性大 ↓ | | 石英 | |

ロナイト（$Ca_{0.16}Al_{2.33}O_{10}(OH)_2$），Na モンモリロナイト（$Na_{0.33}Al_{2.33}Si_{3.66}O_{10}(OH)_2$），石英（$SiO_2$），K 雲母（$KAl_3(Si_3O_{10})(OH)_2$），ギブサイト（$\gamma Al(OH)_3$），カオリナイト（$Al_2Si_2O_5(OH)_4$），ヘマタイト（$Fe_2O_3$）の順序で安定性が増す

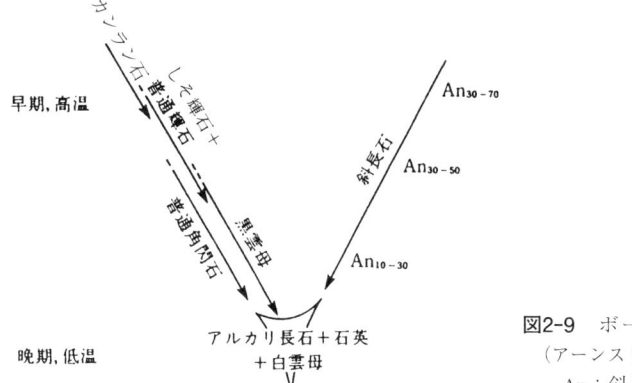

図2-9 ボーウェンの反応系列
(アーンスト著/牛来訳, 1970)
An：斜長石中の Ca 長石成分.

といえる．この順序は風化作用を受けた岩石にみられる鉱物の安定性の順序（ゴールディッチ・ジャックソンの風化系列*）と一致している．これらのことから，岩石が風化し，土壌化していく間に $Ca^{2+}$ と $Na^+$ の移動度が大きく，Al, Fe は移動しにくいといえる．ほかの元素（Mg, Mn, Si）は中間の移動度を持つ．

以上では，化学量論的関係を用いたが，実際のシステムは固相に関して1相だけではないので，この関係は成り立たない．そこで以下では，以上の系（1つの鉱物相 – $H_2O$ – $CO_2$ 系）ではなく，多相・多成分の固相 – 水溶液系におけるケイ酸塩鉱物の溶解度を考える．

Stumm and Morgan（1970）の方法では，たとえば，K 長石の溶解度を考える際に，$m_{K^+} = m_{HCO_3^-}$ という近似式を与えている．しかし，ここでは一般的に陽イオンのなかでは $Na^+$ が卓越しているので，

$$m_{Na^+} = m_{HCO_3^-} \tag{2-31}$$

という近似式を与える．次に $m_{Na^+}$ と $m_{K^+}$ の関係は以下の反応の化学平衡より

---

* ゴールディッチ・ジャックソンの風化系列： 風化作用に対する鉱物の安定性の順序をいう．この順序は，風化作用を受けた岩石の研究より求められた（Goldich, 1938）．この風化系列を表2-4に示す．この風化系列はマグマからの鉱物の晶出順序を示すボーウェンの反応系列（図2-9）と一致しているといわれる．また，ケイ酸塩鉱物の結晶構造，溶解速度（3-2-2参照）とも調和的である．

求められる．
$$\text{Na 鉱物} + \text{K}^+ = \text{K 鉱物} + \text{Na}^+ \tag{2-32}$$
この平衡定数（$K_{2-32}$）は，
$$K_{2-32} = \frac{a_{\text{Na}^+}}{a_{\text{K}^+}} \tag{2-33}$$
であるから，これと（2-31）式より
$$K_{2-32} m_{\text{K}^+} = m_{\text{HCO}_3^-} \tag{2-34}$$
となり，$\text{K}^+$ が溶存 K 種の中で卓越しているとすると，K 鉱物の溶解度は，
$$m_{\text{K}^+} = \frac{m_{\text{HCO}_3^-}}{K_{2-32}} \tag{2-35}$$
となる．すなわち，このシステムでは Stumm and Morgan（1970）の考えたシステムにおける溶解度の $1/K_{2-32}$ ということになる．ほかのケイ酸塩鉱物の溶解度も同様にして求めることが可能である．

### 2-3-4　硫化鉱物

金属鉱床中には硫黄と金属元素の化合物である硫化鉱物が多く存在する．この金属鉱床にはしばしば累帯配列（ゾーニング）がみられる．たとえば，花崗岩体の近くに錫・タングステン鉱床が存在し，花崗岩体から離れるにつれ，銅鉱床→亜鉛・鉛鉱床→銀鉱床という，ある地域での累帯配列（表 2-5）がある．これ以外に鉱床の内部にみられる累帯配列もある（図 2-10, 2-11）．図 2-11 に示すように，鉱体の下部から上部にかけ，銅帯→亜鉛・鉛帯→金・銀帯という累帯配列がみられることがある．こういう累帯配列は各金属鉱物の溶解度の違いを反映していると思われている（Barnes, 1967, 1979）．すなわち，金属鉱床の成因を考える際，硫化鉱物の溶解度を明らかにすることは本質的に重要であるといえる．

硫化鉱物の水溶液中に対する溶解度の測定は昔から行われていた．その結果，純水中の溶解度は小さいが，塩化物や硫化水素を含む水溶液中の溶解度は非常に大きくなることがわかった．これは金属イオンが塩素イオンや HS$^-$ イオンなどと錯体をつくるからである．すなわち，硫化鉱物の溶解度は主に錯体の安定度定数により決められる．

**表2-5** コーンウォール地方（イギリス南部）にみられる鉱床の垂直的帯状分布（Hosking, 1951）

| | 金属帯 | 鉱石鉱物 | 脈石鉱物 |
|---|---|---|---|
| 浅部 ↓ 深部 | 7. 不毛 | 黄鉄鉱 | ドロマイト，重晶石，方解石 / カルセドニー / 蛍石 / クロライト / 電気石，雲母 / 長石 / 石英 |
| | 6. 鉄 アンチモン 銀 | 赤鉄鉱，針鉄鉱 毛鉱，輝安鉱 車骨鉱，安四面銅鉱 菱鉄鉱 黄鉄鉱，白鉄鉱 | |
| | 5. 鉛，銀 亜鉛 ウラン コバルト ニッケル ビスマス | 輝銀鉱，方鉛鉱 閃亜鉛鉱 ピッチブレンド 輝コバルト鉱 紅ニッケル鉱 スマルト鉱 (自然ビスマス，輝蒼鉛鉱) | |
| | 4. 銅 | 黄銅鉱（閃亜鉛鉱） 鉄マンガン重石 硫砒鉄鉱，黄鉄鉱 | |
| | 3. タングステン ヒ素 | 黄銅鉱 (黄錫鉱，輝水鉛鉱) 鉄マンガン重石 硫砒鉄鉱，錫石 木状錫石 | |
| | 2. 錫 | 鉄マンガン重石 硫砒鉄鉱 錫石 | |
| | 1. 鉄 | 錫石 鎔鉄鉱 | |

　熱水溶液が地下で移動していく間に，さまざまな物理化学的変化（温度の減少など）が起こり，鉱物中の活動度積以上になると硫化鉱物が沈澱をする．たとえば，方鉛鉱（PbS）の熱水溶液からの沈澱を考える．方鉛鉱の活動度積（$K_{sp}$）は以下で表される．

$$K_{sp} = a_{Pb^{2+}} \cdot a_{S^{2-}} \tag{2-36}$$

熱水溶液中の$Pb^{2+}$濃度，$S^{2-}$濃度と塩濃度が変わると，熱水溶液中の$Pb^{2+}$と$S^{2-}$の活動度積（$a_{Pb^{2+}} \cdot a_{S^{2-}}$）が変化し，これが$K_{sp}$をこえると方鉛鉱が沈澱をする．この方鉛鉱の沈澱の問題を考えるために，$Pb-S-Cl-H_2O$系におけ

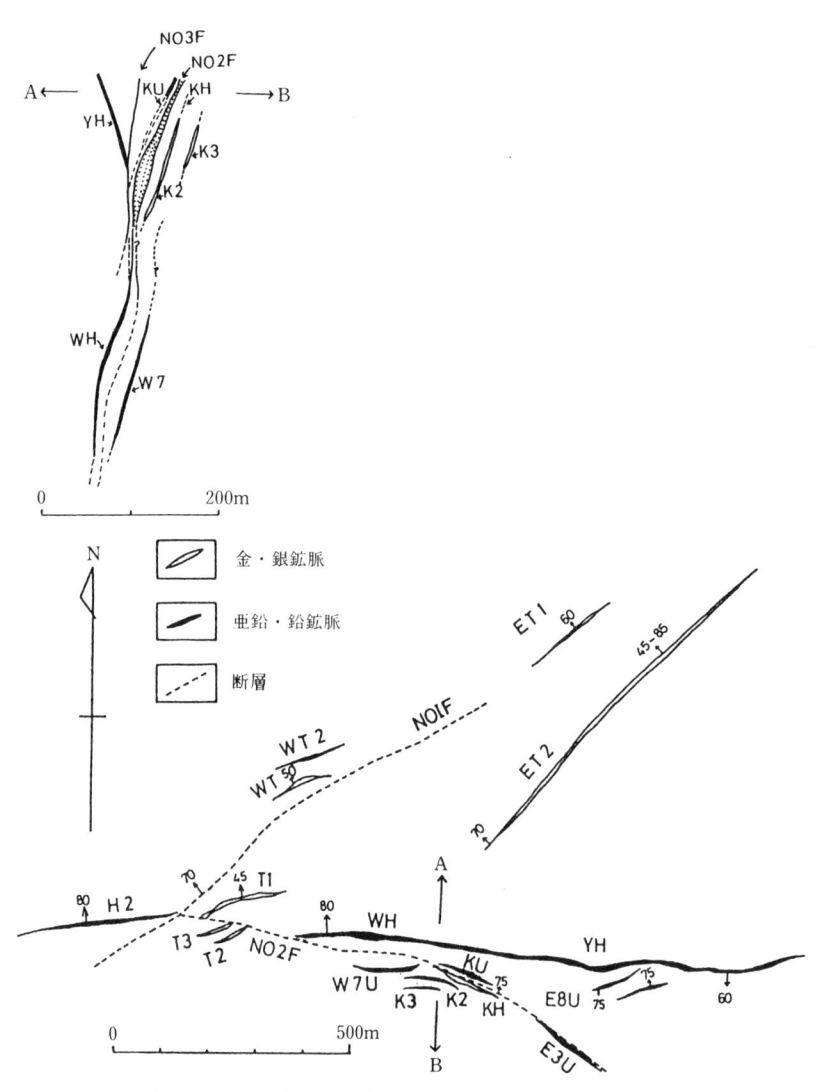

図2-10 八谷鉱床（山形県）にみられる金・銀鉱脈と亜鉛・鉛鉱脈の分布とA-B断面図（Shikazono and Shimazaki, 1985）
NO1F, YH, ET1 などは鉱脈名．金・銀鉱脈が上部，亜鉛・鉛鉱脈が下部に分布している．

24 ／ 2 化学平衡論

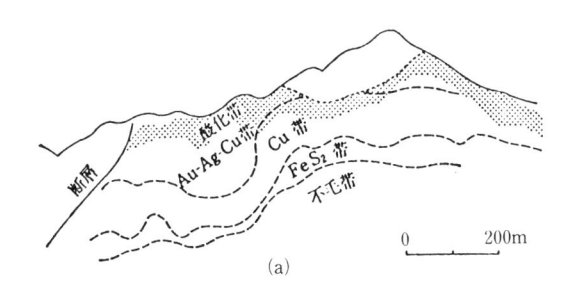

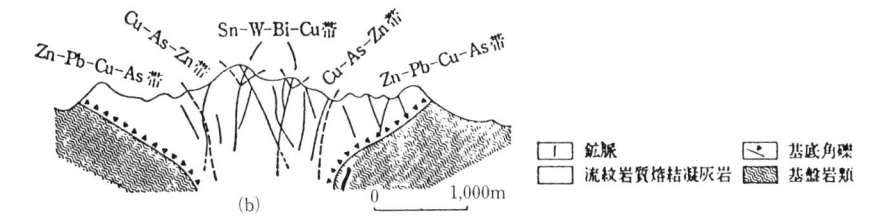

図2-11 秋田県尾去沢鉱床（再盛鋪，縦断面図 (a)）と栃木県足尾鉱床（垂直断面図 (b)）にみられる金属の帯状分布（堀越，1977）

る方鉛鉱の溶解度の問題を考える（Henley, 1984a）．そのために以下の反応式を考える．

$$\left.\begin{array}{l} PbS + 2H^+ = Pb^{2+} + H_2S \\ Pb^{2+} + Cl^- = PbCl^+ \\ PbCl^+ + Cl^- = PbCl_2 \\ PbCl_2 + Cl^- = PbCl_3^- \\ PbCl_3^- + Cl^- = PbCl_4^{2-} \end{array}\right\} \quad (2\text{-}37)$$

$$PbS + 2H^+ + 2Cl^- = PbCl_2 + H_2S \quad (2\text{-}38)$$

(2-38) 式の化学平衡より，

$$K_{2-38} = \frac{a_{H_2S} a_{PbCl_2}}{a_{H^+}^2 a_{Cl^-}^2} \quad (2\text{-}39)$$

したがって，

$$\log m_{PbCl_2} = \log K_{2-38} - \log m_{H_2S} - 2\text{pH} + 2\log m_{Cl^-} + \log(\gamma_{Cl^-}^2 / \gamma_{PbCl_2} \gamma_{H_2S}) \quad (2\text{-}40)$$

同様にして，$m_{PbCl_3^-}$，$m_{PbCl^+}$，$m_{Pb^{2+}}$ も pH，$m_{Cl^-}$，$m_{H_2S}$ などの関数として求めることができる．溶液中の全 Pb 濃度（$\Sigma$Pb）は，$\Sigma Pb = m_{Pb^{2+}} + m_{PbCl^+} + m_{PbCl_2} + m_{PbCl_3^-}$

である．これより，溶液中の全 Pb 濃度が，温度，圧力，$Cl^-$ 濃度，pH，$m_{H_2S}$ の関数として求まるといえる．

## 2-4 酸化還元条件

### 2-4-1 酸素フガシティー ($f_{O_2}$) - pH 図

2-3 節で扱った反応は，$H^+$ の出入りのある酸塩基反応である．このほかの重要な化学反応として酸化還元反応をあげることができる．たとえば，硫黄，鉄，マンガンは水溶液中でさまざまな電荷をとり，これらが反応に関与すると $O_2$，$H_2$ や $e^-$ の出入りのある酸化還元反応となる．この酸化還元反応の平衡定数を表 2-6 にまとめた．

#### (1) H-S-O 系

まず，単純なシステムにおける酸化還元反応から考える．以下では H-S-O 系における溶存硫黄種の安定条件を求める（Barnes and Kullerud, 1961）．水溶液中の主な溶存硫黄種として $H_2S$，$HS^-$，$S^{2-}$，$SO_4^{2-}$ があげられる．ここでは濃度の低いと思われる溶存硫黄種（$S_2O_3^{2-}$，$SO_3^{2-}$，$HSO_3^-$，$HS_2O_3^-$，$S_2^{2-}$，$S_3^{2-}$ など）は考えないことにする．以上の溶存硫黄種間の化学反応として，以下があげられる．

$$\left. \begin{array}{l} H_2S = HS^- + H^+ \\ HS^- = H^+ + S^{2-} \\ H_2S + 2O_2 = SO_4^{2-} + 2H^+ \\ HSO_4^- = H^+ + SO_4^{2-} \end{array} \right\} \quad (2\text{-}41)$$

質量保存の式として，以下が成り立つ．

$$\Sigma S = 一定 = m_{H_2S} + m_{HS^-} + m_{S^{2-}} + m_{SO_4^{2-}} + m_{HSO_4^-} \quad (2\text{-}42)$$

ここで，$\Sigma S$ は全溶存硫黄種濃度．

そこで，この式と (2-41) 式の質量作用の式より，溶存硫黄種の安定領域を酸素フガシティー ($f_{O_2}$) - pH 図上に表すことができる（図 2-12）．図 2-12 の各溶存硫黄種安定領域の境界は，それぞれの溶存硫黄種の濃度が等しいという条件をもとにして求める．たとえば，$H_2S$ と $HS^-$ の境界では $m_{H_2S} = m_{HS^-}$

表2-6 主要な酸化還元反応の平衡定数（対数値）(Barton, 1984)

| 反応 \ 温度 | 25 | 50 | 100 | 150 | 200 | 250 | 300 | 350°C |
|---|---|---|---|---|---|---|---|---|
| 1. $HSO_4^- = H^+ + SO_4^{2-}$ | −1.99 | −2.31 | −2.99 | −3.72 | −4.48 | −5.27 | −6.08 | −6.90 |
| 2. $H_2S = HS^- + H^+$ | −6.98 | −7.72 | −6.61 | −6.81 | −7.17 | −7.60 | −8.05 | — |
| 3. $HS^- + 2O_2 = SO_4^{2-} + H^+$ | 132.55 | 120.43 | 100.91 | 85.86 | 73.82 | 63.90 | 55.38 | 47.28 |
| 4. $3Fe_2O_3 = 2Fe_3O_4 + 1/2 O_2$ | −36.15 | −32.82 | −27.51 | −23.45 | −20.24 | −17.65 | −15.51 | −13.70 |
| 5. $3Fe + 2O_2 = Fe_3O_4$ | 177.40 | 162.37 | 138.21 | 119.78 | 105.27 | 93.56 | 83.91 | 75.83 |
| 6. $3FeS + 3H_2O + O_2 = Fe_3O_4 + 3HS^- + 3H^+$ | −6.14 | −6.41 | −7.34 | −8.64 | −10.28 | −12.08 | −14.71 | −19.17 |
| 7. $FeS + H_2S(g) + \frac{1}{2}O_2 = FeS_2 + H_2O$ | 46.09 | 41.54 | 34.29 | 28.77 | 24.40 | 20.88 | 17.98 | 15.55 |
| 8. $Fe^{2+} + 2H_2S(g) + \frac{1}{2}O_2 = FeS_2 + 2H^+ + H_2O$ | 30.24 | 27.45 | 23.07 | 19.80 | 17.32 | 15.48 | 14.37 | 14.88 |
| 9. $Fe^{2+} + 3H_2O = Fe(OH)_3 + 3H^+$ | −29.45 | −27.58 | −24.64 | −22.42 | −20.70 | −19.33 | −18.21 | — |
| 10. $H_2O_{(l)} = H_2 + 1/2 O_2$ | −41.55 | −37.68 | −31.53 | −26.85 | −23.18 | −20.23 | −17.81 | −15.78 |
| 11. $H_2O_{(l)} = H^+ + OH^-$ | −13.99 | −13.26 | −12.23 | −11.59 | −11.21 | −11.08 | −11.28 | −12.35 |
| 12. $1/2 \, H_2 = H^+ + e^-$ | 0.0 | 0.0 | 0.0 | 0.0 | 0.0 | 0.0 | 0.0 | 0.0 |
| 13. $2H_2S + O_2 = S_{2(g)} + 2H_2O$ | 59.44 | 54.4 | 46.27 | 39.99 | 35.05 | 30.06 | 27.21 | — |
| 14. 明礬石 + 石英 + $H_2O$ = K雲母 + カオリナイト + $2K^+ + 6H^+ + 8HSO_4^-$ | — | — | — | — | −48.0 | −41.7 | −36.5 | — |
| 15. $N_2 + 3H_2 = 2NH_3$ | 5.75 | 4.48 | 2.44 | 0.86 | −0.42 | −1.46 | −2.34 | −3.09 |
| 16. $C + O_2 = CO_2$ | 69.09 | 63.79 | 55.26 | 48.74 | 43.60 | 39.45 | 36.02 | 33.13 |
| 17. $C + 2H_2 = CH_4$ | 8.88 | 7.86 | 6.20 | 4.92 | 3.89 | 3.04 | 2.32 | 1.71 |
| 18. $NH_4^+ = NH_3 + H^+$ | −9.27 | −8.53 | −7.42 | −6.53 | −5.79 | −5.14 | −4.57 | −4.12 |

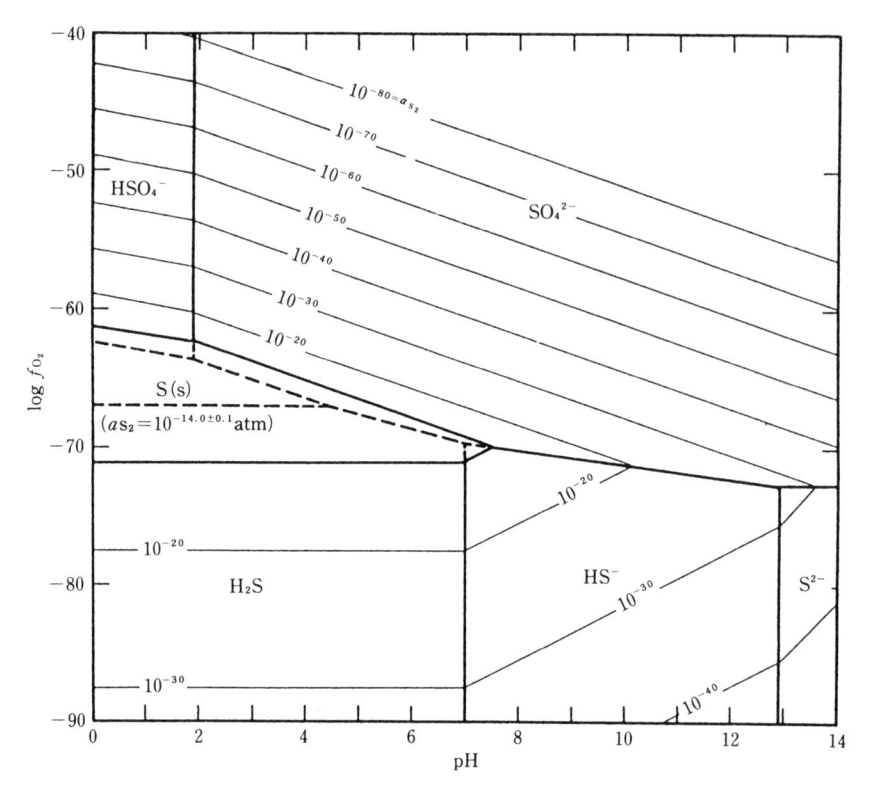

**図2-12** $\log f_{O_2}$-pH 図上の溶存硫黄種の安定領域：25℃（Barnes, 1979）
図中の $a_{S_2}$：$S_2$ 活動度．

である．このときの pH は（2-41）式の上の式の平衡定数が，

$$K_{2-41} = \frac{a_{HS^-} \cdot a_{H^+}}{a_{H_2S}} = \frac{\gamma_{HS^-} \cdot m_{HS^-} \cdot a_{H^+}}{\gamma_{H_2S} \cdot m_{H_2S}} = \frac{\gamma_{HS^-} \cdot a_{H^+}}{\gamma_{H_2S}} \tag{2-43}$$

と表されるので，この式より，

$$\mathrm{pH} = -\log K_{2-43} + \log \frac{\gamma_{HS^-}}{\gamma_{H_2S}} \tag{2-44}$$

と求められる．ここで $\gamma$ は活動度係数である．

## (2) Fe-S-O-H系, Cu-Fe-S-O-H系

次に以上の H-S-O 系に Fe を加えた Fe-S-O-H 系の安定関係を導く．

固相として，Fe，FeO，$Fe_3O_4$，$Fe_2O_3$，FeS，$FeS_2$を考える．溶存種としては，H–S–O系の溶存種以外にFeの溶存種（たとえば，$Fe^{2+}$，$Fe^{3+}$，$Fe(OH)^+$，$Fe(OH)_2$，$Fe(OH)_3$）があげられる．気相としては，$S_2$，$O_2$，$H_2$がある．これらの固相，溶存種と気相間の化学反応をあげ，それらの化学平衡を考えればよい．

いま，以下の固相–気相–液相間の反応の化学平衡を仮定する．

$$\left. \begin{array}{l} FeS + \dfrac{1}{2}S_2 = FeS_2 \\[4pt] 2FeS_2 + \dfrac{3}{2}O_2 = Fe_2O_3 + 2S_2 \\[4pt] 2Fe_3O_4 + \dfrac{1}{2}O_2 = 3Fe_2O_3 \end{array} \right\} \quad (2\text{-}45)$$

以上より温度，圧力，$\Sigma S$ 一定のもとでそれぞれの固相の安定領域を$\log f_{O_2}$–pH図（図2-13），または，Eh（酸化還元電位）–pH図上に示すことができる．

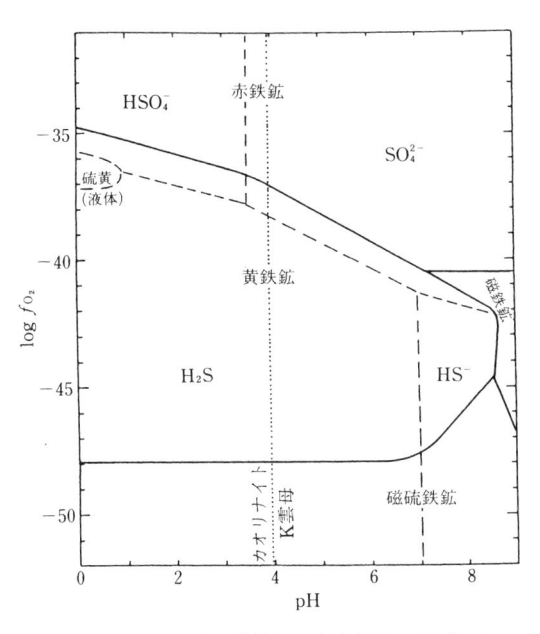

**図2-13** $\log f_{O_2}$–pH図における鉄鉱物の安定領域；200℃（Barton, 1984）

次により多くの成分からなる系における硫化鉱物の溶解度を求める．その例として，黄銅鉱（$CuFeS_2$）-斑銅鉱（$Cu_5FeS_4$）-黄鉄鉱（$FeS_2$）-水溶液間の化学平衡を考える（Crerar and Barnes, 1976）．これらの平衡関係は以下の反応より求められる．

$$CuFeS_2 （黄銅鉱）+ S_2 = Cu_5FeS_4 （斑銅鉱）+ 4FeS_2 （黄鉄鉱） \quad (2\text{-}46)$$

上の化学平衡は，$f_{S_2}$（硫黄フガシティー），温度，圧力によって決められる．$f_{S_2}$は以下の反応より$f_{O_2}$（酸素フガシティー），$H_2S$濃度，温度，圧力によることがわかる．

$$S_2 + H_2O = H_2S + \frac{1}{2}O_2 \quad (2\text{-}47)$$

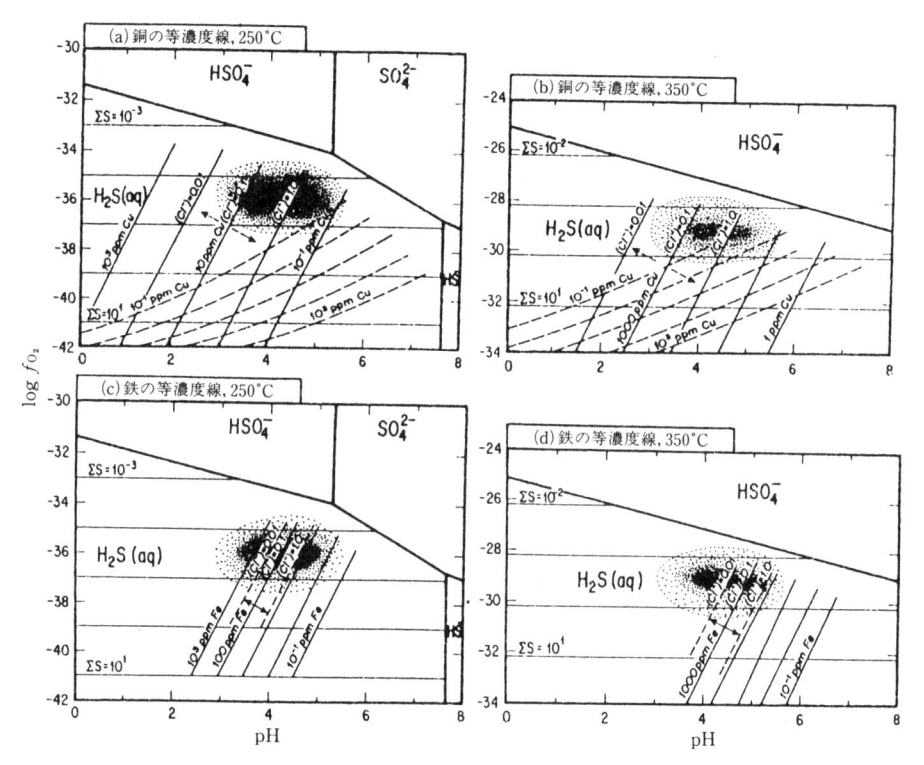

**図2-14** 黄銅鉱-斑銅鉱-黄鉄鉱と平衡な熱水溶液中のCu, Fe濃度（Crerar and Barnes, 1976）
　　実線：クロロ錯体による溶解度，破線：硫化物錯体による溶解度．点を打った領域はポーフィリーカッパー鉱床をもたらした熱水の$f_{O_2}$-pH領域．

表2-7 熱水溶液における主要金属元素の溶存状態（Crerar et al., 1985）

| 金属 | 低 $Cl^-$ 濃度 | | 高 $Cl^-$ 濃度 |
|---|---|---|---|
| | 低 pH | 高 pH | |
| 鉄 | $Fe^{2+}$ | $FeOH^+$, $Fe(OH)_2$ | $FeCl_n^{2-n}$ ($n=0\sim3$) |
| 亜鉛 | $Zn^{2+}$ | $ZnOH^+$, $Zn(OH)_2$ | $ZnCl_n^{2-n}$ ($n=0\sim3$) |
| 鉛 | $Pb^{2+}$ | $PbOH^+$, $Pb(OH)_2$ | $PbCl_n^{2-n}$ ($n=0\sim3$) |
| ビスマス | $Bl^{3+}$ | $Bi(OH)_2^+$, $Bi(OH)_3$ | $BiCl_n^{3-n}$ ($n=0\sim2$) |
| 金 | $AuHS$ または $HAu(HS)_2$ | $Au(HS)_2^-$ | $AuCl$ |
| 銀 | $AgHS$ または $HAg(HS)_2$ | $Ag(HS)_2^-$ | $AgCl$ |
| モリブデン | $H_2MoO_4$　　　$HMoO_4^-$ | $MoO_4^{2-}$ | 変化せず |
| | Mo 炭酸水素塩錯体または炭酸塩錯体 | | |
| アンチモン | $Sb(aq)$, $HSbS_2$, $H_2SbS_4$, $Sb(OH)_2^+$, $Sb(OH)_3$ | | 変化せず |

$CuFeS_2$ の溶解反応は以下である．
$$CuFeS_2 + H^+ + \frac{1}{4}O_2 = Cu^+ + FeS_2 + \frac{1}{2}H_2O \tag{2-48}$$
以上より $\log f_{O_2}$ – pH 図上に等 Cu 濃度線（すなわち Cu – 鉱物の溶解度）と等 Fe 濃度線を描くことができる（図2-14）．

以上の例では，Pb, Cu, Fe は熱水溶液中で $Cl^-$ と結びつきクロロ錯体をつくっているとした．このように鉱床構成元素は，熱水溶液中で錯体をつくり安定化する．錯体はクロロ錯体以外に硫化物錯体，チオ錯体，炭酸塩錯体などがある（Brimhall and Crerar, 1987）．熱水溶液中の卓越錯体種は，元素種，熱水溶液中の配位子濃度，pH, $f_{O_2}$, 温度などによっている．これらの主な錯体の例を表2-7にまとめた．

硫化鉱物の溶解度を定めるものとして，錯体の安定性が特に重要である．この安定性を定める因子として，以下が重要である（鹿園，1997）．1）酸 – 塩基のかたさ・やわらかさ，2）配位子場安定化エネルギー，3）温度，圧力．

このほかにも熱水系では多くの酸化還元反応が起こる．これらの平衡定数が求まると（表2-6），$\log f_{O_2}$ – pH 図上で鉱物の安定領域を求めることができる．

## 2-5 元素分配

### 2-5-1 レイリー分別

　以上の解析では，固相－水溶液系が均一であり，固相－水溶液間で完全平衡が成り立っている場合を考えた．以下では，この完全平衡系から，固相が液相から抜けていく場合を考える．固相の場合，水溶液に対して表面平衡が成り立ち，沈殿していくことを考える．こういうプロセスをレイリー分別という．

　いま，$(Ca, Mn)CO_3$ 固溶体が水溶液から沈殿する場合を考える．すなわち $d[MnCO_3]$（モル/$l$）（$d$ は微少量を表す），$d[CaCO_3]$ が沈殿し，これらが水溶液と化学平衡になっている場合を考える．この化学平衡は以下で表される．

$$\frac{d[MnCO_3]}{d[CaCO_3]} = \frac{km_{Mn^{2+}}}{m_{Ca^{2+}}} \tag{2-49}$$

ここで，$k$ はドーナー・ホスキンス分配定数（Doener and Hoskins, 1925），$m_{Mn^{2+}}$ は水溶液中の $Mn^{2+}$ 濃度，$m_{Ca^{2+}}$ は水溶液中の $Ca^{2+}$ 濃度，また，$\gamma_{Mn^{2+}}/\gamma_{Ca^{2+}} = 1$ とした．

　(2-49) 式より，

$$\frac{d[MnCO_3]}{m_{Mn^{2+}}} = \frac{kd[CaCO_3]}{m_{Ca^{2+}}} \tag{2-50}$$

両辺を積分すると，

$$\log\left(\frac{m_{Mn_i^{2+}}}{m_{Mn_f^{2+}}}\right) = k \log\left(\frac{m_{Ca_i^{2+}}}{m_{Ca_f^{2+}}}\right) \tag{2-51}$$

ここで，$i$ は初期状態，$f$ は最終状態．

　水溶液から結晶が生成する場合，結晶の組成，溶液の組成が $k$ に応じてしだいに変化をする．結晶の内部の拡散定数は非常に小さいので，結晶内では均一化されないで，もとの状態をそのまま残す．この (2-51) 式が成り立つ（これをドーナー・ホスキンス則という）ことは多くの不均一系（$(Ba, Sr)SO_4-H_2O$ 系，$(Ca, Sr)SO_4-H_2O$ 系など）で実験的に確かめられている（Doener and Hoskins, 1925; Gordon et al., 1959; Shikazono and Holland, 1983）．

このようなレイリー分別は，熱水性鉱床中の鉱物（重晶石$(Ba, Sr)SO_4$，炭酸塩$(Ca, Sr)CO_3$ など），変成岩中の鉱物（たとえば，ガーネット$(X_3Y_2(SiO_4)_3$，$X = Ca$, $Mg$, $Fe^{2+}$ または $Mn^{2+}$，$Y = Al^{3+}$, $Fe^{3+}$ または $Cr^{3+}$）内の組成変化（ゾーニング）やマグマからの鉱物の晶出の問題などの地球科学のさまざまな問題に対して応用されている．

## 2-5-2　固溶体と分配係数（$K_d$）

(1) 方解石と水溶液間のカドミウム（Cd）の分配

方解石-水溶液間の Cd の分配について考える．

$$CaCO_3(方解石) = Ca^{2+} + CO_3^{2-} \tag{2-52}$$
$$CdCO_3(オタバイト) = Cd^{2+} + CO_3^{2-} \tag{2-53}$$

上の反応の平衡定数は，以下で表される．

$$K_{cc} = \frac{a_{Ca^{2+}} a_{CO_3^{2-}}}{a_{CaCO_3}} = 10^{-8.48} \tag{2-54}$$

$$K_{ota} = \frac{a_{Cd^{2+}} a_{CO_3^{2-}}}{a_{CdCO_3}} = 10^{-11.31} \tag{2-55}$$

ここで，$K$ は平衡定数，$a$ は活動度，cc は方解石，ota はオタバイト．

したがって，

$$\frac{K_{ota} \gamma_{Cd^{2+}} \lambda_{CdCO_3}}{K_{cc} \gamma_{Cd^{2+}} \lambda_{CaCO_3}} = \frac{m_{Cd^{2+}} X_{CaCO_3}}{m_{Ca^{2+}} \lambda_{CdCO_3}} \tag{2-56}$$

ここで，$\gamma$ はイオンの活動度係数，$\lambda$ は固溶体成分の活動度係数，$X$ はモル分率，$m$ はモル濃度．

ここで $\lambda$ を以下で表す．

$$\left. \begin{array}{l} \ln \lambda_{CdCO_3} = W X_{CaCO_3}^2 \\ \ln \lambda_{CaCO_3} = W X_{CdCO_3}^2 \end{array} \right\} \tag{2-57}$$

ここで，$W$ は相互作用パラメター．

$W$ を $-0.8$（Davis et al., 1987）とし，$CaCO_3$ 中の $CdCO_3$ 含有量を1モル％とすると，$\ln \lambda_{CdCO_3} = -0.8(0.99)^2 = -0.78$ で，$\lambda_{CdCO_3} = 0.46$，$\ln \lambda_{CaCO_3} = -0.8(0.01)^2 = -8.0 \times 10^{-5}$，$\lambda_{CaCO_3} = 1.00$ であるので，分配係数 $K_d$ は，

$$K_\mathrm{d} = \frac{(X_\mathrm{CdCO_3}/X_\mathrm{CaCO_3})}{(m_\mathrm{Cd^{2+}}/m_\mathrm{Ca^{2+}})} = \frac{K_\mathrm{cc}\,\gamma_\mathrm{Cd^{2+}}\,\lambda_\mathrm{CaCO_3}}{K_\mathrm{ota}\,\gamma_\mathrm{Ca^{2+}}\,\lambda_\mathrm{CdCO_3}} = \frac{10^{-8.48}}{10^{-11.31} \times 0.46} = 1905$$

である.

一方,この分配の実験値は 14.7(Lorens, 1981),110(Davis et al., 1987),41(Tesoriero and Pankow, 1996)であるので,これらの実験値の方が理論値(1905)よりもかなり小さい.しかし,この相違の原因については明らかにされていない.

## (2) 方解石－水溶液間の希土類元素（REE）の分配

方解石（$CaCO_3$）中には比較的多くの希土類元素（REE）が取り込まれ,これまでにいくつかの実験的,分析的研究がなされているので,以下では方解石中の REE 含有量の支配要因について説明を行う.

方解石－水溶液間の希土類元素の分配係数（$K_\mathrm{d}$）として,以下の式が用いられることが多い.

$$K_\mathrm{d} = \frac{(X_\mathrm{REE}/X_\mathrm{Ca})_\mathrm{CC}}{(m_{\Sigma\mathrm{REE}}/m_\mathrm{Ca})_\mathrm{aq}} \tag{2-58}$$

ここで,cc は方解石,aq は水溶液,$X$ はモル分率,$m_{\Sigma\mathrm{REE}}$ は水溶液中の全 REE 濃度,$m_\mathrm{Ca}$ は水溶液中の Ca 濃度.

ところで,(2-58)式はある化学反応に対する化学平衡を表してはいないという問題がある.もしも,水溶液中の REE 種として,$\mathrm{REE(CO_3)^+}$ を与え,以下の反応を考えると,

$$\mathrm{REE(CO_3)^+_{aq}} + \mathrm{(Ca^{2+})_{CC}} = \mathrm{REE(CO_3)^+_{CC}} + \mathrm{(Ca^{2+})_{aq}} \tag{2-59}$$

この平衡定数は,

$$K_{2-60} = \frac{a_\mathrm{REE(CO_3)^+_{cc}}/a_\mathrm{(Ca^{2+})_{cc}}}{a_\mathrm{REE(CO_3)^+_{aq}}/a_\mathrm{(Ca^{2+})_{aq}}} \tag{2-60}$$

である.また,水溶液中の全 REE 濃度は,

$$\Sigma\mathrm{REE} = m_\mathrm{REE^{3+}} + m_\mathrm{REE(CO_3)^+} + m_\mathrm{REE(CO_3)_2^-} \tag{2-61}$$

と表される.また,溶液内で以下の反応の化学平衡が成り立つとする.

$$\mathrm{REE^{3+}} + \mathrm{CO_3^{2-}} = \mathrm{REE(CO_3)^+} \tag{2-62}$$

$$K_{2-62} = a_\mathrm{REE(CO_3)^+}/a_\mathrm{REE^{3+}}\,a_\mathrm{CO_3^{2-}} \tag{2-63}$$

$$\text{REE}^{3+} + 2\text{CO}_3^{2-} = \text{REE}(\text{CO}_3)_2^{-} \tag{2-64}$$

$$K_{2-64} = a_{\text{REE}(\text{CO}_3)_2^{-}} / a_{\text{REE}^{3+}} \cdot a_{\text{CO}_3^{2-}} \tag{2-65}$$

以上の式より $K_\text{d}$ と $K_{2-60}$ の関係が求まる．これより $K_\text{d}$ は，温度，圧力，イオン強度，固相中の $\text{REE}(\text{CO}_3)^+$ 成分と $\text{Ca}^{2+}$ 成分の活動度係数，$a_{\text{CO}_3^{2-}}$ によって表されることがわかり，$X_{\text{REE}(\text{CO}_3)^+}$ もこれらに依存するといえる（Tanaka et al., 2004）．

ところで希土類元素のイオン半径（結晶イオン半径）が大きくなると，$K_\text{d}$ が大きくなり（Curtie, 1999），$K_\text{d}$ はイオン半径と関係しているといえる（図2-15）．イオン半径以外の分配に影響を与える要因として，1) テトラド効果（ランタニド四組効果），2) 錯形成能力，3) 電荷，4) 固溶体の性質，5) 溶液組成（$\text{Na}^+$ 濃度など），6) 非平衡があげられる．ここで，テトラド効果というのは，ランタニドがL (La, Ce, Pr, Nd), P (Pm, Sm, Eu, Gd), G (Gd, Tb, Dy, Ho), E (Er, Tm,, Yb, Lu) の各4組（テトラド）に分けられ，それぞれにおいて，試料/コンドライト比がこの比-イオン半径図において凸カーブ（M型），または凹カーブ（W型）になることをいう．このカーブの大きさは，反応物と生成物のランタニドイオンのラカー係数（4f電子の電子反発係数）の差によるといわれる．

このほかに溶液の錯体形成能力の違いが $K_\text{d}$ に影響を与える．ランタニドイオンは溶液中で炭酸塩錯体，有機錯体をつくりやすい．このように溶液中

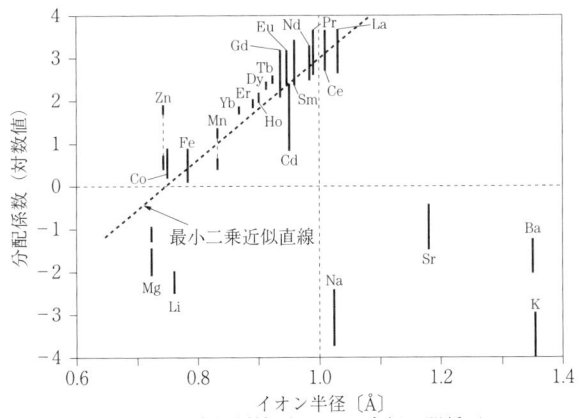

**図2-15** 分配係数（対数値）とイオン半径の関係（Curtie, 1999）

の化学種によって$K_d$値が大きくかわる（田中，2005）．

多くのランタニドは水溶液中で3+であるが，Ce（セリウム）は3+, 4+となる．また熱水条件ではEuは2+となる．この電荷が異なると分配がかわってくる．

4）の固溶体の性質については，2-5-3(2)で論じる．方解石中で希土類元素は$M_{2/3}(CO_3)$という状態では存在しないらしい．それよりも$2Ca^{2+} \rightleftarrows M^{3+}$ $+Na^+$という置換が起こるともいわれている（Zhong and Mucci, 1995; 田中，2005）．したがって，このような置換が起こるならば，溶液中の$Na^+$濃度によっても分配がかわるであろう．6）の非平衡の問題については今までほとんど明らかにされていないので，ここでは論じない．

### 2-5-3　イオン交換平衡
#### (1)　粘土鉱物の陽イオン交換平衡

粘土鉱物－水溶液間のイオン交換には次の2種類がある．1）結晶表面でのイオン交換，2）結晶内部でのイオンと水溶液中のイオンとのイオン交換．

1）は，結晶生成後にも起こるが，2）については，主に結晶の生成時において起こる．2）については2-5-2，2-5-3(2)で述べているので，ここでは1）について述べる（日本土壌肥料学会，1981）．

今，交換性陽イオン（$A^+$）を保持している陽イオン交換体（結晶）に$B^+$を含む溶液を加える．そうするとこれらのイオン間の交換が以下の反応で起こる．

$$A^+(R) + B^+(S) = B^+(R) + A^+(S) \tag{2-66}$$

ここで，(R)はイオン交換体，(S)は溶液．

上式の化学平衡が成り立つと（活動度係数を1とする）

$$K_{BA} = \frac{[BR][AS]}{[AR][BS]} \tag{2-67}$$

ここで[AR]，[BR]は交換体表面の拡散電気二重層中の交換性$A^+$，$B^+$の濃度．

この$K_{BA}$は$A^+$を基準にした$B^+$の選択係数とも呼ばれる．この(2-68)式は，次のようになる．

$$\frac{X_{BR}}{X_{BS}} = K_{BA}\frac{1-X_{BR}}{1-X_{BS}} \tag{2-68}$$

ここで，$X$ は当量分率で，$X_{BR} = [BR]/CR$, $CR = [BR]+[AR]$, $X_{BS} = \dfrac{[BS]}{CS}$, $CS = [BS]+[AS]$

ここで，CR は拡散電気二重層中での交換性 $A^+$ と $B^+$ の濃度の和，CS は溶液中の両イオンの和．

$X_{BR}/X_{BS} > 1$ のときは B が A より選択的に吸着され，$K_{BA} < 1$ のときは A が B より選択的に吸着され $K_{BA} = 1$ となる．

上では等電荷のイオン間の交換平衡であるが，等電荷でない陽イオンを含む交換平衡にも適応できる．たとえば，以下の交換平衡が成り立つとする．

$$A^{2+}(R) + 2B^+(S) = 2B^+(R) + A^{2+}(S) \tag{2-69}$$

この平衡定数（活動度係数を1とする）は，以下で表される．

$$K_{BA} = \frac{[BR]^2[AS]}{[AR][BS]^2} \tag{2-70}$$

この式の濃度を当量分率でおきかえると，

$$\left(\frac{X_{BR}}{X_{BS}}\right)^2 = K_{BA}\frac{CS}{CR}\frac{(1-X_{BR})}{(1-X_{BS})} \tag{2-71}$$

この場合は，等価イオンの場合とは異なり，選択現象は，$K_{BA}$ 以外に CS と CR にもよる．

以上述べた陽イオン交換平衡については，今までに多くの実験的研究がなされている．特にモンモリロナイト – 水溶液間のアルカリ金属イオン，アルカリ土類金属イオンに関する研究が多い．これらの $K_{BA}$ 値を表2-8，2-9 にまとめた．

Na モンモリロナイト – 水溶液間のアルカリ金属イオンに関するイオン交換平衡定数は結晶イオン半径と正の関係にあるといえる（表2-8）．同じ電荷の場合，結晶イオン半径が大きいほど単位電荷密度が小さいので，水和数

表2-8　モンモリロナイト – 水溶液間の $K_{BA}$（日本土壌肥料学会編，1981）

| $K_{CsNa}$ | $K_{RbNa}$ | $K_{NH_4Na}$ | $K_{KNa}$ | $K_{NaLi}$ |
|---|---|---|---|---|
| 54～2 | 25～2 | 7～3 | 6～1 | 1.8～0.9 |

**表2-9** アルカリ土類金属元素イオンの結晶イオン半径 ($r_{M,cr}$) ($10^{-12}$ m(pm)), 水和イオン半径 ($r_{M,hyd}$) ($10^{-12}$ m(pm)), $K_{BA}$

|  | $r_{M,cr}$ | $r_{M,hyd}$ | $K_{BA}$ |
|---|---|---|---|
| $Mg^{2+}$ | 72 | 346 | 1.3〜1.0 (Ca-Mg) |
| $Ca^{2+}$ | 172 | 309 |  |
| $Sr^{2+}$ | 116 | 309 | 1.3〜1.1 (Sr-Ca) |
| $Ba^{2+}$ | 136 | 288 | 1.1 (Ba-Ca) |

**表2-10** アルカリ元素イオンの結晶イオン半径 ($r_{M,cr}$) ($10^{-12}$ m (pm)) と水和イオン半径 ($r_{M,hyd}$) ($10^{-12}$ m (pm))

|  | $r_{M,cr}$ | $r_{M,hyd}$ (Sverjensky and Sahai, 2001) | $r_{M,hyd}$ (大滝, 1987) |
|---|---|---|---|
| $Li^+$ | 74 | 237 | 240 |
| $Na^+$ | 102 | 183 | 180 |
| $K^+$ | 138 | 138 | 130 |
| $Rb^+$ | 149 | 149 | 120 |
| $Cs^+$ | 170 | 170 | 120 |

が少なくなり，水和イオン半径が小さくなり，吸着されやすく，イオン交換平衡定数が大きくなると解釈されている (Bolt and Bruggenwert, 1978).

アルカリ土類金属元素イオンについて，この$K_{BA}$と結晶イオン半径($r_{M,cr}$)，水和イオン半径 ($r_{M,hyd}$) との関係をみてみると，表2-9に示すように，$K_{BA}$はイオンにより異ならないので，これらの間に正や負の関係はみられない．

表2-10にアルカリ元素イオンの水和イオン半径 ($r_{M,hyd}$) と結晶イオン半径 ($r_{M,cr}$) を示す．

Sverjensky and Sahai (2001) は $K^+$, $Rb^+$, $Cs^+$の結晶イオン半径と水和イオン半径を等しいとみたが，これらの水和イオン半径は結晶イオン半径より小さいらしい (大滝，1987). これについては，イオンの周囲の水分子の動きやすさがイオンにより異なり，$Li^+$, $Na^+$は，水和水分子の動きは純水中の水分子により遅く，イオンに結合しているという概念に一致しているが，$K^+$, $Rb^+$, $Cs^+$の周囲の水分子は純水中の水よりもかえって動きやすくなっているという解釈がなされている (大滝，1987). サモイロフ (1970) は，イオンの周囲の水分子はバルクの水分子よりむしろ動きやすくなっていると考え，これらの現象に対して「負の水和」という概念を提唱している．

上記の場合は，均一な結晶表面での吸着が分配を決める場合であるが，こ

のほかに格子面の六角形の深み,粘土鉱物の層間交換部位,ゼオライトの構造内吸着(ゼオライトは,層状粘土鉱物と異なり,3次元的網目構造を持つ.この網目構造内の細孔にイオンや分子が吸着される.この細孔は,分子ふるい効果を生じ,分子径がこの孔径より小さい分子しか吸着しない)も分配に影響を与える(Bolt and Bruggenwert, 1978).この場合は上記の順序とは異なり,結晶イオン半径が分配を決める因子として重要である(Bolt and Bruggenwert, 1978).この裸のイオンが結晶内部に拡散する場合の結晶内における吸着性は,イオンの拡散係数,静電力相互作用などにより決まるであろう.拡散係数が影響を与える場合は,電荷が同じで静電力相互作用が大きい場合,裸のイオン半径が大きい方が分配係数が大きくなると考えられる.2:1粘土鉱物の表面は酸素分子で囲まれた六角形状のくぼみを持つ四面体層からなり,イオン半径が小さいほど,このくぼみに侵入しやすいと思えるが,水和数が大きく脱水エネルギーが大きく,むしろ結晶イオン半径の大きい $K^+$, $Rb^+$, $Cs^+$, $NH_4^+$ イオンの方が,くぼみに侵入しやすい.$Na^+$, $Li^+$ イオンは侵入できない.なお,結晶イオン半径の大きい $K^+$, $Rb^+$, $Cs^+$ は,水和数が小さく,むしろイオンは動きやすい(サモイロフ,1970).

(2) **固溶体の影響**

2-5-3(1)では固溶体の影響を考えていない.以下ではこの影響について考える(Essington, 2004).

今,2+イオン(たとえば $Ca^{2+}$)と1+イオン(たとえば $Na^+$)の間のイオン交換を考える.

$$B^{2+}(aq) + 2AX \rightarrow BX_2 + 2A^+(aq) \tag{2-72}$$

$AX - BX_2$ 交換に対する(2-72)式に対する式は,

$$\ln\lambda_A = a_2 X_B^2 + a_3 X_B^3, \quad \ln\lambda_B = \left(a_2 + \frac{3}{2}a_3\right)X_A^2 - a_3 X_A^3 \tag{2-73}$$

である(Sposito, 1994).ここで,$a_2 = 2W_B - W_A$,$a_3 = 2(W_A - W_B)$,$W$ は相互パラメター,$W_A = \lim_{X_A \to 0}\lambda_A$,$W_B = \lim_{X_B \to 0}\lambda_B$ である.

正則溶液モデルでは,$W_A = W_B$ と仮定する.すなわち,$a_2 = W_A = W_B (= W)$,

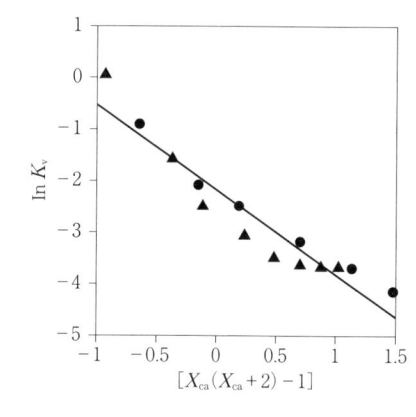

**図2-16** 正則溶液モデルに基づく土壌に対するKX-CaX$_2$イオン交換データのプロット（Essington, 2004）

▲：K－飽和，●：Ca－飽和．

$a_3 = 0$ とすると，

$$\ln\lambda_A = WX_B^2, \quad \ln\lambda_B = WX_A^2 \tag{2-74}$$

となる．AX－BX$_2$イオン交換反応に対しての正則溶液交換選択係数（$K_{RS}$）は，

$$K_{RS} = \frac{\left[\exp(WX_A^2)\right] X_B m_{A^+}^2}{\left[\exp(WX_B^2)\right] X_A^2 m_{B^{2+}}} \tag{2-75}$$

$$K_{RS} = \frac{\exp(WX_A^2)}{\left[\exp(WX_B^2)\right]^2} K_V \tag{2-76}$$

ここで，この $K_{RS}$ は（2-72）式のイオン交換反応の平衡定数である．

これより，

$$\ln K_V = \ln K_{RS} - WX_A^2 + 2WX_B^2 = \ln K_{RS} + W[X_B(X_B+2)-1] \tag{2-77}$$

これより，$\ln K_V$ を縦軸，$[X_B(X_B+2)-1]$ を横軸にとると，傾きが $W$ であり，縦軸の交差点が $\ln K_{RS}$ となる．イオン交換実験データをプロットし，最小二乗線を求めることにより，$W$，$K_{RS}$ が求まる．図2-16にKX-CaX$_2$交換データをプロットした．

## 2-5-4 弾性体理論

イオン交換反応ギブスエネルギーは，$G_{ex} = G_{reaction} + G_{elastic}$ である．ここで，$G_{reaction}$ は反応ギブスエネルギー，$G_{elastic}$ は弾性歪みエネルギーである．このイオン交換反応ギブスエネルギー（$G_{ex}$）は，反応のギブスエネルギー

（$G_{reaction}$）とともに，弾性歪みエネルギー（$G_{elastic}$）がわからないと求まらない．この弾性歪みエネルギーと分配係数の関係については，Nagasawa（1966）により指摘されている．Nagasawa（1966）は弾性体モデルを用い，$\log K_d$ と $-(r_w-r)^2/r_o^2$（ここで，$r_o$ は主元素イオンの結晶イオン半径，$r$ は微量元素イオンの結晶イオン半径）は線形関係にあることを導いた．

弾性体モデルによると，$K_d$ は結晶イオン半径と関係し，結晶イオン半径が等しいところで最大となり，理想的には，そこを頂点として対称的な楕円カーブとなる．

この長沢理論は，マグマ－斑晶間の分配に対して適用されたが，熱水条件でも成り立つことが重晶石，硬石膏の希土類元素分配に対していわれている（Morgan and Wandless, 1980）．しかし，低温下で水溶液から沈澱した鉱物に対してのこの種の研究はほとんどなされていない．

また，この弾性体モデルについては，近年マグマ－結晶系（Blundy and Wood, 1994; Wood and Blundy, 2001, 2004）および水溶液－結晶系（Gnanapragasam and Lewis, 1995）に対して，理論的考察が進められた．たとえば，Gnanapragasam and Lewis（1995）は，方解石，石膏－水溶液間の Ra（ラジウム）の分配係数（$K_d$）を以下の理論式をもとに導き，実験値を説明できることを示した．

$$-RT\ln K_d = 0.2 G_{0ex} + 0.2 G_{elastic} - 2.3 \tag{2-78}$$

ここで，$G_{0ex}$ はイオン交換反応ギブスエネルギー，$G_{elastic}$ は弾性歪みエネルギー．

Gnanapragasam and Lewis（1995）は，この弾性歪みエネルギーを以下の式より求めた．

$$\text{弾性歪みエネルギー} = 4\pi E N_0 m_t \frac{(r_t-r_m)^2}{r_m^2} r_m^3 \left\{ (1+\mu) + \frac{2(1-2\mu)(r_t/r_m)^3}{[(1+\mu)+2(1-2\mu)(r_t/r_m)]^2} \right\} \tag{2-79}$$

ここで，$E$ はヤング率，$N_0$ はアボガドロ数，$m_t$ は固溶体中の微量元素イオンのモル分率，$r_t$ は微量元素イオンの結晶イオン半径，$r_m$ は主元素イオンの結晶イオン半径，$\mu$ はポアソン比．

さまざまな結晶の物性値（ポアソン比，ヤング率）が求まれば，弾性歪み

エネルギーが求まり，分配係数が求まる．しかし，上の方法は，以下の3つの仮定が成り立つ場合のみ用いることができることに注意しなければならない．

 1) 固溶体は均一等方連続体でヤング率，ポアソン比が結晶集合体で同一である．
 2) 微量元素端成分が，固溶体の弾性的性質と同じである．
 3) 陽イオンは，6配位のイオン半径を持った球体と仮定される．

上記の仮定が低温生成の鉱物に対して成り立つかどうかははっきりしていないが，今後，このようなアプローチで物性値が得られるならば，分配係数が理論的に求まる可能性がある．


## 2-6 部分化学平衡

### 2-6-1 水‐岩石反応

太平洋や大西洋の海底の中央部には長大な海底山脈が走っている．これを海嶺という．この海嶺では，マントルからマグマの供給が絶えず行われ，熱流量が高い．そのために地下に浸透した海水は熱せられ，熱水となり岩石と反応を行う．この海嶺の岩石は熱水によって変質作用・変成作用（海底変成作用）を受けている．海嶺の軸部，中心部ではアクチノライト（アクチノライトの組成式は $Ca_2(Mg, Fe)_5Si_8O_{22}(OH)$）変質とエピドート（エピドートの組成式は $Ca_2FeAl_2SiO_{12}(OH)$）変質がみられる．軸部から離れるにつれ，岩石はクロライト（Mgクロライトの組成式は $Mg_5Al_2Si_3O_{10}(OH)_8$）変質，スメクタイト（Mgスメクタイトの組成式は $Mg_{0.16}Al_{2.33}Si_{3.67}O_{10}(OH)_2$）変質を受けている．以下では玄武岩‐海水反応により，これらの変質鉱物の生成されるプロセスを部分化学平衡モデルに基づいて解釈する．

化学組成のわかったある量の水溶液に化学組成のわかった少量の岩石をもってくる．この水溶液は岩石とは化学平衡関係にはない．この場合，それぞれの組成，温度，圧力がわかっていると，どのような鉱物が安定相であるのかが求まり，この鉱物と化学平衡にある水溶液の化学組成が決まる．次にある量の新しい水溶液をもってくると，この水溶液と前にあった水溶液との混

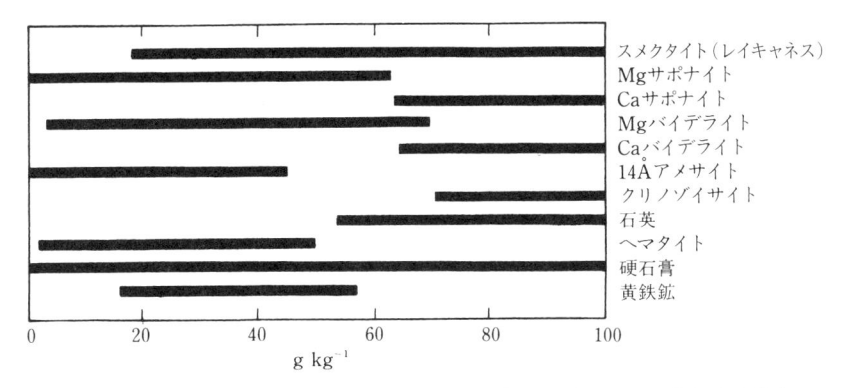

| 鉱物名 | 範囲 |
|---|---|
| スメクタイト(レイキャネス) | |
| Mgサポナイト | |
| Caサポナイト | |
| Mgバイデライト | |
| Caバイデライト | |
| 14Åアメサイト | |
| クリノゾイサイト | |
| 石英 | |
| ヘマタイト | |
| 硬石膏 | |
| 黄鉄鉱 | |

**図2-17** 玄武岩 – 海水反応（340℃，500バール）で生成される鉱物と玄武岩／海水比（反応進行度）との関係（Wolery, 1978）
横軸は海水1kgに対する玄武岩のg数．

合溶液と，岩石との反応が進み，鉱物が生成し，水溶液の化学組成が変化し，最終的に水溶液と鉱物間の化学平衡に達する．このようなプロセスを逐次行うとする．このモデルでは，この化学反応進行度*が，水／岩石比（これは一般に重量比で表す）となる．この過程で岩石と水溶液の化学組成は変化し，変質作用が起こる．初期水溶液と初期岩石の種類，温度・圧力条件の違いによって異なる変質作用が起こる．

初期水溶液として海水，初期岩石として玄武岩の場合の反応における計算結果を図2-17に示す（Wolery, 1978; Reed, 1983）．計算による水溶液の化学組成の変化と玄武岩 – 海水反応実験との結果は大体一致している．たとえば，この

---

*化学反応進行度： 化学反応進行度は，以下のように定義される（Prigogine, 1955; Helgeson, 1979）．1成分系，1つの反応を以下で表す．
$$\nu_1 R_1 + \nu_2 R_2 + \cdots + \nu_j R_j \rightarrow \nu_{j+1} P_{j+1} + \cdots + \nu_e P_e \tag{2-80}$$
ここで，$R_1, \cdots, R_j$ は反応物，$P_{j+1}, \cdots, P_e$ は生成物，$\nu_1, \cdots, \nu_j, \nu_{j+1}, \cdots, \nu_e$ は成分 $1, \cdots, j$ および $j+1, \cdots, e$ のモル係数または化学量論係数．定比例の法則から，反応により生成される成分の質量の増加は $M$ と $\nu$ に比例し，以下で表される．

$$\left.\begin{array}{l} m_1 - m_{10} = \nu_1 M_1 \xi \\ m_i - m_{i0} = \nu_i M_i \xi \\ m_c - m_{c0} = \nu_c M_c \xi \\ \cdot \\ \cdot \\ \cdot \end{array}\right\} \tag{2-81}$$

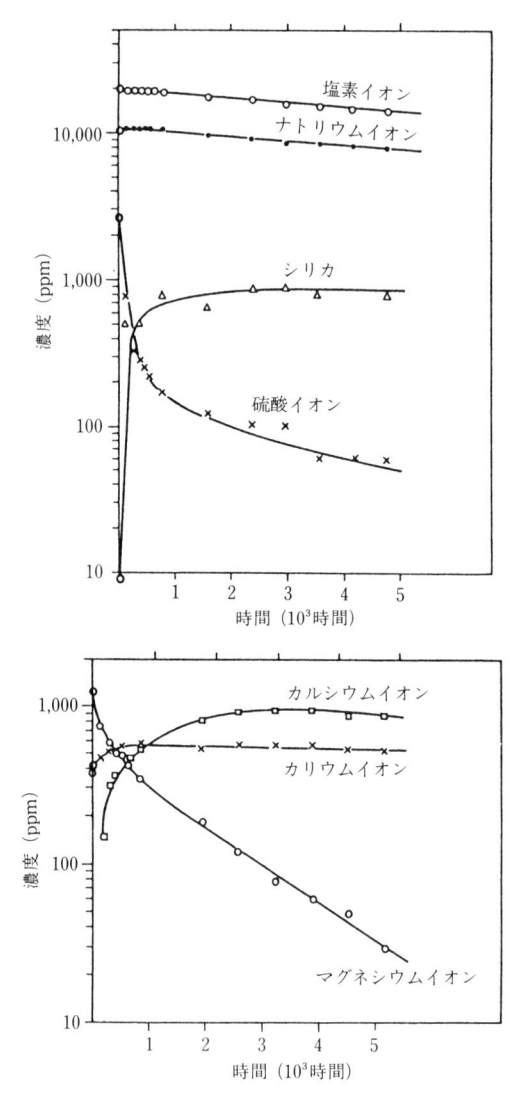

**図2-18** 玄武岩 – 海水反応による海水中の各種元素濃度の時間変化（Bischoff and Dickson, 1975）

反応により，水溶液中の Mg 濃度，$SO_4^{2-}$ 濃度は減少する（図2-18）．ほかの成分（$H_4SiO_4$，重金属元素，Ca など）の濃度は上昇する．Mg 濃度が減少するのは Mg 鉱物（Mg クロライト，Mg モンモリロナイト）の生成による．$SO_4^{2-}$ 濃度

の減少は硬石膏（$CaSO_4$）の生成による．これらの鉱物の溶解度は温度が上がると小さくなるために，これらが熱せられた海水から沈殿するのである．

天然の変質玄武岩の化学組成と鉱物組成の研究が行われ，海水／玄武岩比の違いでこれらの組成が変わることが明らかにされている（Mottl, 1983）．たとえば，エピドートは水／岩石比の小さい条件（1＜くらい）で安定である（Shikazono, 1984）．一方，クロライトは水／岩石比の大きい条件（1～100くらい）で安定である（Shikazono and Kawahata, 1987）．これらのフィールドと化学分析に基づく結果は，実験結果や熱力学計算結果とおおまかには一致している．

### 2-6-2　液相‐気相分離と沸騰に伴う鉱物の生成

水溶液が何らかの原因で沸騰し，気相が生成されると，水溶液の性質（pH，温度など）が変化し，水溶液から鉱物が沈殿することがある．特に生成した気相がシステムから失われると，鉱物の沈殿が起こりやすい．部分化学平衡モデルに基づいて，このような開放系における熱水の沸騰に伴う鉱物の沈殿の計算を行うことができる（Reed and Spycher, 1984, 1985; Drummond and Ohmoto, 1985）．この計算を行うためには，各気体の水溶液に対する溶解度，ガス種，溶存種，鉱物種の熱力学データが必要とされる．

沸騰が起こると，たとえば$CO_2$ガスがシステムから出ていく．このことにより，pHが上昇する．これは以下の反応から明らかである．

$$\left.\begin{array}{l} H_2CO_3 = H_2O + CO_2 \\ H_2CO_3 = H^+ + HCO_3^- \\ HCO_3^- = H^+ + CO_3^{2-} \end{array}\right\} \quad (2\text{-}82)$$

pHの変化があれば，図2-19の活動度図上で熱水溶液の$a_{K^+}/a_{H^+}$比，$a_{Na^+}/a_{H^+}$比がともに増加する方へいく．はじめの熱水溶液の状態をK長石，K雲母，石英，Na長石，水溶液間の平衡点とする．ここで$CO_2$が水溶液から抜けると，pHが上昇し，$a_{K^+}/a_{H^+}$比，$a_{Na^+}/a_{H^+}$比が増加し，水溶液の組成はK長石の安定領域に移る（図2-19）．すなわち，このような気相の逃げた水溶液からは，K長石が沈殿する．一方，沸騰と気相分離が進むことにより，pHだけでなく，ほかの化学組成も変化する．そして，生成鉱物種と生成鉱

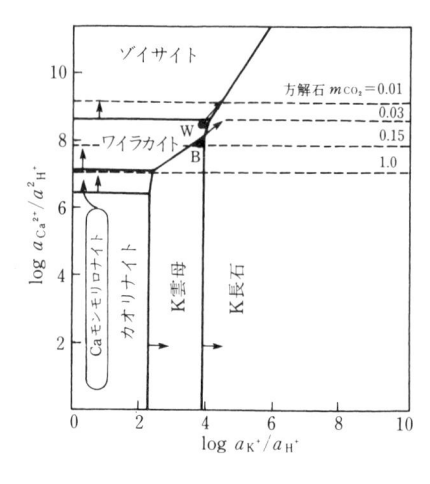

**図2-19** 260℃でのCa・K鉱物の相平衡図 (Ellis and Mahon, 1977)

W：ワイラケイ地熱水（ニュージーランド），B：ブロードランズ地熱水（ニュージーランド）．→はこれらの地熱水からCO₂ガスが抜けたときの地熱水の組成変化を示す．

物量は変化する．気相としては$CO_2$だけでなく，$H_2S$，$H_2$などもあり，これらもシステムから出ていく．この場合，pHが単純に増加するとはいえない．沸騰によって温度が低下するが，上の場合は温度変化は考えていない．

次に，この温度変化を考慮した場合について考える．沸騰により温度は低下し，$H_2O$が失われるのであるから，$Na^+$，$K^+$，$Ba^{2+}$などのイオン種の濃度は上昇する．このときの変化を図2-20に示す．この場合，$BaSO_4$の等溶解度線の高い方から低い方へいく．すなわち，このとき$BaSO_4$の沈澱が起こるであろう．また，熱水と低温水との混合によっても，効率的に$BaSO_4$は沈澱する．

この沸騰の仕方には1段階沸騰，多段階沸騰，等エンタルピー沸騰，レイリー沸騰がある．以下では1段階沸騰と多段階沸騰における水溶液の濃度変化を示す．

(1) **1段階沸騰**

深部地熱水中のはじめの$CO_2$濃度を$m_0$として，このとき蒸気（割合を$y$とする）が断熱的に分離し，液体と接している場合を考える．流体中，蒸気中の$CO_2$濃度をそれぞれ$m_i$，$m_v$とする．

$$m_0 = m_i(1-y) + m_v(y) \tag{2-83}$$

これは閉鎖系でのプロセスである．図2-21にははじめの温度が260℃のと

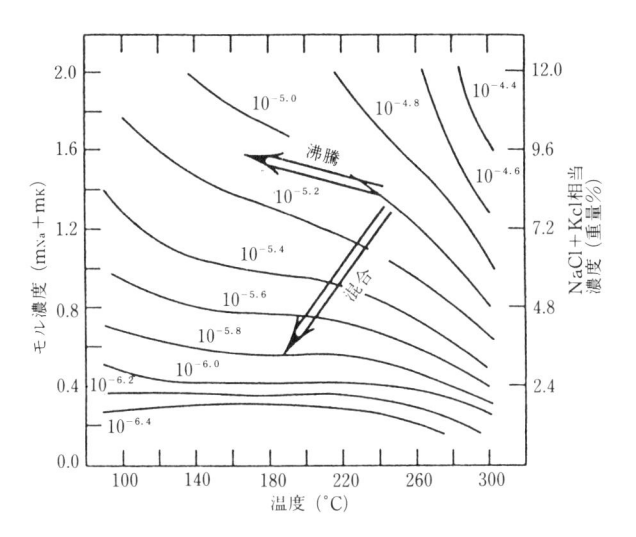

**図2-20** 重晶石の等溶解度線と沸騰，混合の場合の組成 $(m_{Na}+m_K)$ – 温度変化（Hayba *et al.*, 1985）

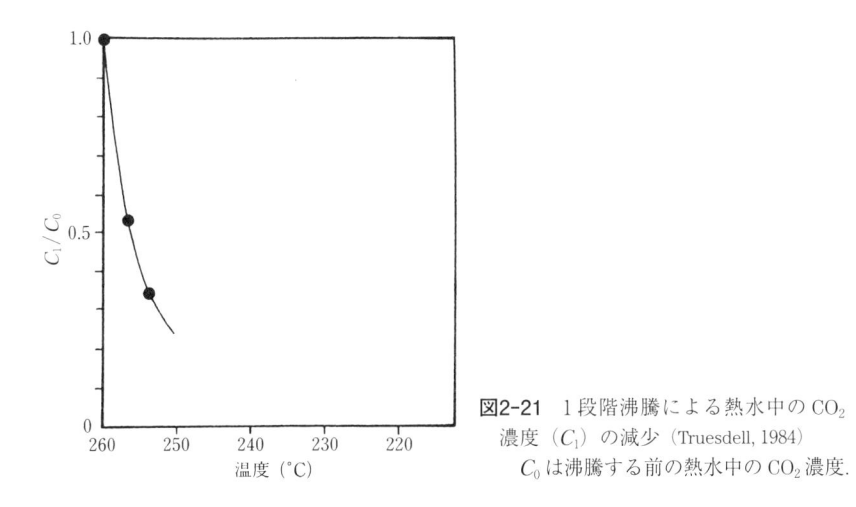

**図2-21** 1段階沸騰による熱水中の $CO_2$ 濃度（$C_1$）の減少（Truesdell, 1984） $C_0$ は沸騰する前の熱水中の $CO_2$ 濃度.

きの水溶液中の $CO_2$ 濃度の変化を示す．

(2) **多段階沸騰**

蒸気が生じ，蒸気が液体と分離する場合を多段階沸騰という．これは，

$$\frac{m_i}{m_0} = \left\{\frac{1}{[1+y(B'-1)]}\right\}^n \tag{2-84}$$

で表される．ここで，$n$ はステップ数，$B'$ は 1 ステップに相当する温度差での平均的分配定数．これは，開放系でのプロセスである．

　以上の沸騰が現在および過去の地熱系に起こっていることが明らかにされている．熱水の沸騰が起こると，岩石が破壊し，角礫岩が生成することがある．過去の地熱系，鉱床の生成を伴う熱水系において熱水の沸騰が起こったことは，鉱物中の流体包有物中に残されている．

# 3

# 物質移動論

## 3-1 物質移動の基本式

　水－岩石系における物質移動は化学平衡に近い状態で行われる場合もあるが，厳密にいうと，決して化学平衡の下では行われない．この物質移動のメカニズムとして反応，拡散，流動をあげることができる．これらのメカニズムを考慮した物質移動の基本式は，以下の通りである．

$$\frac{\partial (\phi m_i)}{\partial t} = \sum \Delta \cdot Ja - R_i \tag{3-1}$$

ここで，$\phi$ は空隙率，$m_i$ は溶液中の $i$ の濃度，$t$ は時間，$\Delta \cdot Ja$ はさまざまなフラックスの発散（divergence）．フラックスとして，流動（advection），分散（dispersion），拡散（diffusion）を考える．$R_i$ は反応項．

　上の式で，$m_i$ のところが流体の運動量に対しては運動方程式，流体の質量では連続の式，流体の温度（または熱量）では熱拡散輸送方程式となる．上の式は流れ（$J$）が力（$X$）に比例するというものであり，その例を表3-1にまとめた．

　以上の式を解く場合，それぞれが独立しているという仮定が入っている．

表3-1　非可逆過程の例（島津，1967）

|  | 流れ($J$) | 力($X$) | 駆動力 |  | 物理法則 |
|---|---|---|---|---|---|
| 熱伝導 | $J_u$ | $-\Delta T/T^2$ | 温度差 | $J_u = -k \mathrm{grad} T$ | フーリエ(Fourier)の法則 |
| 拡散 | $J_1$ | $-\Delta C_i/T$ | 濃度差 | $J_1 = -D \mathrm{grad} C_i$ | フィック(Fick)の法則 |
| 流動 | $J_p$ | $-\Delta P/T$ | 圧力差 | $J_p = -\mu \mathrm{grad} P$ | ポアセリ(Poiseillei)の法則 |
| 化学反応 | $J_c$ | $-\Delta \mu_i/T$ | 親和力 | $J_c = L_e \mathrm{grad} \mu_i$ |  |

これをキュリー（Curie）の定理という．このキュリーの定理は，テンソル性の異なる流れの間には相互作用がないというものである（島津，1967）．その例として，化学反応が熱の流れや拡散と相互作用を行わないということがあげられる．

(3-1) 式を解くことは一般に難しいので，ここでははじめに，各々のメカニズム（反応，拡散，流動）による物質移動についての説明を個別に行う．これらを組み合わせたカップリングモデルについて3-9で述べ，その水－岩石相互作用（地下水系，風化・土壌系，熱水系，海水系）への応用は4章で行う．

## 3-2 鉱物の溶解，沈澱と反応律速

### 3-2-1 溶解・沈澱反応速度式

天然で鉱物は水溶液と反応して溶解したり，鉱物が水溶液から沈澱をする．これらの溶解・沈澱反応（1成分系）速度は以下の式で表される．

$$\frac{dm_i}{dt} = k\left(m_{eq} - m_i\right)^n \tag{3-2}$$

ここで，$m_i$ は $i$ 成分の濃度，$m_{eq}$ は $i$ 成分の飽和（平衡）濃度，$k$ は反応速度定数（物質移動係数），$n$ は反応次数．$(m_{eq} - m_i)$ は化学平衡からのずれを表す．

$k$ は，鉱物の表面積/水の質量比にもよる．そこでこの式を

$$\frac{dm_i}{dt} = k'\left(\frac{A}{M}\right)\left(m_{eq} - m_i\right)^n \tag{3-3}$$

と表す．ここで，$k'$ は反応速度定数，$A/M$ は鉱物表面積（$A$）/水の質量（$M$）比，$A$ は水溶液に接する岩石の表面積，$M$ は水溶液の質量．

このほかに，

$$\frac{dm_i}{dt} = k''\left(\frac{A}{M}\right)\left(1 - \frac{m_i}{m_{eq}}\right)^n \tag{3-4}$$

と表すこともある．このように反応速度定数にはさまざまなものがあり，それぞれの単位は異なっている．通常は (3-4) 式に相当する $k''$ の値が求めら

れており，この単位は mol m$^{-2}$s$^{-1}$ である．以下では上の $A/M$, $k''$, $n$ について考える．

　$A/M$ は，クラック，割れ目，空隙の形状による（Rimstidt and Barnes, 1980）．この $A/M$ は幾何学的に求めることができる．たとえば，幅が $r$ で無限に続くクラックの $A/M$ は $2/r$ である．平均粒径が $r$ の球粒子の最密充填した岩石の $A/M$ は，$8.55V_{SP}/1000r$（$V_{SP}$ は水の比体積）である．このほかには BET 法（ガス吸着法），水銀注入法，レーザー法によって（岩石の表面積）/（岩石の重量）比（比表面積）を求めることができる．これと空隙率より $A/M$ を求める．しかしながら，これらの方法と幾何学的方法によって求めた $A/M$ は一般的に一致しないという問題がある．幾何学表面積と BET 表面積の比は表面の凹凸以外に，エッチピット，割目，空孔などの内部表面積による．

　鉱物の表面はどこも一様に溶解をするのではない．溶解しやすいところもあれば，しにくいところもある．一般に結晶表面の転位や欠陥などの反応性の高い活性化サイトから溶解しやすい．このような活性化サイトの密度が，溶解速度と沈澱速度に影響を与える（Blum *et al.*, 1990）．一般には天然のケイ酸塩鉱物は幾何学的に求めた $A/M$ の値より大きい値をとり，溶解速度が大きいといわれている（Wells and Ghiorso, 1991; Anbeek, 1992）．

　$n$ は，表面反応律速の場合と拡散律速の場合では異なるといわれている．たとえば，一般的に拡散律速では $n=1$，反応律速では $n=2\sim5$ といわれている（Stumm and Morgan, 1970）．この $n$ は一般に次のように求める．たとえば，(3-3) 式より $dm_i/dt=R$ とし，左辺，右辺の対数をとると $\log R = \log k' + n\log(m_{eq}-m_i) + \log(A/M)$ となる．$\log R$ は実験データより求まり，$\log(A/M)$ は求まっているので，$\log R$ と $\log(m_{eq}-m_i)$ を縦軸，横軸にとり，実験データの傾きと横軸 0 のときの縦軸の値および $m_{eq}$ より $n$ と $k'$ が求まる．

　$k''$ は表面反応が律速段階になる場合は，表面で生成する化学反応生成物の種類によって反応速度が大きく異なる．この化学反応生成物の種類は，水溶液の化学組成によって変わってくる．たとえば，石英の溶解反応では純水の場合は，図 3-1 に示すように $(Si-O-Si\equiv)+H_2O=(Si-O-Si\cdot OH_2)^*$（* は遷移状態を表す）$\rightarrow 2(\equiv Si-O-H)$ が律速過程と考えられているが，NaCl

$$(\equiv Si-O-Si\equiv)+H_2O$$
$$=(Si-O-Si\cdot OH_2)^* \to 2(\equiv Si-O-H)$$

(a) 純水における反応　　　　図3-1　石英の溶解過程（Dove and Crerar, 1990）

(b) NaCl溶液における反応

　溶液の場合は，図3-1に示す生成物ができ，反応速度が非常に速められる（Dove and Crerar, 1990）．すなわち水溶液の化学組成によって上式の$k''$が異なる．

　反応速度は水溶液の流動状態にもよる．反応律速の場合，撹拌によって変わらない．律速過程が表面反応律速と拡散律速のどちらであるのかを決める方法として，1) $n$を決めること，2) 撹拌による違いをみること，3) 活性化エネルギーを求めること（拡散律速により反応が進められる場合の活性化エネルギーは反応律速の場合より一般に小さい）があげられる．

　撹拌の程度は流体の流動状態を表し，以下のレイノルズ数（$Re$）で表される．

$$Re = \frac{vl}{\nu} \tag{3-5}$$

ここで，$v$は代表的流速，$l$は代表的長さ，$\nu$は動粘性係数．

この表面反応と，拡散のどちらが律速であるのかは，過飽和度やpHにもよる．水溶液から鉱物が沈澱する場合，過飽和度が大きい場合は拡散律速（水溶液内の全体的拡散律速）となり，過飽和度が小さいと表面反応律速となる．たとえば，水溶液からの$BaSO_4$の沈澱に対してこのようなことがいわれている（Nielsen, 1958）．

　溶解速度の大きい鉱物（たとえば方解石）の場合，pHが小さいときは，一般に溶解度が大きく，溶解速度は速くなるので，表面反応速度が大きくなり，拡散律速となりやすい（渋谷ほか，1992）．

　溶解反応，沈澱反応に対する速度定数は，pHによって大きく影響を受ける（図3-2）．それは溶解反応に$H^+$が関与するためである．また，速度定数は温度に大きく依存する．そこで，Wood and Walther（1983）は，溶解反応実験をまとめ，pHを一定にしたときのケイ酸塩鉱物の溶解反応速度定数の温度依存性を求めた（図3-3）．この表面反応と，拡散のどちらが律速であるのかは温度にも大きく依存する．

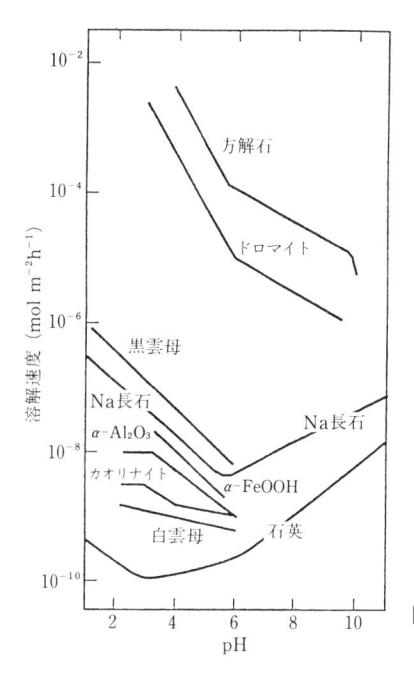

**図3-2**　いくつかの鉱物の溶解速度のpH依存性（Bidolglio and Stumm, 1994）

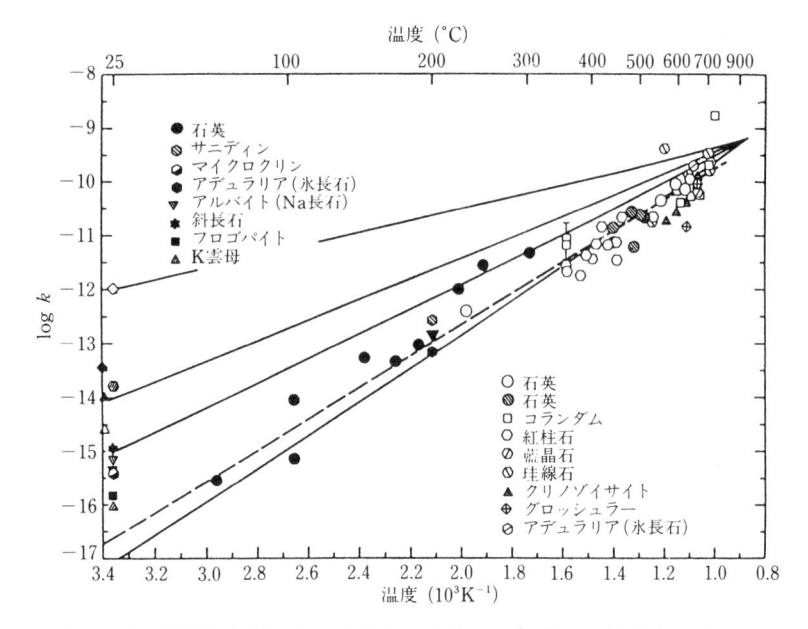

**図3-3** 溶解反応速度定数（$k$；酸素グラム原子 $cm^{-2}s^{-1}$）の温度依存性（Walther and Wood, 1986）
pH はほぼ中性，破線は Wood and Walther（1983），その他の線は $\log k$（25 ℃）＝ $-12$, $-14$, $-16$, $-17$ として求めたもの．

いま，表面反応律速のとき，最も単純に考えて，反応速度＝$km$ と表されるとする（ここで，$k$ は反応速度定数で，$k \ll D/x$）．表面反応律速の場合は，$k = Z_{\exp}(-E/T)$（$E$ は活性化エネルギー，$Z$ は定数）と表されるから，

$$反応速度 = Z\exp\left(-\frac{E}{T}\right)m \tag{3-6}$$

となる．

一方，拡散律速のとき，反応速度＝$(D/x)m (k \gg D/x)$ とする．ここで，$x$ は拡散の起こる有効距離，$D$ は拡散係数．$D = \alpha T^2$ とおくと（$\alpha$ は定数），拡散律速では，

$$反応速度 = \alpha \frac{T^2}{x} m \tag{3-7}$$

となる．これらの反応速度の温度依存性を図 3-4 で表す．このように，一般

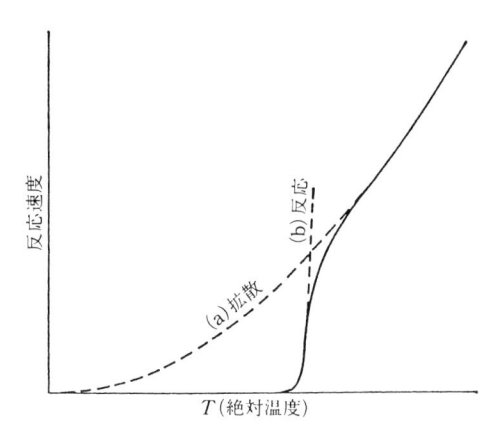

**図3-4** 化学反応律速から拡散律速への転移（デンビー，1967）
2破線は(a)反応に制限されない拡散，(b)拡散に制限されない反応に及ぼす温度の影響に相当するもの．

的に低温から高温にかけて反応律速領域から拡散律速領域へと変化する（図3-4）．さらに温度が上がると境膜拡散律速となる．ここで境膜拡散律速というのは，固相が溶液と反応していく場合の固相と接する境膜液相内の拡散律速をいう．たとえば，黄銅鉱，斑銅鉱（$Cu_5FeS_4$）の酸性硫酸第二溶液を用いての浸出では，活性化エネルギーがそれぞれ $17 \pm 3$ kcal mol$^{-1}$，$5.3 \pm 0.8$ kcal mol$^{-1}$ と小さく，溶出速度に影響を与えることが明らかにされていて，溶解曲線が直線的であることから，境膜拡散律速と考えられている（日本化学会編，1975）．

多成分系の場合，(3-2) 式，(3-3) 式，(3-4) 式は成り立たない．この場合，ある鉱物の溶解・沈澱速度式として以下が与えられる（Steefel and Cappellen, 1990）．

$$\frac{dm}{dt} = k'\left(\frac{A}{M}\right)\left[\left(\frac{\text{I.A.P.}}{K_{eq}}\right)^m - 1\right]^n = k'\left(\frac{A}{M}\right)\left(\frac{1}{\phi}\right)(\Omega^m - 1)^n \quad (3\text{-}8)$$

ここで，I.A.P.（ion activity product）は活動度積，$K_{eq}$ は化学平衡の時の活動度積，$\Omega (= \text{I.A.P.}/K_{eq})$ は過飽和度．この式の $m$，$n$ および各鉱物の活性化エネルギーを表3-2, 3-3 にまとめた．I.A.P. は溶解度と関係しているので，反応速度は溶解度に依存するといえる．

表3-2 鉱物-水溶液反応と鉱物の溶解・沈澱パラメターの $m, n$ (Steefel and Cappellen, 1990)

| 鉱 物 | 反 応 | $m$ | $n$ |
|---|---|---|---|
| カオリナイト | $2Al^{3+}+2SiO_2(aq)+5H_2O$ <br> $\to Al_2Si_2O_5(OH)_4+6H^+$ | 1/9 | 2 |
| K長石 | $KAlSi_3O_8+4H^+$ <br> $\to K^++Al^{3+}+3SiO_2(aq)+2H_2O$ | 1 | 1 |
| ギブサイト | $Al^{3+}+3H_2O \to Al(OH)_3+3H^+$ | 1/4 | 2 |
| 石膏 | $SiO_2 \to SiO_2(aq)$ | 1 | 1 |
| K雲母 | $K^++3Al^{3+}+3SiO_2(aq)+6H_2O$ <br> $\to KAl_2(AlSiO_3O_{10})(OH)_2+10H^+$ | 1/13 | 2 |
| ハロイサイト | $2Al^{3+}+2SiO_2(aq)+7H_2O$ <br> $\to Al_2Si_2O_5(OH)_4 2H_2O+6H^+$ | 1/9 | 2 |

表3-3 鉱物溶解反応の活性化エネルギー ($E_a$) (Lasaga, 1984)

| 鉱 物 | $E_a$ (kcal mol$^{-1}$) | pH |
|---|---|---|
| アルバイト | 13 | 中性 |
| アルバイト | 7.7 | 塩基性 |
| アルバイト | 28 | <3 |
| アルバイト | 17.1 | 1.4 |
| 紅柱石 | 11.5 | 1 |
| 紅柱石 | 5.8 | 2 |
| 紅柱石 | 1.8 | 3 |
| エピドート | 19.8 | 1.4 |
| カオリナイト | 16.0 | 1 |
| カオリナイト | 13.3 | 2 |
| カオリナイト | 10.3 | 3 |
| カオリナイト | 7.7 | 4 |
| カオリナイト | 2.3 | 6 |
| マイクロクリン | 12.5 | 3 |
| サニディン | 12.9 | 3 |
| ブドウ石 | 20.7 | 6.5 |
| ブドウ石 | 18.1 | 1.4 |
| 石英 | 17.0 | 7 |
| テフロ石 | 12.9 | 2.5 |
| テフロ石 | 6.3 | 3.5 |
| テフロ石 | 5.7 | 4.2 |
| テフロ石 | 1.1 | 5.1 |
| 珪灰石 | 18.9 | 3〜8 |

(3-8) 式では，反応速度の温度依存性，化学種の活動度の依存性を考慮していない．これらを考慮に入れた場合の反応速度式は以下のように表せる．

$$溶解速度 = k_0 \left(\frac{A}{M}\right) exp\left(\frac{-E}{RT}\right)^{nH^+} \sum a_i^{ni} f(\Delta Gr) \tag{3-9}$$

ここで，$k_0$ は溶解速度定数，$A/M$ は鉱物の表面積/水の質量比，$E$ は活性化エネルギー，$a_i$ は $i$ 種の活動度，$f(\Delta G_r)$ はギブス自由エネルギーの関数で化学平衡からのずれ．

　この (3-9) 式をもとに，たとえば，ギブサイト，カオリナイトなどの溶解速度定数が，Lasaga ら（Nagy and Lasaga, 1992; Ganor and Lasaga, 1994）によって求められている．しかしながら，(3-9) 式中の $f(\Delta G_r)$ を求めることはむずかしい．特に平衡条件の近いところでは溶解速度が非常に小さくなり，実験的に求めることがむずかしい．$A/M$ は一般的には BET 法（ガスの吸着により求める方法）をもとに求めるが，ガスの吸着する表面積と，溶解をする結晶の表面積が同じであるかどうかは，はっきりしていない．そこで，このような問題を解決するために，位相シフト干渉計による結晶表面観察に基づいた反応速度定数を求める方法が提案されている（Sorai et al., 2007；徂徠，2007）．また，Palandri and Kharaka（2004）により，(3-9) 式をもとに多くの鉱物の溶解速度定数の pH 依存性，反応次数，活性化エネルギーなどに関する反応速度データベースがまとめられている．

　(3-9) 式の $f(\Delta G_r)$ は，遷移状態理論に基づいた過飽和度の線形関数（Lasaga, 1997）として求められることが多いが，これについてさまざまな議論がなされており（Beig and Liittge, 2006 など），現時点では溶解速度と $\Delta G_r$ の関係についての完全な解釈はなされていない（徂徠ほか，2009）．

　次にアルミノケイ酸塩の溶解速度を遷移状態理論をもとに導く（Oelkers, 2001; Marini, 2007）．

　この場合の律速過程を Al－O 結合のブレーキングとする．この Al と $H^+$ とのイオン交換反応式は

$$3nH^+ + \equiv Al_n = nAl^{3+} + \equiv H_{3n} \tag{3-10}$$

ここで $\equiv Al_n$ は Al－H 交換が起こる前の表面反応サイトであり，$\equiv H_{3n}$ はプロトネート化したシリカに富む錯体である．また，ここで $\equiv$ は官能基を表す．

この化学平衡が成り立つと，この化学平衡定数 $K_{Al-O}$ は，

$$K_{Al-O} = \left(\frac{a_{Al^{3+}}}{a_{H^+}^3}\right)^n \left(\frac{X_{\equiv H_{3n}} \lambda_{\equiv H_{3n}}}{X_{\equiv Al_n} \lambda_{\equiv Al_n}}\right) \tag{3-11}$$

ここで $a$ は活動度，$X$ はモル分率，$\lambda$ は活動度係数．ここで $\lambda_{\equiv H_{3n}} = \lambda_{\equiv Al_n}$ と仮定すると，

$$K_{Al-O} = \left(\frac{a_{Al^{3+}}}{a_{H^+}^3}\right)^n \left(\frac{X_{\equiv H_{3n}}}{X_{\equiv Al_n}}\right) \tag{3-12}$$

となる．

$$X_{\equiv H_{3n}} + X_{\equiv Al_n} = 1 \tag{3-13}$$

であるので，

$$X_{\equiv H_{3n}} = \frac{K_{Al-O}(a_{H^+}^3/a_{Al^{3+}})^n}{1 + K_{Al-O}(a_{H^+}^3/a_{Al^{3+}})^n} \tag{3-14}$$

ところで，表面反応の溶解・沈殿反応速度 $R$ は，

$$R = k'_+ \left[1 - \exp\left(\frac{A}{\sigma RT}\right)\right] \tag{3-15}$$

ここで，$k'_+$ は半径表面積あたりの溶解速度定数，$\sigma$ は多活性錯体の分解速度と全溶解速度の比，$A$ は熱力学的親和力．

遷移状態理論では，

$$R^+ = k_+ X_p \tag{3-16}$$

となる．ここで $X_p$ は鉱物表面の活性錯体の表面でのモル分率．

(3-14) 式，(3-15) 式，(3-16) 式より，

$$R = \frac{k'_+(a_{H^+}^3/a_{Al^{3+}})^n}{1 + K_{Al-O}(a_{H^+}^3/a_{Al^{3+}})^n} \left[1 - \exp\left(\frac{A}{RT}\right)\right] \tag{3-17}$$

この (3-17) 式では $\sigma = 1$ と仮定している．$K_{Al-O}(a_{H^+}^3/a_{Al^{3+}})^n \ll 1$，すなわち Al が表面ではじめと同じだけあると仮定した場合，

$$R = k'_+ \left(\frac{a_{H^+}^3}{a_{Al^{3+}}}\right)^n \left[1 - \exp\left(\frac{A}{RT}\right)\right] \tag{3-18}$$

一方，$K_{Al-O}(a_{H^+}^3/a_{Al^{3+}})^n \gg 1$ のとき（プロトネート化した表面錯体が卓越した表面全体のとき）

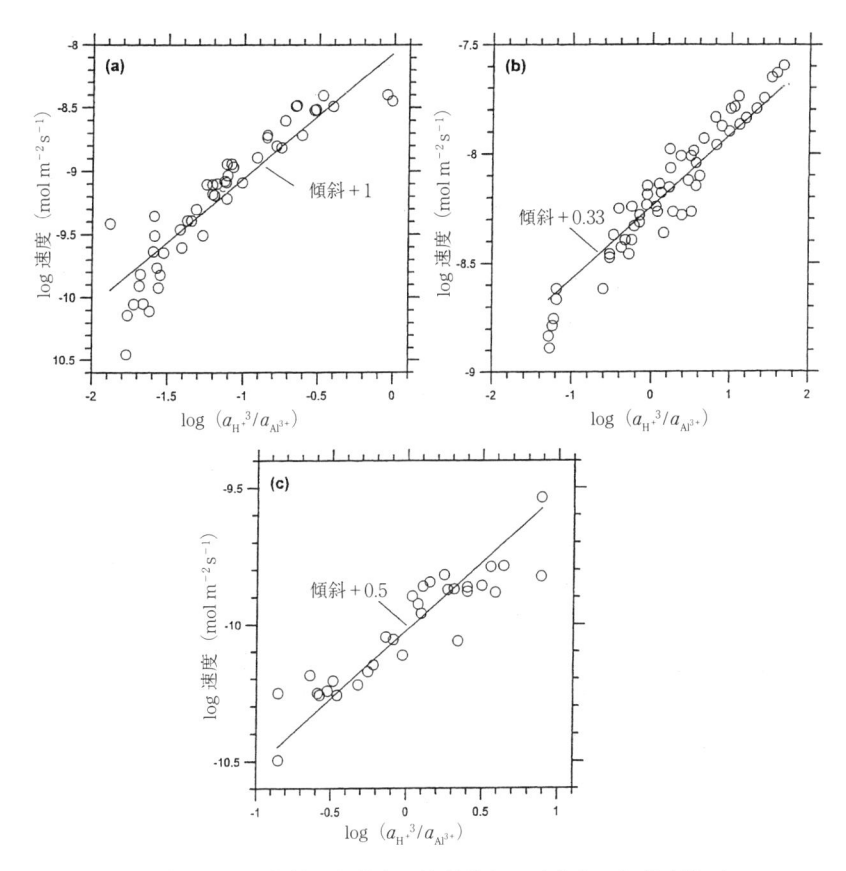

**図3-5** 平衡からかなり外れた場合の溶解速度の $(a_{H^+}^3/a_{Al^{3+}})$ 依存性（Marini, 2007）
 (a)カオリナイト（150℃, pH2）, (b)K長石（150℃, pH9）, (c)カイアナイト（150℃, pH2）.

$$R = k'_+ \left[ 1 - \exp\left(\frac{A}{RT}\right) \right] \tag{3-19}$$

また，化学平衡からのずれが大きいとき，(3-18)式, (3-19)式は $R = k'_+ (a_{H^+}^3/a_{Al^{3+}})^n$, $R = k_+$ となる．したがって，$a_{H^+}^3/a_{Al^{3+}}$ が溶解速度に影響を与えるといえる．$Al^{3+}$ 以外の金属元素 $M^{Z+}$ の M–O 結合に対しても同様にして，溶解速度が $(a_{H^+}^Z/a_{M^{Z+}})$ によるといえる．これらの関係を図3-5に示した．

(3-8)式より明らかなように溶解速度は過飽和度によっている．この過飽

和度と溶解速度の関係は表面反応律速（一般に非線形の関係）と拡散律速（一般に線形の関係）では異なる（Lasaga, 1997）．過飽和度が小さいと表面反応律速になり，過飽和度が大きいと拡散律速になる（Lasaga, 1997）．ところが，閉鎖系で実験を行うと，水溶液中の濃度が時間とともに変化し過飽和度が変化する．したがって，溶解速度定数を正確に求めることができない．そのために，水溶液を流し，水溶液の組成が一定の条件で実験を行い，溶解速度定数を求める方法がとられる．3-9-1 で述べるように，完全混合流動では，以下の式が成り立つ．

$$\frac{dm}{dt} = k\frac{m_{eq} - m}{m_{eq}} - \left(\frac{q}{V}\right)(m - m_i) \tag{3-20}$$

ここで，$m$ は濃度，$m_{eq}$ は平衡濃度，$t$ は時間，$k$ は溶解速度定数，$q$ は体積流量，$V$ はシステム中の水の体積，$m_i$ は流入濃度．なお，ここでは簡略化のために溶解速度 $= k(m_{eq} - m)/m_{eq}$ とした．上式の $dm/dt$ が 0 の状態で，$q$，$V$，$m_i$ を与え，$m$ を求めることで $k$ が求まる．

### 3-2-2 溶解反応メカニズム

次に鉱物の溶解反応の具体例を取り上げる．

#### (1) 石英

石英の溶解に関する研究は詳しく行われている．25～600℃の純水に対する石英の溶解速度については Tester et al.（1994）によってまとめられている．それによると，活性化エネルギーは 89±5 kJ で，溶解速度定数は $4 \times 10^{-14}$ (25℃)～$1 \times 10^{-3}$ (625℃) mol m$^{-2}$s$^{-1}$ と大きく変化する．また，25℃の溶解速度定数は小さい．この原因として，石英のアニーリングの違いがあげられている．

純水の場合，溶解速度の pH 依存性はあまりない．しかし，NaCl などの電解質物質の溶けた水溶液中では，これらの濃度や pH により溶解速度が大きく変化する．それは，石英の表面に表面錯体（主なものとして，≡SiOH, ≡SiO−Na がある）が生成されているためである．Dove and Crerar（1990），Tester et al.（1994），および Dove（1995）によって，石英の溶解速度と温度，

NaCl 濃度,pH との関係については,ほぼ明らかにされたといってよい.

しかし,石英の溶解メカニズムについては,まだ明らかにされているとはいいがたい.彼らのまとめでは,溶解速度と不飽和度との関係は1次線形になっているが,単純にこの関係式だけからいうと,水溶液中の $H_4SiO_4$ の拡散が律速になると考えられる.しかし,表面錯体の存在が大きく影響を与える結果にもなっている.pH の違い,時間(不飽和度が時間とともに変化する)によって溶解律速が異なっていることも考えられる.今後は撹拌速度やレイノルズ数を変えるなどの詳しい実験的研究が行われることが望まれる.一般的に温度の違いで律速メカニズムが変化することを述べたが,これが正しいのならば,おそらく 25~600℃間での石英の溶解メカニズムは変化すると思われる.したがって,Tester *et al.* (1994) の溶解速度の一般式が成り立つかどうかは定かではないだろう.

次に石英の溶解メカニズムと溶解速度との関係について考える.

石英表面の $SiO_2$ の水和反応がまず起こる.これは,次のような活性錯体ができ,反応が進む(Dove, 1995).

$$\equiv Si-O-Si \equiv + H_2O = (\equiv Si-O-Si \equiv -H_2O)^* \rightarrow 2(\equiv Si-O-H) \tag{3-21}$$

この活性錯体の生成速度定数は,

$$k'_+ = \left(\frac{kT}{h}\right)\left(\frac{\gamma_{ads}}{\gamma^*}\right)\exp\frac{\Delta S^*}{R}\exp\frac{\Delta H^*}{RT} \tag{3-22}$$

ここで,$k'_+$ はみかけの反応速度定数,$kT/h$ は頻度因子($9.8\times 10^{12} s^{-1}$, 200℃),$\gamma_{ads}$,$\gamma^*$ は吸着 $H_2O$,中間種の活動度係数,$\Delta S^*$ は標準活性化エントロピー($kJ\,mol^{-1}$),$\Delta H^*$ は標準活性化エンタルピー($kJ\,mol^{-1}$)

このようにして生成した $\equiv Si-O-H$ は以下の反応を起こす.

$K$(平衡定数)(25℃)

$$\left.\begin{array}{ll}\equiv Si-OH \rightarrow \equiv Si-O^- + H^+ & 10^{-6.8} \\ \equiv Si-OH + Na^+ \rightarrow \equiv Si-O-Na + H^+ & 10^{-7.1} \\ \equiv Si-OH_2^+ \rightarrow \equiv Si-OH + H^+ & 10^{-2.3} \\ \equiv Si-OH + H^+ + Cl^- \rightarrow \equiv Si-OH_2-Cl & 10^{-6.4}\end{array}\right\} \tag{3-23}$$

このような反応により石英の溶解が起こる.石英表面の Si 種の濃度によ

り石英の溶解速度が決まる（Dove, 1995）．すなわち，溶解速度 $R=k_n(\equiv Si-OH)+k_b(\equiv Si-O^-)$．ここで，$k$ は溶解速度定数，$n$ は単位表面積あたりの $\equiv Si-OH$，$Si-O^-$ の数．

### (2) 長石

長石は溶解メカニズムに関して最も詳しく調べられており，いくつかのレビューがなされている（Helgeson et al., 1984; Holdren and Speyer, 1985; Blum and Stillings, 1995; Brantley, 2003）．

1960年代から70年代にかけては，長石の溶解速度を制御すると考えられる2つの仮説が出され，議論された．1つは，鉱物と水の境界面での溶解反応が律速過程と考える表面反応律速説で（Lagache, 1965），もう1つは鉱物表面に生成する溶脱層（アルカリ元素などが選択的にぬけた層）中の元素拡散を律速過程と考える溶脱層拡散律速説である（Wollast, 1967）．議論の結果，長石の溶解速度を律速するのは表面反応であるという考え方に落ち着いた．1980年代以降になると，XPS（X線光電子分光），SIMS（2次イオン質量分析計），XAFS（X線吸収微細構造分析装置）などの表面分析技術が導入され，鉱物と水の反応の場としての表面溶脱層が注目された．そして表面層の分析から長石の溶解反応はアルカリ元素イオンと水素イオンのイオン交換，水和によるアルミニウムシリカネットワークの分離，縮重合，水，各元素の表面層中の拡散といった複数の過程からなることが明らかになってきた．

長石の溶解速度定数は図3-2に示すように pH に依存している．すなわち，酸性領域では pH が低くなると溶解速度定数は増し，アルカリ性領域では pH が低くなると溶解速度定数が増す．これらの pH 依存性は一定の傾きを持っている．この pH 依存性については以下のように考えることができる．

Na長石の表面で $H^+$ は以下のような反応を起こしている．

$$S-Na^+ + H^+ \rightarrow S-H^+ + Na^+ \tag{3-24}$$

$$\equiv Al-OH + H^+ \rightarrow \equiv Al-OH_2^+ \tag{3-25}$$

$$\equiv Al-OH \rightarrow \equiv Al-O^- + H^+ \tag{3-26}$$

$$\equiv Si-OH + H^+ \rightarrow \equiv Si-OH_2^+ \tag{3-27}$$

$$\equiv Si-OH \rightarrow \equiv Si-O^- + H^+ \tag{3-28}$$

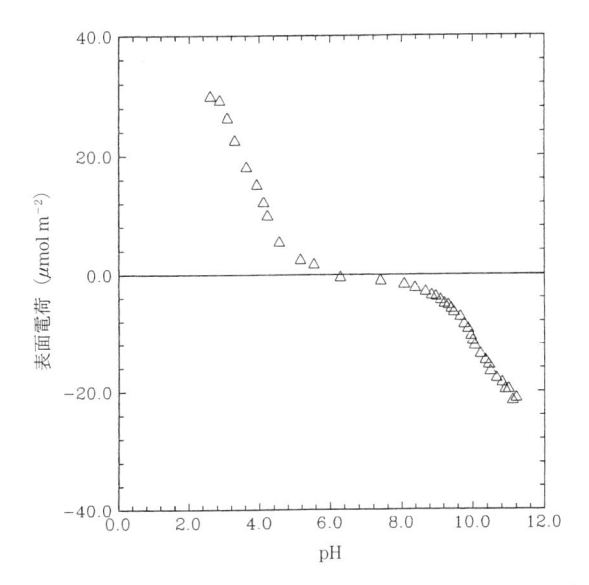

**図3-6** アルバイト表面電荷のpH依存性（Blum and Lasaga, 1991）

ここで，Sは表面サイトを表す．

(3-24) 式は $Na^+$ と $H^+$ のイオン交換反応で，反応の最も初期で非可逆的に起こる（Blum and Lasaga, 1991）．

実験より (3-27) 式，(3-28) 式により生じる Si の表面錯体より，(3-25) 式，(3-26) 式の Al 種の方が卓越していることがわかるので，表面電荷が決まるといえる．ここで，Na 長石（アルバイト）-水系に酸（たとえば，HCl）を $\Delta m_a$ 加えると，$H^+$ のバランスは以下である．

$$\Delta m_a = [H^+] + [\equiv Al-OH_2^+] - [\equiv Al-O^-] \quad (3\text{-}29)$$

ここで，濃度は，$mol\ kg^{-1}H_2O$ 単位である．$\Delta m_a$ がわかり，$[H^+]$ は求まるので，表面電荷 $= [\equiv Al-OH_2^+] - [\equiv Al-O^-] = \Delta m_a - [H^+]$ より表面電荷が求まる．もしも，これに塩基，$\Delta m_b$ と $[OH^-]$ を加えると，表面電荷 $= [\equiv Al-OH_2^+] - [\equiv Al-O^-] = \Delta m_a - [H^+] - \Delta m_b + [OH^-]$ となる．図3-6は，Na 長石（アルバイト），25℃に対するこのような滴定の結果を示す（Blum and Lasaga, 1991）．低 pH では $H^+$ の吸着，高 pH では $OH^-$ の吸着が起こっていることがわかる（Sverjensky, 1994）．

表3-4 鉱物の $pH_{PZNPC}$ (Langmuir, 1997)

| 固相 | $pH_{PZNPC}$ |
|---|---|
| $SiO_2$ (石英) | 1〜3 (2.91) |
| $SiO_2$ (非晶質) | 3.5 (3.9) |
| Na 長石 | 6.8 (5.2) |
| K 長石 | (6.1) |
| モンモリロナイト | ≦2〜3 |
| カオリナイト | ≦2〜4.6 (4.66) |
| 白雲母 | (6.6) |
| Mg ケイ酸塩 | 9〜12 |
| $\alpha Fe_2O_3$ (天然ヘマタイト) | 4.2〜6.9 |
| $Fe(OH)_3$ (非晶質) | 8.5〜8.8 |
| $\alpha FeOOH$ (ゲータイト) | 5.9〜6.7 |
| Mn(II) (マンガナイト) | 1.8 |
| $\sigma MnO_2$ (バーネサイト) | 1.5〜2.8 |
| $MnO_x$ (一般) | 1.5〜7.3 |
| $\alpha MnO_2$ (クリプトメレン) | 4.5 |
| $\beta MnO_2$ (パイロサイト) | 4.6〜7.3 (4.8) |
| MgO (ペリクレース) | 12.4 (12.24) |
| $\alpha$-Al(OH)$_3$ (ギブサイト) | 10.0 (9.84) |
| $CaCO_3$ (方解石) | 8.5, 10.8 |
| $Ca_5(PO_4)_3$ (F アパタイト) | 4〜6 |

データソースは Parks (1965), Sverjensky (1994), Stumm and Morgan (1996), カッコ内は Sverjensky (1994) のデータ.

表3-4には各鉱物の表面電荷ゼロ点 (point of zero net proton charge, PZNPC) の $pH_{PZNPC}$ を示した (Langmuir, 1997). この $pH_{PZNPC}$ は鉱物によりかなり異なる. この表面滴定実験より, 表面に吸着された $H^+$ 量とアルバイト, カンラン石の溶解速度定数の pH 依存性 (傾き) がほとんど同じであるといえる. このことより, 溶解カイネティックスが吸着 $H^+$, $OH^-$ 量によるといえる. このようなことは, 酸化物 ($BeO$, $Al_2O_3$) (Furr and Stumm, 1983), カオリナイト, 石英 (Brady and Walther, 1992) に対してもいわれている.

図3-2に示すように, 溶解速度は pH に依存し, 酸性, 中性, アルカリ性領域での溶解速度定数をそれぞれ $k_H$, $k_{H_2O}$, $k_{OH}$ とすると, 溶解速度 $R = k_H a_{H^+}^n + k_{H_2O} + k_{OH} a_{OH^-}^m$ (ここで $n$, $m$ は反応次数) と表される. 25℃でのこれらの $k$ が表3-5にまとめてある (Brantley, 2003).

長石の種類によって反応メカニズムが異なり, 溶解速度はかなり異なる.

**表3-5** 長石類*の溶解速度定数（$k_H$, $k_{H_2O}$, $k_{OH}$）（mol m$^{-2}$s$^{-1}$），反応次数（$n$, $m$）

|  | log$k_H$ | log$k_{H_2O}$ | log$k_{OH}$ | $n$ | $m$ |
|---|---|---|---|---|---|
| マイクロクリン | $-9.9 \sim -9.4$ | $-10.4 \sim -9.2$ | $4-0.5$ | $0.3-0.7$ | 6.1 |
| アルバイト | $-9.7 \sim -9.5$ | $-12.2 \sim -11.8 - 9.9$ | 0.5 | 0.3 | 5.2 |
| ラブラドライト | $-9.3 \sim -8.3$ |  | $0.4-0.5$ |  |  |
| アノーサイト | $-5.9 \sim -4.5$ |  | $0.9-1.1$ |  | 5.6 |

＊長石類には，斜長石とアルカリ長石がある．斜長石にはアルバイト（NaAlSi$_3$O$_8$）とアノーサイト（CaAl$_2$Si$_2$O$_8$）があり，アルバイト（Ab）とアノーサイトの固溶体となる．ラブラドライトは Ab$_{50}$An$_{50}$ – Ab$_{30}$An$_{70}$ の組成を持つ．マイクロクリンはアルカリ長石で Or（ここで Or はオーソクレース（KAlSi$_3$O$_8$）），Or$_{80}$Ab$_{20}$ の組成範囲にある．

N 長石，K 長石の溶解速度は遅いが，Ca 長石の溶解速度は速い．

溶解速度は有機酸（たとえば酢酸，プロピオン酸）により速められる．この場合の溶解は長石表面の Al サイトから起こる（Welch and Ullman, 1996）．

長石，石英だけでなく，ほかのケイ酸塩鉱物に対しても結晶表面の表面錯体によって溶解速度が決められるという表面錯体モデルが成り立つ．このモデルは，$R = k_H a_{H^+}^n + k_{OH} a_{OH^-}^m$ で表される．ここで $k_H$, $k_{OH}$ はプロトン促進，OH 促進溶解に対する溶解速度定数，$n$, $m$ は反応次数である．

$k_H$ は単純に結晶表面の活性錯体によるのではない．すなわち，長石表面での電荷の蓄積は H$^+$ の変質表面層への浸透が起こることによると考えられている．また，pH$_{PZNPC}$ が溶解速度定数の最小値を与える pH に必ずしも一致しないという問題がある（たとえば，エンスタタイト（輝石の一種で MgSiO$_3$ という組成式を持つ）（Oelkers and Schott, 2001）．また pH$_{PZNPC}$ が研究者によって一致しないという問題もある．これらの問題については H$^+$ と金属イオンのイオン交換が初期の段階で起こることを考えることである程度解決される（Oelkers, 2001）．たとえば，Oelkers（2001）は Al$^{3+}$ と H$^+$ のイオン交換を考え，次の溶解速度式を与えている．

$$R = k \prod_{i=1, i \neq k}^{i} \frac{K_i \left(a_{H^+} \nu_i / a_{Mi} \nu_i\right)^s}{1 + K_i \left(a_{H^+} \nu_i / a_{Mi} \nu_i\right)^s} \tag{3-30}$$

ここで，$R$ は溶解速度，$k$ は速度定数，$K_i$ はプロトン，金属イオンの交換平衡定数，Mi は金属イオン（たとえば Al$^{3+}$），$s$ は係数（一定）．

(3) 方解石

　方解石は，ケイ酸塩鉱物に比べて，溶解速度が非常に速いため，河川水や湖水中のCaの多くは，石灰岩の溶解によってもたらされる．酸性雨や酸性化した湖水が石灰岩により中和されることもある．したがって，天然水のCa濃度を解釈するために，いままでに多くの方解石の溶解速度に関する研究が行われてきた．

　この溶解のメカニズムはpH条件によって異なる．pHの大きい条件では，表面反応律速で進むが（Lerman, 1979），pHの小さい条件では拡散律速によって進むことがある（渋谷ほか，1992）．それはpHの大きい条件では，溶解度が小さく，反応速度が遅いが，pHの小さい条件では，拡散速度よりも反応速度が速くなるためである．拡散速度は，水溶液のpHの違いでは変わらないが，反応速度は著しく変化する．pHの違いで溶解メカニズムが違い，この溶解反応の活性化エネルギーが変化する．たとえば，初期pH=4，レイノルズ数 $Re=7\times10^4$ では，活性化エネルギーは $1\ \mathrm{kJ\ mol^{-1}}$ で，初期pH=5のとき，$12\ \mathrm{kJ\ mol^{-1}}$ と求められている（渋谷ほか，1992）．

　長石以外のケイ酸塩，酸化物，炭酸塩，リン酸塩鉱物の溶解速度定数のpH依存性，活性化エネルギーについても多く求められており，これらのデータがPalandri and Kharaka（2004）によりまとめられている．

(4) ガラス

　ガラスの溶解に関しての研究は近年多く行われた．天然ではガラス（火山灰など）は多く存在し，ガラスとの反応により地下水などの化学組成が決定される場合もある．また後で述べる高レベル放射性廃棄物（6-3-1参照）はホウケイ酸ガラス固化体中にとじこめられ，このガラス固化体と地下水との反応は高レベル放射性廃棄物の処分問題にとって重要である．したがって，このケイ酸ガラスの溶解に関する研究は多く行われている（たとえば，Grambow, 1985）．これらの研究によると，溶解速度（$R$）は以下の式で表される．

$$R = k_\mathrm{G}\left(1 - \frac{m_\mathrm{Si}}{m_\mathrm{Si_{eq}}}\right) + k_\mathrm{r} \tag{3-31}$$

ここで, $m_{Si}$ は $H_4SiO_4$ の濃度, $m_{Si_{eq}}$ は飽和 $H_4SiO_4$ 濃度, $k_G$ はガラスの溶解速度, $k_r$ は残存溶解速度.

ケイ酸ガラスの溶解による水溶液中の $H_4SiO_4$ 濃度は, 初期の段階で一定の飽和濃度に達する. この場合は表面反応律速と考えられる. この後は, ガラス表面に非晶質シリカなどの 2 次鉱物が生成すると考えられている. 多くの成分の濃度は $H_4SiO_4$ 濃度変化と同じような挙動をとる. ガラスはコングルエント (調和) 溶解 (ガラス組成比に比例した表面からの均一な溶解) をし, そして表面である成分の化合物が析出すると考えられる. すなわち, ある成分の化合物の溶解度により濃度が制限を受けるためと思われる. ところが, $H_4SiO_4$ 濃度が一定になった後も濃度が増えていく成分 (B など) があり, これは, ガラス表面相内の拡散によって律速されるためであろう. 非晶質シリカに飽和した条件の溶解実験で, $k_r$ を求めた実験では, 残存ガラス溶解速度は, 水和層によって決められ, 水の水和層への拡散がガラスの律速メカニズムと示されている (Mitsui and Aoki, 2001). このことは, この水和層の生成がガラスからの元素の水溶液への移行にとって重要であることを示している. 天然の火山ガラスにはこのような水和層が見られ, この水和層により火山ガラスの溶解速度が決められる. しかし, 天然ガラス中にはスメクタイトなどの 2 次鉱物もみられることがあり, この場合は, これらの 2 次鉱物の生成も溶解速度に影響を与える.

ガラスの溶解速度はガラスの組成によって大きく異なる. たとえば, 流紋岩 - 安山岩質ガラス, ケイ酸ガラスの溶解速度定数 $k$ は, $10^{-11} \sim 10^{-12}$(mol Si m$^{-2}$ s$^{-1}$) である (中性条件, 25 ℃). 玄武岩質ガラスの溶解速度定数は $10^{-9} \sim 10^{-9.5}$(mol Si m$^{-2}$ s$^{-1}$) であり (中性条件, 25 ℃), ほかのケイ酸塩鉱物に比べて溶解が速い. ガラスの溶解速度は, 溶解度によるが, ガラスの溶解度は水和自由エネルギーによる.

玄武岩ガラスの溶解メカニズムの研究はいくつかあるが, ここでは, Oelkers and Gislason (2001) の研究を紹介する.

Oelkers and Gislason (2001) は, 25 ℃, pH = 3, 11, 化学平衡からはなれた条件で玄武岩ガラスの溶解速度実験を行い, 溶解速度と Al 濃度, Si 濃度, 酢酸濃度との関係を求め, この溶解速度 $R$ が, $R = k(a_{H^+}^3 / a_{Al^{3+}})^{0.35}$ で表され

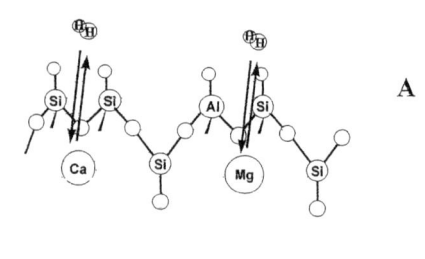

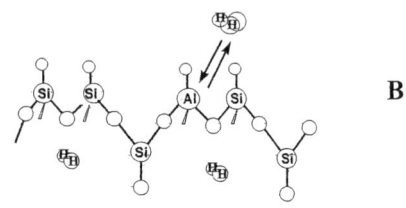

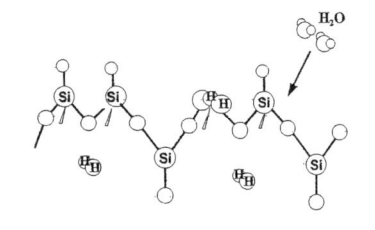

**図3-7** 玄武岩ガラスの溶解メカニズム
(Oelkers and Gislason, 2001)
A は $H^+$ と $Ca^{2+}$, $Mg^{2+}$ とのイオン交換, B は $H^+$ と $Al^{3+}$ とのイオン交換, C は Si の溶解.

ることを明らかにした.ここで,$k$ は溶解速度定数,$a$ は活動度.この玄武岩ガラスの溶解は,1) 表面からの1価(アルカリ元素),2価(アルカリ土類元素)イオンの急速な溶解,2) 玄武岩中の $Al^{3+}$ と $H^+$ とのイオン交換反応,3) Si の溶解の順で起こることが明らかにされた(図3-7).

鹿園ほか(2009)は,25℃,pH=3,4,5,7,9,11 で玄武岩(富士山)の溶解実験を行い,Na, Ca, Mg などが初期に溶解し,その後 Al が溶解し,Si は長期(30日まで)にわたっても溶解し続けることを明らかにし,Oelkers and Gislason(2001)の溶解メカニズムが広い pH 範囲にわたって成り立つことを示した.

玄武岩質ガラスの溶解反応により,表面に変質層,変質鉱物が生成する.特に,海水のように濃度の高い溶液を用いる場合や,高温での反応の場合,変質鉱物(ゲーサイト,鉄酸化物,サポナイト,イモゴライト)が生成することが確認されている(Guy, 1989).変質層が表面を覆うと溶解速度が遅く

なるといわれている．

### 3-2-3 天然の鉱物の溶解支配因子

　以上の鉱物の溶解速度式は実験的研究をもとにして求められたものである．ある鉱物を水溶液中に入れた場合の実験で求められた溶解速度と，天然の鉱物の溶解速度は異なる．天然の岩石は多成分・多相系であり，多くの鉱物から構成されている．ある種の鉱物の溶解速度は多くの鉱物によって影響を受ける．鉱物表面反応層の有無と種類にも大きく依存する．この反応層の鉱物の溶解度により反応速度が変わる．このように鉱物の溶解は1つの鉱物の溶解の場合と，多くの鉱物の沈澱を伴う溶解の場合では大いに異なる．天然では多くの場合，溶解と沈澱がともにみられるので，複雑なプロセスとなる．したがって，たとえば，2-3-3で鉱物の溶解度と風化作用との関係を考えたが，天然ではより複雑なプロセスで風化作用が進行すると思われる．たとえば，カンラン石は反応層が結晶表面にできやすく，反応があまり進まない．これはカンラン石の溶解度，反応速度のデータからでは説明ができない．この溶解の進みやすさは，もとの鉱物中のミクロな空隙の密度によるものとも考えられる．たとえば，長石にはこのような空隙が多いといわれている（鈴木ほか，1989）．空隙の密度，空隙の形，大きさは鉱物がマグマからできたのか，水溶液からできたかにもよる．また，そのときの冷却速度も大いに影響を与えるであろう．空隙にはマクロ，ミクロ，ナノサイズのものがあるが，それらのサイズ分布などにより，溶解速度も変わるであろうが，この種の研究ははなはだ不十分である．また，その鉱物のまわりにどういう鉱物相があるのかによっても溶解速度は異なる．

### 3-2-4 沈澱反応メカニズム

　鉱物の水溶液からの主な沈澱律速メカニズムとして，全体拡散律速と表面反応律速があげられる（鹿園・白木，1994）．全体拡散律速は，イオンなどの溶存種の水溶液中での結晶への拡散が律速となる場合である．表面反応の主なメカニズムとして，吸着，表面核成長，多核成長，単核成長などがある．それぞれのメカニズムで沈澱量と溶液組成の時間依存性が異なる．たとえば，

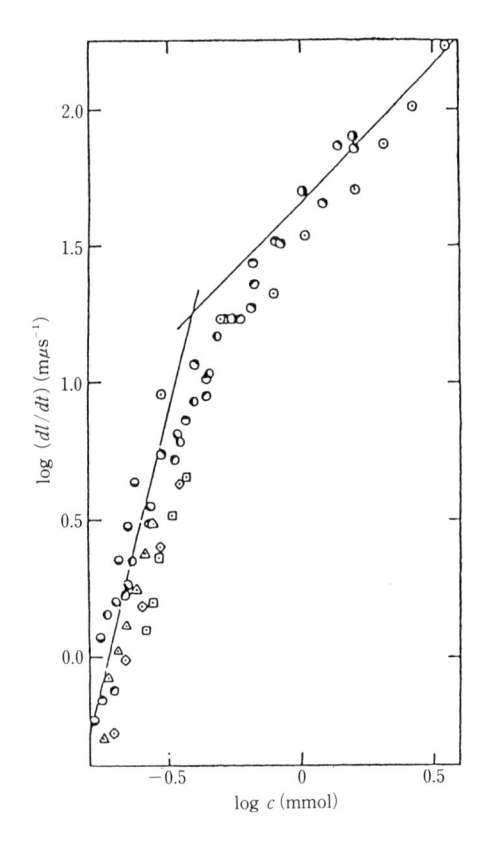

**図3-8** $BaSO_4$ 濃度 ($c$) の関数としての結晶成長の線形速度 (Nielsen, 1958)

0.4 mmol kg$^{-1}$ H$_2$O 以下で濃度の4乗に比例, 0.4 mmol kg$^{-1}$ H$_2$O 以上で1乗に比例.

全体拡散では線形速度式, 多核成長では指数関数速度式, スパイラル成長で対数速度式となる. また, それぞれのメカニズムで反応次数 ($n$) が異なる.

表3-2には, いままでに求められた $n$ が示されてある. 過飽和度 ($\Omega$) が小さい場合は, $n=2\sim4$ であるが, 大きい場合は $n=1$ となる. たとえば, Nielsen (1958) は $BaSO_4$ の沈澱実験を行い, 濃度が低い場合 ($BaSO_4$ として 0.4 mmol l$^{-1}$ 以下) は $n=4$ となるが, 濃度が高い場合 (0.4 mmol l$^{-1}$ 以上) は $n=1$ となることを示した (図3-8). したがって, 高濃度で全体拡散が律速過程であり, 低濃度で表面反応 (多核成長) が支配的といえる.

いままでに調べられた電解質化合物のなかでも, 重晶石の沈澱カイネティックスについては最も多くの研究があり, さまざまな $n$ の値が求められている. 石油や地熱の輸送管中のスケール ($BaSO_4$, $CaSO_4 \cdot 2H_2O$) の沈澱を

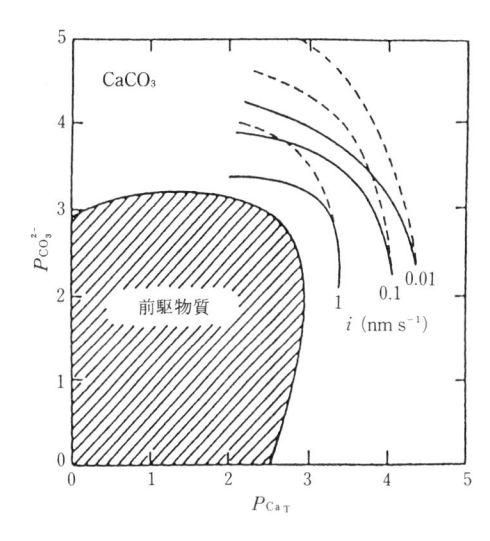

**図3-9** 炭酸カルシウム（前駆物質と方解石 $CaCO_3$）に対する $P_{Ca_T}-P_{CO_3^{2-}}$ 図（Nielsen and Toft, 1984）
$P_{Ca_T} = -\log[(HCO_3^-)+(CO_3^{2-})]$，Ca：カルシウム濃度

遅らせるために，これらの鉱物の沈澱カイネティックスについて詳しい研究が行われている．

Nielsen and Toft（1984）は，PA（$=-\log\Sigma A$）-PB（$=-\log\Sigma B$）図上で，沈澱メカニズムについて論じている（図3-9）．これによると，表面反応律速の場合，沈澱メカニズムは過飽和度だけでなく化合物を構成する陽イオンと陰イオンの全濃度によっても異なる．

(1) シリカ

いままでの熱水条件下で最も詳しく行われている沈澱実験はシリカに対するもので，多くの研究がある（Rimstidt and Barnes, 1980; Weres et al., 1981, 1982; Fleming, 1986）．たとえば，Rimstidt and Barnes（1980）によると，シリカの沈澱・溶解反応，沈澱速度は以下の式で表される．

$$SiO_2 + 2H_2O = H_4SiO_4 \tag{3-32}$$

$$\frac{\partial \Sigma a_{H_4SiO_4}}{\partial t} = \frac{A}{M}\gamma_{H_4SiO_4}\left(k^+ a_{SiO_2}a_{H_2O^2} - k^- a_{H_4SiO_4}\right) \tag{3-33}$$

ここで，$a$ は活動度，$A/M$ はシリカの表面積/水の質量比，$\gamma$ は活動度係数，$k^+$ は溶解反応速度定数，$k^-$ は沈澱反応速度定数．

沈澱速度は温度によって異なり，Weres et al.（1981）によりシリカの沈

速度の温度依存性が以下のように求められている.

$$\log K_{\mathrm{OH}}(T) = 3.1171 - 4296.6/T \tag{3-34}$$

ここで，$\log K_{\mathrm{OH}}(T)$ は速度定数（$\mathrm{g\,cm^{-2}min^{-1}}$）．

### (2) 方解石

方解石はほかの鉱物に比べて沈澱・溶解カイネティックスの研究が詳しく行われている．これらの研究によって，方解石の沈澱・溶解モデルが多く出された（Inskeep and Bloom, 1985）．その代表例を以下にあげる．

Davies and Jones（1955）は，吸着モデルを提唱した．これは，1）結晶表面は水和イオンの吸着層で覆われている，2）結晶化は陽イオン，陰イオンの脱水反応により起こる，3）溶液中の陽イオンの濃度が異なっていても吸着層の陽イオン，陰イオンの濃度は同じである，という仮定に基づく．この場合の沈澱速度は以下で表される．

$$R_{\mathrm{ppt}} = -\frac{dm_{\mathrm{Ca}^{2+}}}{dt} = k\left(m_{\mathrm{Ca}^{2+}} - m_{\mathrm{Ca}^{2+}_{\mathrm{eq}}}\right)\left(m_{\mathrm{CO}_3^{2-}} - m_{\mathrm{CO}_3^{2-}_{\mathrm{eq}}}\right) \tag{3-35}$$

ここで，$R_{\mathrm{ppt}}$ は沈澱速度，$k$ は沈澱速度定数，$m_{\mathrm{eq}}$ は化学平衡時の濃度．

もしも，$m_{\mathrm{Ca}^{2+}} = m_{\mathrm{CO}_3^{2-}}$，$m_{\mathrm{Ca}^{2+}_{\mathrm{eq}}} = m_{\mathrm{CO}_3^{2-}_{\mathrm{eq}}}$ であるならば，

$$R_{\mathrm{ppt}} = k\left(m_{\mathrm{Ca}^{2+}} - m_{\mathrm{Ca}^{2+}_{\mathrm{eq}}}\right)^2 \tag{3-36}$$

となる．Reddy and Nancollas（1971）は 25 ℃，pH＞8.8 でこの式があてはまることを示した．

Davies and Jones モデルの別の形は，2つのイオンの濃度が低くないとき，以下のように与えられる．吸着層における2つのイオン（A, B）の濃度はそれぞれ，

$$m_{\mathrm{A}表面} = k_1 m_{\mathrm{A}} \exp\left(-\frac{\Psi}{RT}\right)$$
$$m_{\mathrm{B}表面} = k_1 m_{\mathrm{B}} \exp\left(\frac{\Psi}{RT}\right) \tag{3-37}$$

で与えられる．ここで，$\Psi$ はポテンシャルの差である．

先の仮定とこれら2つのイオンの吸着層中の濃度が等しいという関係から，

$$\exp\frac{\Psi}{RT} = \left(\frac{m_{\mathrm{A}}}{m_{\mathrm{B}}}\right)^{1/2} \tag{3-38}$$

という関係が得られ，これを (3-35) 式に代入すると，
$$R_{ppt} = k\left[\left(m_{Ca^{2+}}\right)^{1/2}\left(m_{CO_3^{2-}}\right)^{1/2} - \left(K_{sp}\right)\right]^2 \tag{3-39}$$
が得られる．ここで，$K_{sp}$ は方解石の溶解度積である．House (1981), Kazmierczak et al. (1982) はそれぞれ pH>7.9 および pH>8.5 の範囲でこのモデルが成り立つことを示している．また，
$$\Omega = \frac{a_{Ca^{2+}} a_{CO_3^{2-}}}{K_{sp}} \tag{3-40}$$
で与えられる過飽和度 $\Omega$ を (3-39) 式に代入すると，
$$R_{ppt} = k(\Omega^{1/2} - 1)^2 \tag{3-41}$$
を得る．

一方，Reddy and Nancollas (1971) および Nancollas and Reddy (1971) によると沈澱速度 $R_{ppt}$，溶解速度 $R_{dss}$ はそれぞれ，
$$R_{ppt} = k_p m_{Ca^{2+}} m_{CO_3^{2-}} \tag{3-42}$$
$$R_{dss} = k_d \tag{3-43}$$
で与えられる．ここで，$k_p$，$k_d$ はそれぞれ沈澱，溶解の反応速度定数である．また，化学平衡において，2 つの速度が等しいことと，正味の沈澱速度，$R_{net}$ が $R_{ppt} - R_{dss}$ で与えられることから，反応速度式は次の形をとる．
$$R_{net} = k_p\left[\left(m_{Ca^{2+}}\right)\left(m_{CO_3^{2-}}\right) - K_{sp}\right] \tag{3-44}$$
または，
$$R_{ppt} = k(\Omega - 1) \tag{3-45}$$
これは従来用いられてきた経験的な速度式
$$R_{ppt} = k(\Omega - 1)^n \tag{3-46}$$
の $n=1$ の場合に相当する．Lasaga (1981b) は鉱物の沈澱速度が鉱物の格子欠陥により支配される場合，速度式はこの式と同じ形をとり，さらに，らせん転位におけるらせん成長により沈澱が支配される場合，$n=2$ となること，すなわち
$$R_{ppt} = k(\Omega - 1)^2 \tag{3-47}$$
で表されることを示した．

一方，Plummer et al. (1979) は，pH=2〜7，$P_{CO_2}$=0.0003〜0.97 気圧，温度=50〜60℃ の条件で方解石の溶解実験を行い，実験結果を 3 つの pH 範囲

に分けて解釈した．すなわち，pH＜3.5 では溶解速度は $P_{CO_2}$ に依存せず，溶液の pH に比例する．3.5＜pH＜5.5 では，pH と $P_{CO_2}$ の双方に依存する．そして，5.5＜pH では，pH にも $P_{CO_2}$ にも依存しない代わり，沈澱反応が重要になることを示した．そして，次の 3 つの素反応が方解石の溶解を支配すると考えた．

$$\left.\begin{array}{l}CaCO_3 + H^+ = Ca^{2+} + HCO_3^- \\ CaCO_3 + H_2CO_3 = Ca^{2+} + 2HCO_3^- + H^+ \\ CaCO_3 + H_2O = Ca^{2+} + HCO_3^- + OH^-\end{array}\right\} \quad (3\text{-}48)$$

そして，これらの観測事実を説明するため，次のモデルを提唱した．

$$R_{net} = k_1 a_{H^+} + k_2 a_{H_2CO_3} + k_3 a_{H_2O} - k_4 a_{Ca^{2+}} a_{HCO_3^-} \quad (3\text{-}49)$$

ここで，$k_1$，$k_2$，$k_3$ は溶解反応の速度定数で，$k_4$ は沈澱反応の速度定数である．また，彼らは理論的な考察から，速度定数 $k_4$ が $P_{CO_2}$ と温度の関数で，次式で与えられることを示した．

$$k_4 = (K_{3\text{-}48}/K_{cc})(k_1 + 1/a_{H^+})(k_2 a_{H_2CO_3} + k_3 a_{H_2O}) \quad (3\text{-}50)$$

ここで，$K_{3\text{-}48}$ は（3-48）式（$CaCO_3 + H_2CO_3 = Ca^{2+} + 2HCO_3^- + H^+$）の平衡定数，$K_{cc}$ は方解石の溶解度積．なお，このモデルは溶解実験の結果をもとに提唱されたが，25℃における沈澱実験を通じてこのモデルが沈澱反応にも適用できることが示されている（Reddy and Gaillard, 1981; Inskeep and Bloom, 1985; Busenberg and Plummer, 1986）．

以上は低温（＜60℃）における例であるが，高温における研究はこれまでのところあまりない．ただし，Shiraki and Brantley（1995）が 100℃，100 気圧における沈澱カイネティックスの実験結果を報告している．実験温度における溶液の pH は 6.38～6.98 である．彼らによると，表面反応律速で，$a_{H_2CO_3}$＜$2.33 \times 10^{-3}$ の場合，過飽和度（$\Omega$）が 1.72 より小さい場合は，沈澱速度が（3-47）式で表され，鉱物表面のらせん転位におけるらせん成長が律速メカニズムになるが，1.72 以上では，沈澱速度（$R'$）が過飽和度に関して指数関数的に増加するようになり，

$$R' = A \exp\left(-\frac{K}{\Delta G/RT}\right) \quad (3\text{-}51)$$

で表される 2 次元核成長に変化することを示した．また，$a_{H_2CO_3}$＜$2.33 \times 10^{-3}$

の場合は沈澱速度の $a_{H_2CO_3}$ の依存性がほとんどみられないのに対し，この値を上回ると $a_{H_2CO_3}$ 依存性が大きくなることを見出した．そして，$a_{H_2CO_3} > 5.07 \times 10^{-3}$ の範囲では沈澱速度が (3-44) 式で表され，メカニズムが方解石表面における $Ca^{2+}$ および $CO_3^{2-}$ イオンの吸着 (Nielsen, 1983) になること，また，らせん成長が律速する場合には Plummer et al. (1979) のモデルが 100 ℃ でも適用できることを示した．

### 3-2-5 前駆物質と準安定相

水溶液からの沈澱により鉱物が析出する場合，前駆物質や準安定相がまず生成し，これらから安定相が生成することがある．Schoonen and Barnes (1991a, b, c) は黄鉄鉱 ($FeS_2$)，白鉄鉱 ($FeS_3$) の生成に関してこの問題を論じている．彼らは，前駆物質である「FeS」が黄鉄鉱，白鉄鉱の生成にとって必要条件としている．この前駆物質から準安定相→安定相へと変わっていく．このときの組成的変化はあまりみられない．したがって，安定相の沈澱に関して議論するためには，前駆物質の水溶液からの沈澱カイネティックスが明らかにならないといけない．

Nielsen and Toft (1984) は $PA(=-\log\Sigma A) - PB(=-\log\Sigma B)$ 図上で方解石の前駆物質 ($CaCO_3 \cdot 6H_2O$) の領域を求めている (図 3-9)．この前駆物質のできる条件は過飽和度のかなり大きい条件である．

Schoonen and Barnes (1991a, b, c) の実験では $FeS_2$ の前駆物質である FeS は生成したが，この FeS の安定領域は求められていない．特に天然の堆積続成過程での過飽和度がどのくらいであるのかが問題である．また，仮にこのような過飽和度であったとしてもなぜこのような条件になるのかが問題である．そして，この前駆物質の沈澱速度が問題であるが，これについての研究はなされていない．

一般に前駆物質や準安定相の粒子サイズは非常に小さい．この粒子サイズ $r^*$ は，表面エネルギー ($\sigma$)，$m/m_{eq}$ と以下の関係を持っている (Steefel and Cappellen, 1990)．

$$r^* = \frac{2\sigma V_0}{RT} \ln\left(\frac{m}{m_{eq}}\right) \tag{3-52}$$

ここで，$m$ は小さな粒子の溶解度，$m_{eq}$ は大きな粒子の溶解度，$V_0$ は鉱物のモル容積，$R$ は気体定数．

非晶質シリカの表面エネルギー（46 mJ m$^{-2}$）は石英の値（335～385 mJ m$^{-2}$）よりかなり小さい．すなわち，同じ過飽和度のとき，非晶質シリカの粒子サイズは小さくなる．非晶質シリカの核生成にとっての臨界濃度は小さいので，石英ではなく非晶質シリカが水溶液から直接核生成をするであろう（Steefel and Van Cappellen, 1990）．この非晶質シリカの粒子サイズはたいへん小さいが，結晶成長速度は石英とあまり変わりがないために，非晶質シリカは石英へと変わる．このように前駆物質と準安定相の生成は安定相の生成にとって重要であるといえる．

## 3–3 吸着反応

### 3–3–1 吸着

水溶液中のイオンの結晶表面への吸着力として，静電力が重要である．結晶表面が負電荷を帯びていれば陽イオンが吸着する．この結晶表面で電荷を帯びる原因として，1) 同型置換による負電荷，2) 破壊原子価による電荷（変異電荷）がある．1) は結晶内部の異なる電荷を持つイオンの置換により電荷の不均衡が生じ，これを表面のイオンが吸着することによって生じる．このことにより結晶全体としての電気的中性条件が補償されている．たとえば，2：1型粘土鉱物はシリカシートの Si$^{4+}$ が Al$^{3+}$ に交換され（イライト），ギブサイトシートの Al$^{3+}$ が Mg$^{2+}$ と Fe$^{2+}$ で交換される．これらの同型置換で，結晶表面に負電荷が生じる．したがって，陽イオンが結晶表面に吸着される．この場合，一般に陽イオン交換能（CEC; Cation Exchange Capacity）が大きくなる（イライト，ヴァーミキュライト，スメクタイトなど）．

結晶表面は，末端層であり，配位が不十分で酸素イオンが表面に多く存在している．この酸素イオンは負電荷を帯びているので，これに水素イオンが付着する．これを S–OH と書くと（ここで，S は Si, Al, Fe など），R–OH は

$$S-OH = S-O^- + H^+ \tag{3-53}$$

のように解離する．この場合，表面に負電荷を生じる．pHが高くなると，上の反応は右へ行き，負電荷が多くなる．上の反応はR－OH＋OH$^-$ → R－O$^-$＋H$_2$Oとも表される．pHが低くなると，

$$S-OH + H^+ \rightarrow SOH_2^+ \tag{3-54}$$

という反応により，表面に正電荷が生じる．

表面での負電荷量と正電荷量が等しくなる点（PZNPC）のpH値（pH$_{PZNPC}$）は鉱物により異なる．これは（3-53）式，（3-54）式の平衡定数による（Sverjensky, 1994）．

以上については，3-3-3でもう少し詳しく述べられる．

### 3-3-2 重金属イオンの特異吸着

表面のS－OHが解離するとS－O$^-$に重金属イオン（M$^{2+}$）が結合をする．

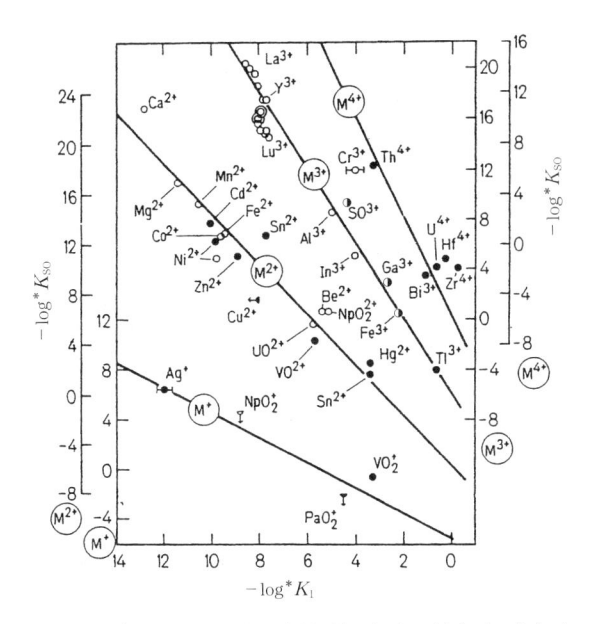

**図3-10** 溶解度積（$^*K_{so}$）と第1水和定数（$^*K_1$）との対応（25℃）（Stumm and Morgan, 1996）
●酸化物，◐オキシ水酸化物，○水酸化物．M$^+$，M$^{2+}$，M$^{3+}$，M$^{4+}$はそれぞれ＋1価，＋2価，＋3価，＋4価の陽イオン．

この反応は，$2S-O^- + M^{2+} \rightarrow 2S-OM$ である．また $2S-OH + M^{2+} \rightarrow 2S-OM + 2H^+$ という $H^+$ と $M^{2+}$ のイオン交換反応も起こる．この結合は共有結合の性格を帯びた配位結合である．重金属イオンの特異吸着は上記の結合の強さによって決められる．土壌や鉱物の吸着による重金属イオンの選択性の序列は，土壌に対して Cu，Pb＞Zn＞Co，Cd，針鉄鉱に対して Cu＞Zn＞Co＞Mn，Cu＞Pb＞Zn＞Co＞Cd，シリカゲルに対して Fe(Ⅲ)＞Pb＞Cu＞Cd，酸化鉄ゲル，アルミナゲルに対して Pb＞Cu＞Zn＞Ni＞Cd＞Co と求められている．この序列と重金属イオンの第1水和定数（$\log K_{11}$），および重金属水酸化物の溶解度積（$\log {}^*K_{so}$）とはかなりよい対応を示す（図3-10）．また，この第1水和定数（$\log K_{11}$）と水酸化鉄（HFO）への吸着に対する表面錯体定数（$\log K_M^{int}$）との関係（拡散層モデルに基づく）もより相関を示す（図3-11）．

この表面錯体形成の程度は pH により大きく変わる．重金属元素は一般に陽イオンをとるので，この陽イオンの表面への吸着の程度は pH が上がると大きくなる．これは元素により異なり，フェリハイドライトの場合，この順序は $Cr^{3+}>Pb^{2+}>Cu^{2+}>Cd^{2+}>Zn^{2+}>Ni^{2+}>Ca^{2+}$ である（図3-12）．

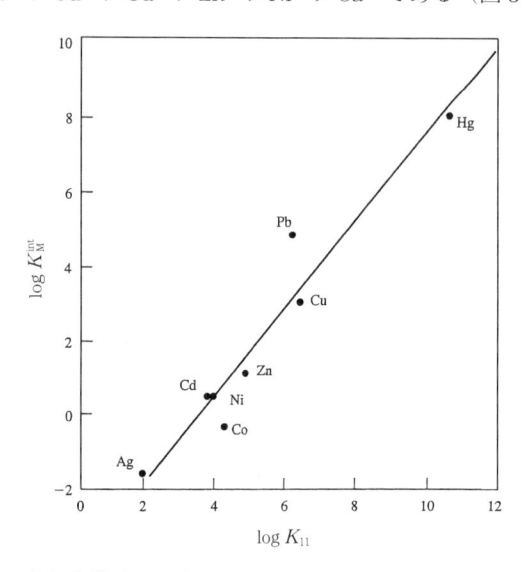

**図3-11** 第1水和定数（$\log K_{11}$）と水酸化鉄（HFO）への吸着に対する表面錯体定数（$\log K_M^{int}$）との関係（拡散層モデルに基づく）(Langmuir, 1997)
$K_{11}: M^{Z+} + OH^- = MOH^{Z-1}$, $K_M^{int}: MS^Z + SOH^- = SOHM^{Z-1}$.

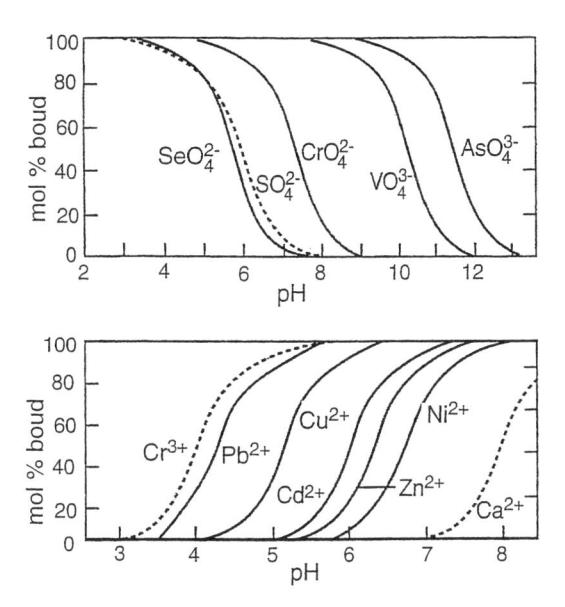

**図3-12** フェリハイドライトによる陽イオンとオキシアニオンの吸着のpH依存性（$\Sigma Fe(Ⅲ) = 10^{-3}M$，イオン強度 = 0.1 モル／kg $H_2O$）（Langmuir, 1997）

## 3-3-3 表面反応，吸・脱着反応，イオン交換メカニズム

ケイ酸塩，酸化物，水酸化物の表面はふつう電荷を帯びている．3-2-2(2)では，長石の表面での反応をみたが，ここでは表面反応についてもう少し詳しくみる．たとえば，水酸化物の表面の主な反応として，以下がある（Banwart, 1994）．

(1) プロトネーション－脱プロトネーション反応

$$S-OH_2^+ = S-OH + H^+, \quad K = \frac{[S-OH][H^+]}{[S-OH_2^+]} \qquad (3\text{-}55)$$

$$S-OH = S-O^- + H^+, \quad K = \frac{[S-O^-][H^+]}{[S-OH]} \qquad (3\text{-}56)$$

(2) 金属錯体化反応

$$S-OH + Me^{z+} = S-OMe^{(z-1)} + H^+, \quad K = \frac{[S-OH^{(z-1)}][H^+]}{[S-OH][Me^{z+}]} \qquad (3\text{-}57)$$

$$2S-OH + Me^{z+} = (S-O)_2 Me^{(z-2)} + 2H^+, \quad K = \frac{\left[(S-O)_2 Me^{(z-2)}\right]\left[H^+\right]^2}{\left[S-OH\right]^2 \left[Me^{z+}\right]}$$
(3-58)

(3) 配位子交換反応

$$S-OH + HL^{(z-1)} + H_2O = S-HL^{-(z-2)} + OH^-, \quad K = \frac{\left[S-HL^{-(z-2)}\right]\left[OH^-\right]}{\left[S-OH\right]\left[HL^{(z-1)}\right]}$$
(3-59)

$$S-OH + HL^{(z-1)} = S-L^{-(z-1)} + H_2O, \quad K = \frac{\left[S-L^{-(z-1)}\right]}{\left[S-OH\right]\left[HL^{(z-1)}\right]} \quad (3-60)$$

なお,上式(3-55〜3-60)の $K$ は平衡定数である.金属錯体化,配位子交換のない場合,表面電荷,プロトンレベルは,

$$ST = \left[Me-OH_2^+\right] + \left[Me-OH\right] + \left[Me-O^-\right] \quad (3-61)$$

と表される.

上の(1),(2),(3)の反応の平衡定数は実験的に求められており,また理論的解釈もなされている.たとえば(1)の反応に対して,単一サイトモデル(Van Riensdijk et al., 1987),多サイトモデル(Hiemsta et al., 1989 a,b; Dzombak and Morel, 1990)がある.単一サイトモデルには静電容量一定モデル(Schindler and Stumm, 1987),拡散二重層モデル(Dzombak and Morel, 1990; Sverjensky, 1994),拡散三重層モデル(Davis et al., 1978; Hayes et al., 1991)がある.

3-3-1で述べたように,結晶が水溶液から成長し,結晶成長が止まった場合,結晶表面の末端層は配位が不完全である.この場合,表面の電気的中性条件は表面のOイオンに適当数の $H^+$ が吸着し,補償される.このとき,S$-O^- + H^+ \rightarrow S-OH$ となる.しかし,これは解離し,$S-O^-$ となる.この解離の仕方はpHに依存する.すなわち,表面はpHに依存した表面電荷を持つことになる.この表面依存性は化合物により異なる.たとえば,Si(電荷+4)のまわりにOが4つ配位したSi酸化物は,個々のOイオンのまわりの電子雲はSiイオンに強く引きつけられる.したがって,Oイオンが $H^+$ を引きつける力は弱い.したがって,$H^+$ は解離しやすい.一方,$Al^{3+}$ の場合,Alの酸化物,水酸化物では $H^+$ は解離しにくい.したがって,Al水酸化物(たとえばギブサイト)の方がSi酸化物(たとえば石英)よりも同じpHの

場合正電荷を持つといえる．このほかに，結晶が破壊された場合も同様に表面電荷が生じ，$H^+$イオンの吸着などが起こる．このように，$H^+$，$OH^-$の吸・脱着反応が起こると，陽イオンと陰イオンの吸・脱着反応が起こる．アルカリ元素イオン，アルカリ土類元素イオンの場合の吸・脱着反応は，主に表面負電荷に基づく静電気的引力による．この静電気的引力はイオンの電荷とイオン半径（水和イオン半径）による．この水和イオン半径と1価陽イオン粘土鉱物に対する吸着性の順序（Cs＞Rb，K，$NH_4$＞Na＞Li）が一致している（なお，結晶イオン半径（pm）は Cs；165，Rb；149，K；133，Na；98，Li；78，Ca；106，Mg；78）．

　上記では，静電気的引力に注目しているが，実際には，この吸着イオンとこれを取り巻くまわりの原子間には，ファンデルワールス力，短距離斥力，共有結合力，安定化結合力などの力が働く．そこでこれらの力をすべて考慮した分子動力学シミュレーションによる吸着イオンの挙動に関するシミュレーションがなされている．その結果，たとえば，$Cs^+$がバイデライト（スメクタイトの一種）の表面上に固定点を持たず，表面上を浮遊，振動するようなきわめて動的な振舞いをしていることが明らかにされている（Nakano and Kawamura，2006；中野，2009）．このようなことが明らかになったのは，シミュレーションとともに，分析技術（たとえば，EXAFS（X線吸収端微細構造解析装置））の進歩によるところが大きい．

## 3-4　コロイド

　コロイドとは平均粒子径が0.45 $\mu$m，または1 nm～1 $\mu$m の分散粒子と定義される（Siegel and Bryan，2004）．コロイドには真性コロイドと擬似コロイドがある．真性コロイドは，その元素からなるコロイドである．擬似コロイドは，その元素がほかの化合物（鉱物，有機化合物）のコロイド粒子に収着したものである．真性コロイドは，$M^{n+} + mOH^- \rightarrow M(OH)^{(n-m)+}$，$M(OH)^{(n-m)+}$のポリメリゼーションで生成する．擬似コロイドは，たとえば，鉱物微粒子表面（-M-OH）-Fe-OHへの収着，共沈によって生成する．このコロイドは低温の表面水（河川水，湖沼水，海水など）に多く存在している．コロ

イドはその起源により，河川粒子（風化，土壌コロイド，鉄，マンガン酸化物，生物破片），土壌コロイド（カオリナイト，ギブサイト，イライト，スメクタイト，水酸化鉄，非晶質物質（アロフェンなど）など），堆積物コロイド（フミン酸，フルボ酸など），有機物コロイド，生物コロイドと分類される (Stumm and Morgan, 1996).

コロイドは，重金属元素などを吸着し，流速の速い河川水などにより，運搬される．たとえば，鉱山地域では，重金属元素が水酸化鉄コロイドに吸着し，河川により遠くまで運搬される (Kimball et al., 1995). 一般に大雨のときほどコロイドによる運搬量が多くなる (Pettersson and Ingri, 2001).

コロイドは，表面水以外の地下水中にも存在している (Ryan and Elimech, 1996). 近年，アメリカ・ネバダテストサイト，アメリカ・ロスアラモス湧水地，ロシア・カラチャイ湖地域で，Pu などの放射性核種もコロイドとして運搬されることが明らかにされた (Avogadro and De Marsily, 1989; Buddermeier and Hunt, 1988; Kersting et al., 1999; Novikov et al., 2006). したがって，高レベル放射性廃棄物体から放射性核種が地下水に溶け出し，コロイドによって放射性核種が地下水によって運搬される可能性を否定することができないので，最近この種の研究がなされている（高レベル放射性廃棄物については6章参照）．たとえば，高レベル放射性廃棄物体のベントナイト（ベントナイトとはモンモリロナイトを主成分とする弱アルカリ性粘土岩のことをいう）からコロイドが地下水に放出され，このコロイドに放射性核種が吸着，イオン交換し，コロイドとともに地下水により運搬される可能性もあるので，コロイドと放射性核種（Cs, Am など）との相互作用に関する実験的研究がなされている (Iijima et al., 2008).

放射性核種やほかの有害物質の地下水，土壌中でのコロイドによる運搬については，Ryan and Elimech (1996), Kretzschmar et al. (1999), 金井ほか (2007) などにより論じられている．

## 3-5 バイオミネラリゼーション

さまざまな生物により，無機化合物が形成される現象をバイオミネラリゼ

ーション（生体鉱物化現象）という．バイオミネラリゼーションによりつくられる鉱物を生体鉱物（バイオミネラル）という．この特徴として，1) 細胞中，器官中のように環境場が限定している中で結晶成長がなされる，2) タンパク質，糖質，あるいはそれらがつくる有機物シート（タンパク質）が結晶成長に影響をおよぼすことがある．3) 1気圧，常温付近での水溶液中での結晶成長である，があげられる（砂川，2003）．

このバイオミネラリゼーションは形成機構で2つに分類される．それらは，1) 生成制御型と2) 生体誘起型である（Dove et al., 2004）．1) には電磁性バクテリアによりつくられる磁鉄鉱，貝殻，骨，歯，サンゴなどの組成，2) には結石，バイオマットなどがある（沼子，2004）．生体制御型は環境から特定の元素を集めるので，環境条件により組成を変えることが多い．たとえば，サンゴ，貝殻中のMg濃度，Sr濃度は海水温，海水中の組成比（Mg/Ca，Sr/Ca），成長速度などに支配される．生体内でのバイオミネラリゼーションもある．これには，バクテリアによって生成される黄鉄鉱，酸化マンガンなどの例がある．

この生体鉱物の生成メカニズムについてはまだ明らかでない点が多いが，生物の有機物質がテンプレートとして働き，結晶の組織化を制御すると考えられている．たとえば，放散虫内でのシリカゲルの生成には，セルの壁のタンパク質中のセリン（$H_2NCH(CH_2OH)COOH$）がケイ酸と反応をし，微粒の集合体の$SiO_n$が形成され（図3-13），これが核形成，結晶成長のテンプレートとして働くと考えられている．

シリカ系バイオミネラルは主に原生動物によりつくられ，高等動物でカルシウム塩になっている．たとえば，ケイ藻，放散虫，襟鞭毛虫，カザガイがシリカ系バイオミネラル（$(SiO_2)m \cdot nH_2O$）をつくりだす（Mann, 2001）．

炭酸塩殻を持っている海生生物は多い．この炭酸塩の生成には$Ca^{2+}$，$Mg^{2+}$，$CO_3^{2-}$の輸送が効率よく行われ，核生成が起こることが必要である．たとえば，甲殻類の上皮細胞膜上には，$Ca^{2+}$-ATP（カルシウム-アデノシン三リン酸フォスファターゼ；$Ca^{2+}$ポンプ），$Ca^{2+}/Na^+$交換系，$Ca^{2+}$チャンネルが存在し，これの少なくとも一部が$Ca^{2+}$の血リンパ液から石灰化部への輸送に関与していると考えられる（渡辺，2000）．$Ca^{2+}$-ATPは細胞と骨格表面液と

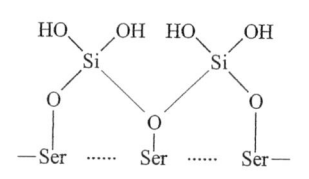

**図3-13** 放散虫内でのセリンとケイ酸との結合（Stumm and Morgan, 1996）

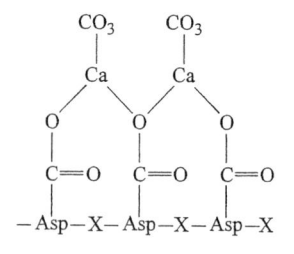

**図3-14** アスパラギン酸と X（多くはグリシン）による $CaCO_3$ の核生成（Stumm and Morgan, 1996）

の間で $Ca^{2+}$ と $H^+$ をやりとりするポンプの役割をなしている．このことにより pH が変化し，炭酸塩の過飽和度が変化し，骨格成長に影響を与える（井上ほか，2008; Al-Horani *et al.*, 2003）．

また，有機マトリックスタンパク質の重要な糖タンパク質（アスパラギン酸（$H_2NCH(CH_2COOH)COOH$），グリシン（$H_2NCH_2COOH$））が炭酸塩の核生成を起こす（図 3-14）といわれている．

$CaCO_3$ には方解石以外にもアラゴナイト，バテライトがある．たとえば，円石藻，有孔虫は方解石をつくり，サンゴはアラゴナイトをつくる．軟体動物（貝など）は方解石，腹足類（巻貝）はアラゴナイト，方解石，バテライトをつくる（Mann, 2001）．これらの成因にはさまざまな要因があり，生成メカニズムは複雑である．その成因は明らかにされていないが（Mann, 1988），アコヤガイの貝殻基質タンパク質の 1 つであるアスペインをアコヤガイの外套膜外液の組成を模した $Mg^{2+}$ を含む水溶液へ加えた結果，通常ならばアラゴナイトが沈殿するのに，方解石が沈殿することがわかった（Takeuchi *et al.*, 2008; 遠藤，2008）．この方解石誘導の原因として，局所的に外套膜外液の $Mg^{2+}/Ca^{2+}$ 比が低下し，速度論的効果で方解石の形成が誘導された可能性があげられている．

無機炭酸塩・生体炭酸塩の分配係数−結晶イオン半径の関係図（図 3-15）において Mg のみかけの分配係数がほかの元素より小さくなっているのは，Mg と有機物の親和性が大きく（Erez, 2003; 白井ほか，2008），生体液の $Mg^{2+}/Ca^{2+}$ 比が小さくなるためかもしれない．このほかに速度論的効果も考えられ

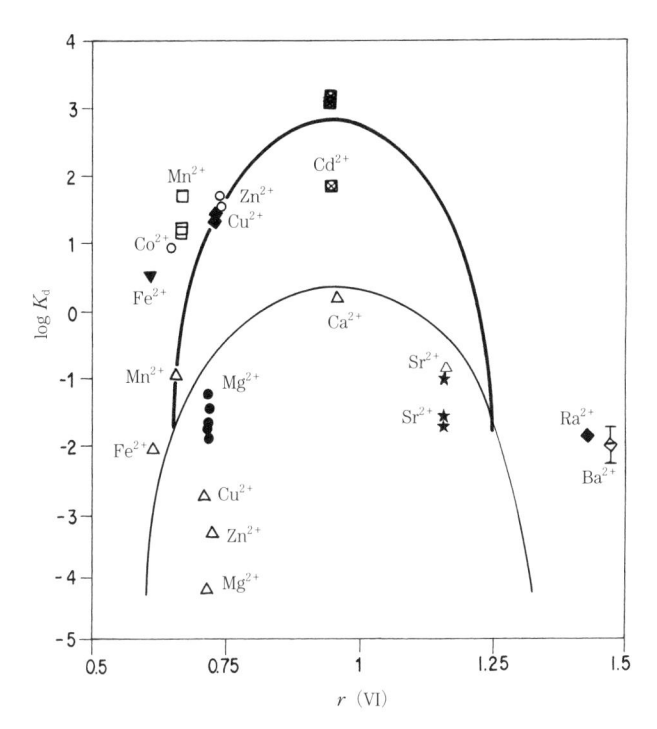

**図3-15** 無機・生体炭酸塩の分配係数（$K_d$）-結晶イオン半径（$r$(VI)）図（鹿園, 2002a）
白抜き三角は生体炭酸塩，その他は無機炭酸塩を示す．

る．重金属元素についても有機物との結合が分配に影響を与えると思われる．図3-15では，分配係数-結晶イオン半径の関係はパラボラの関係になっており，結晶イオン半径が分配を決める要因であることを示唆している．

## 3-6 フリーラジカル反応

いままで，いくつかの水-岩石反応メカニズムについて述べてきた．このメカニズムとして，吸・脱着，イオン交換，元素分配，バイオミネラリゼーション，光化学反応，溶解，沈澱があげられる．これらの反応速度はそれぞれで大きく異なる．5章で述べる長期的なグローバル物質循環に対しては，これらのなかで反応速度の遅い溶解反応が重要である．しかし，短期的な環

境問題に対しては，反応速度の速い吸・脱着反応，イオン交換などの反応が重要である．このほかにさらに反応速度の速い反応としてフリーラジカル反応があげられる．

　天然でのフリーラジカル反応は，地震時の岩石の破壊に伴う地下水と破壊岩石との反応，河川水による砂礫の運搬，土砂崩れのときの土壌，岩石の破壊と水との反応などが考えられる．しかし，これらの天然でのフリーラジカル反応に関する応用的な研究はいままでにほとんどなされていない．

　ケイ酸鉱物が破壊を受けると表面にフリーラジカルが存在することになる．たとえば，石英は $SiO_2$ と表されるが，Si－O結合が切れると $\equiv Si^*$ というフリーラジカルができる．これが水と反応すると，以下のように $H_2$ が発生する．

$$2(\equiv Si^*) + 2H_2O \rightarrow 2(\equiv SiOH) + H_2 \qquad (3\text{-}62)$$

この $H_2$ は $H_2 = 2H^+ + 2e^-$ という反応で $H^+$ が生成されるので pH が低下する．このように粉砕した石英と水を反応させ，$H_2$ が発生し，pH が低下することは，実験的に明らかにされている（Schrader *et al.*, 1969; Kita *et al.*, 1982; 田中, 2003）．地震時に $H_2$ が発生することはいままでに知られており（Wakita *et al.*, 1980），これは，断層帯におけるこの種のメカノケミカル反応によると考えられている（Wakita *et al.*, 1980）．上の反応では，$H_2$ は水の分解により生じている．ところが，石英以外の水を含むケイ酸塩鉱物（黒雲母，K雲母といった層状ケイ酸塩鉱物）の場合は，ケイ酸塩鉱物中の $OH^-$ から $H_2$ が発生すると考えられている（Kameda *et al.*, 2004）．この場合は，石英と異なり，$M^{2+}$（アルカリ土類元素など）も存在しているので，$H_2$ が発生し $H^+$ ができても，$M^{2+}$ と $H^+$ とのイオン交換が起こり，pH は下がらないと思われる．

　このようなフリーラジカル反応の反応速度は速く，短期的な水質変化に影響を与える．たとえば，地震による岩石破壊により pH の変化が起こり，そのことにより水質変化が起こるかもしれない．

## 3-7　拡散

　拡散には，1）固体内の拡散（粒子境界拡散，表面拡散，体積拡散），2）

水溶液中の溶存種の分子拡散(体積拡散),乱流拡散,3)水溶液が存在する下での固体(岩石,鉱物)中の拡散があげられる.

### 3-7-1 フィックの法則

1次元の拡散を表す基本法則(フィックの法則)は以下で表される.

$$F = -D\frac{dm}{dz} \text{ (g cm}^{-2}\text{s}^{-1}\text{)} \text{(フィックの第1法則)} \tag{3-63}$$

ここで,$F$ はフラックス,$D$ は拡散係数,$m$ は濃度,$z$ は距離.

これは1次元 $z$ 方向のフラックスである.この拡散の駆動力は化学ポテンシャルの勾配である.図3-16の $z$ と $z+\Delta z$ でフラックスが変化しないとすると,

$$\frac{\Delta m}{\Delta t} = -\frac{\Delta F}{\Delta z} \text{ (g cm}^{-3}\text{s}^{-1}\text{)} \text{ ($t$ は時間)}$$

だから,

$$\left(\frac{\partial m}{\partial t}\right)_z = -\left(\frac{\partial F}{\partial z}\right)_t \tag{3-64}$$

$F = -Ddm/dz$ であるから,

$$\frac{\partial m}{\partial t} = \frac{\partial}{\partial z}\left(\frac{D\partial m}{\partial t}\right) = D\frac{\partial^2 m}{\partial z^2} \text{ (g cm}^{-3}\text{s}^{-1}\text{)} \tag{3-65}$$

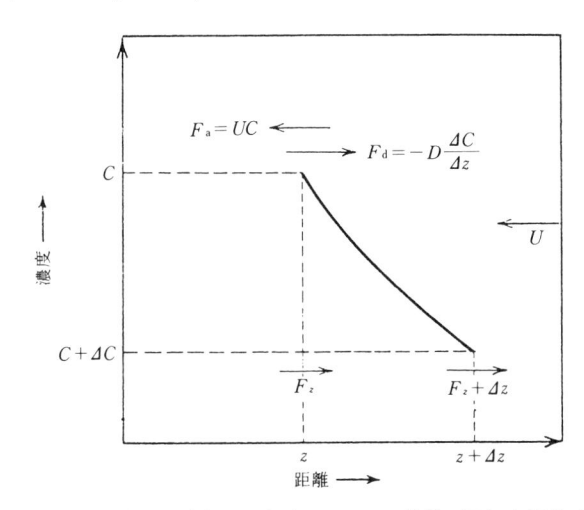

**図3-16** 分子拡散と流動する1次元システムの拡散 ($F_d$) と流動 ($F_a$) フラックス (Lerman, 1979)

**表3-4** 無限希釈水溶液中のイオンのトレーサー拡散係数 ($D$) (Lerman, 1979)

| 陽イオン | $D$ ($10^{-6}$cm$^2$s$^{-1}$) | | | 陰イオン | $D$ ($10^{-6}$cm$^2$s$^{-1}$) | | |
|---|---|---|---|---|---|---|---|
| | 0°C | 18°C | 25°C | | 0°C | 18°C | 25°C |
| $H^+$ | 56.1 | 81.7 | 93.1 | $OH^-$ | 25.6 | 44.9 | 52.7 |
| $Li^+$ | 4.72 | 8.69 | 10.3 | $F^-$ | — | 12.1 | 14.6 |
| $Na^+$ | 6.27 | 11.3 | 13.3 | $Cl^-$ | 10.1 | 17.1 | 20.3 |
| $K^+$ | 9.86 | 16.7 | 19.6 | $Br^-$ | 10.5 | 17.6 | 20.1 |
| $Rb^+$ | 10.6 | 17.6 | 20.6 | $I^-$ | 10.3 | 17.2 | 20.0 |
| $Cs^+$ | 10.6 | 17.7 | 20.7 | $IO_3^-$ | 5.05 | 8.79 | 10.6 |
| $NH_4^+$ | 9.80 | 16.8 | 19.8 | $HS^-$ | 9.75 | 14.8 | 17.3 |
| $Ag^+$ | 8.50 | 14.0 | 16.6 | $S^{2-}$ | — | 6.95 | — |
| $Tl^+$ | 10.6 | 17.0 | 20.1 | $HSO_4^-$ | — | — | 13.3 |
| $Cu(OH)^+$ | — | — | 8.30 | $SO_4^{2-}$ | 5.00 | 8.90 | 10.7 |
| $Zn(OH)^+$ | — | — | 8.54 | $SeO_4^{2-}$ | 4.14 | 8.45 | 9.46 |
| $Be^{2+}$ | — | 3.64 | 5.85 | $NO_2^-$ | — | 15.3 | 19.1 |
| $Mg^{2+}$ | 3.56 | 5.94 | 7.05 | $NO_3^-$ | 9.78 | 16.1 | 19.0 |
| $Ca^{2+}$ | 3.73 | 6.73 | 7.93 | $HCO_3^-$ | — | — | 11.8 |
| $Sr^{2+}$ | 3.72 | 6.70 | 7.94 | $CO_3^{2-}$ | 4.39 | 7.80 | 9.55 |
| $Ba^{2+}$ | 4.04 | 7.13 | 8.48 | $H_2PO_4^-$ | — | 7.15 | 8.46 |
| $Ra^{2+}$ | 4.02 | 7.45 | 8.89 | $HPO_4^{2-}$ | — | — | 7.34 |
| $Mn^{2+}$ | 3.05 | 5.75 | 6.88 | $PO_4^{3-}$ | — | — | 6.12 |
| $Fe^{2+}$ | 3.41 | 5.82 | 7.19 | $H_2AsO_4^-$ | — | — | 9.05 |
| $Co^{2+}$ | 3.41 | 5.72 | 6.99 | $H_2SbO_4^-$ | — | — | 8.25 |
| $Ni^{2+}$ | 3.11 | 5.81 | 6.79 | $CrO_4^{2-}$ | 5.12 | 9.36 | 11.2 |
| $Cu^{2+}$ | 3.41 | 5.88 | 7.33 | $MoO_4^{2-}$ | — | — | 9.91 |
| $Zn^{2+}$ | 3.35 | 6.13 | 7.15 | $WO_4^{2-}$ | 4.27 | 7.67 | 9.23 |
| $Cd^{2+}$ | 3.41 | 6.03 | 7.17 | | | | |
| $Pb^{2+}$ | 4.56 | 7.95 | 9.45 | | | | |
| $UO_2^{2+}$ | — | — | 4.26 | | | | |
| $Sc^{3+}$ | — | — | 5.74 | | | | |
| $Y^{3+}$ | 2.60 | — | 5.50 | | | | |
| $La^{3+}$ | 2.76 | 5.14 | 6.17 | | | | |
| $Yb^{3+}$ | — | — | 5.82 | | | | |
| $Cr^{3+}$ | — | 3.90 | 5.94 | | | | |
| $Fe^{3+}$ | — | 5.28 | 6.07 | | | | |
| $Al^{3+}$ | 2.36 | 3.46 | 5.59 | | | | |
| $Th^{4+}$ | — | 1.53 | — | | | | |

これがフィックの第2法則である.

上式の $D$（自由水中の拡散係数）の値を表3-4にまとめた.

### 3-7-2 岩石・鉱物の空隙中の拡散

水－岩石系においては，固体中の拡散や自由水中の拡散ではなく，岩石，鉱物中の空隙やクラック中の拡散が重要である．この場合の拡散係数は自由水中の拡散係数とは異なる．これらの関係に対していくつかの式が提案されているが，その例として以下の式がある（中野，1991）．

$$D_{cm} = \alpha \gamma \frac{D_0}{\tau^2} \tag{3-66}$$

ここで，$D_{cm}$ は溶質の分子拡散係数，$D_0$ は自由水中の分子拡散係数，$\alpha$ は水の粘性による変化を考慮した補正係数，$\gamma$ は水中のイオンと1粒子表面の負荷電との相互作用による影響を表す定数で，1より小さい．$\tau$ は屈曲度（図3-17）．これは実際の距離（$l_e$）と最短距離（$l$）の比率を表す．

次のような簡単化した式も提案されている．

$$D = \frac{D^* \alpha}{\tau^2} \tag{3-67}$$

ここで，$D^*$ は無限希釈溶液中での拡散係数，$\alpha$ はバルク水の粘性と間隙水の粘性の比．$\tau^2 = \phi F$，$F$ はフォーメーションファクターで，$F = \phi^{1-m}$ と表せる．このフォーメーションファクターは $F = R/R_0$ で，$R$ は岩石の電気抵抗，$R_0$ は間隙水の電気抵抗．

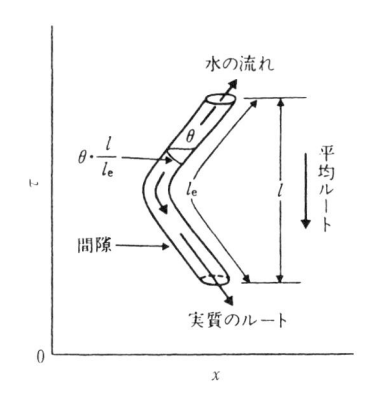

**図3-17** 水の平均ルートと実質ルート
（中野，1991）

吸着などの相互作用がある場合のみかけの拡散係数 $D'$ は，以下で表せる．

$$D' = \frac{\phi D_\phi}{\phi + \rho \cdot K_d} = \frac{\phi D_\phi}{(\phi + \rho \cdot K_d)} \frac{\delta}{\tau^2} \tag{3-68}$$

ここで，$\phi$ は空隙率，$K_d$ は分配定数，$\delta$ は収れん度（間隙の幅の違いによる元素の移動の難易性を示す係数）．

以上みてきたように，拡散係数は，岩石や鉱物中の空隙，屈曲度，収れん度と密接な関係にある．たとえば，さまざまな岩石（珪質堆積岩，安山岩，花崗岩類）の実効拡散係数と空隙率は直線的関係にある（西山ほか，1990）．

### 3-7-3 鉱物（変質層）中の拡散係数の推定

いま，ある鉱物の表面が違う鉱物に覆われている状態を考える．この表面層中の拡散律速により表面層の厚さが増えていくとする．

表面層–水溶液境界で水溶液中のある化学種の濃度の時間変化は以下で表される．

$$\frac{dm}{dt} = \frac{(\rho_1 - \rho_2)}{V} S \frac{dh}{dt} \tag{3-69}$$

$$\frac{dm}{dt} = D(\rho_1 - \rho_2) S \frac{S}{hV} \tag{3-70}$$

ここで，$m$ は濃度，$t$ は時間，$\rho_1$ は新鮮なバルク相中の濃度，$\rho_2$ は外側表面での濃度，$h$ は反応層の厚さ，$S$ は固相反応表面積，$V$ は水溶液の体積．

ここで，$S$ が一定の場合を考える．つまり表面層の量が新鮮な部分に比べて無視できるとする．

(3-69) 式，(3-70) 式より，

$$\frac{dh}{dt} = \frac{D}{h} \tag{3-71}$$

これより，

$$h = (2Dt)^{1/2} \tag{3-72}$$

これより，

$$\frac{dh}{dt} = \left(\frac{D}{2}\right)^{1/2} t^{-1/2} \tag{3-73}$$

したがって，

$$\frac{dm}{dt} = \frac{D^{1/2}S(\rho_1-\rho_2)}{(2^{1/2}V)}t^{-1/2} \qquad (3\text{-}74)$$

である．拡散律速の場合はこれは放物線的になる．これを放物線則という．一方，表面反応律速では $h=kt$（$k$ は一定値）という線形則が成り立つ．

拡散律速の例として，金属（Ni，Zn，Cu）の酸化過程があげられる．以下に示す金属の硫化物生成反応に関しては，拡散律速の場合と表面反応律速の場合がある．

$$\left.\begin{array}{l} 2Bi + 3HS^- + 3H^+ \rightarrow Bi_2S_3 + 3/2H_2 \\ 2Bi + 3S^{2-} + 6H^+ \rightarrow Bi_2S_3 + 3H_2 \\ 2Sb + 3HS^- + 3H^+ \rightarrow Sb_2S_3 + 3H_2 \\ 2Sb + 3S^{2-} + 6H^+ \rightarrow Sb_2S_3 + 3H_2 \end{array}\right\} \qquad (3\text{-}75)$$

## 3-8 流動

水溶液の岩石中での流動は，以上述べてきた反応や拡散とともに物質移動にとって重要である．

### 3-8-1 ダルシー則

流動を表す法則としての基本はダルシー則である．これは以下のように表される．

多孔質媒体断面積を $a$，平均流量を $q$ とすると，

$$q = -ka\frac{dh}{dx} \qquad (3\text{-}76)$$

である．

ここで，$k$ は透水係数（hydraulic conductivity）（cm s$^{-1}$）であり，$\frac{dh}{dx}$ は動水勾配である．この透水係数は水に対する媒体の通しやすさである．

各種粘性液体の場合に拡張された式（一般化ダルシーの法則）は以下で表される（登坂，2006）．

$$q = \frac{Ka\partial}{\mu}\frac{\Psi}{\partial x} \qquad (3\text{-}77)$$

$$v = \frac{q}{a} = -\frac{K}{\mu}\frac{\partial \Psi}{\partial x} \qquad (3\text{-}78)$$

ここで$v$は平均流速，$\mu$(Pa s)は流体の粘性係数，$K$(m$^2$)は浸透率（permeability），$\Psi$(Pa)は流体ポテンシャルであり，

$$\Psi = P + \rho g h \qquad (3\text{-}79)$$

で与えられる．ここで$P$(Pa)は圧力．

この浸透率$K$と透水係数$k$には以下の関係がある．

$$k = \frac{\rho g K}{\mu} \qquad (3\text{-}80)$$

多孔質内で距離1 cm間の圧力差が1気圧，粘性が1 cp，1 cm$^2$断面で流量が1ccs$^{-1}$のとき，多孔質媒体が1ダルシーの浸透率を持つという．このダルシー則（すなわち流速と$k$との線形関係）が成り立つのはレイノルズ数（$Re = 2vr/\nu$，ここで$r$は粒子サイズ，$v$は水の流速，$\nu$は動粘性係数（$\rho/\mu$））が1～10以下の層流の場合である．1～10以上では乱流となりダルシー則は成り立たない．上の式より流速を決めるものとして，透水係数，粘性，動水勾配があげられる．

天然の岩石の浸透率（$K$）は大きく変化する（図3-18）．その範囲は10$^{-15}$ cm$^2$(10$^{-7}$ダルシー)～10$^{-3}$ cm$^2$(10$^5$ダルシー)である．同じ岩石でも大きく変化する．たとえば，堆積物では10$^2$～10$^3$桁の違いがある．

この浸透率，透水係数は，実験的および理論的に求めることができる（Lerman, 1979）．これは淘汰度，空隙率，孔径，比表面積，粒子の配列，粒子サイズなどと関係しているので，これらの値から推定することが可能である．透水係数と空隙率や平行割れ目の開口幅との関係は，たとえば以下の式で表される（Phillips, 1991）．

$$k = \frac{\phi \delta^3}{12} \qquad (3\text{-}81)$$

ここで，$\phi$は空隙率，$\delta$は割れ目の開口幅．

天然の岩石中にはさまざまな空隙が存在しているので，この空隙の成因を明らかにし，それぞれの空隙と透水係数との関係を求めることが重要である．この空隙には，初生空隙，2次空隙がある．初生空隙には，粒子間空隙，気孔，粒子内空隙があり，2次空隙には溶脱空隙，フラクチャークラックがある（内田，1992）．天然の岩石では続成作用時の圧密化や2次鉱物の生成や

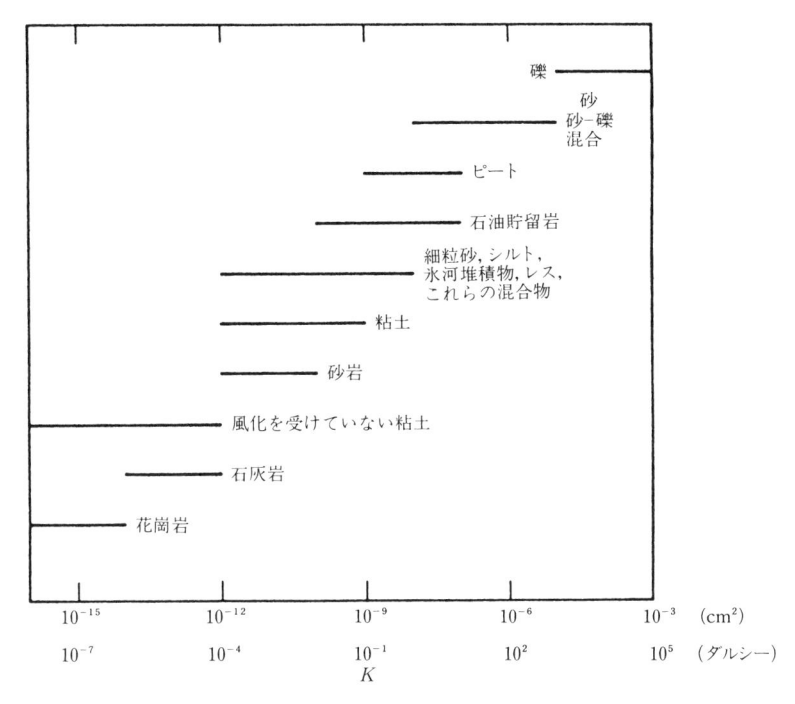

**図3-18** 堆積物，岩石の浸透率 (Lerman, 1979)

初生鉱物の溶解によって，透水係数が時間とともに変化をする．

## 3-9 カップリングモデル

　天然における物質移動に対して，以上の反応，拡散，流動がともに影響を与える場合が多い．以上の3つのメカニズムがすべて影響を与える場合を解くことは複雑であるので，以下では3つのうち2つのメカニズムを考慮した場合を考える．すなわち，状態変数（温度，圧力）が一定の条件下での1) 反応－流動モデル，2) 反応－拡散モデル，3) 拡散－流動モデルというカップリングモデルについて考える．

### 3-9-1　反応－流動モデル

　物質移動のモデル化は，化学工学や環境システム工学の分野で多く行われ

ている(高松ほか,1977).これらのうち主なモデルとして以下があげられる.
1)回分モデル,2)完全混合モデル,3)押し出し流れ(ピストン流)モデル,4)槽列(多段階)モデル.

1)は流動のない場合で,3-2でくわしく述べた.2),3),4)は流動のある場合である.以下では2),3)に関する反応 – 流動モデルについて説明をする.

### (1) 定常完全混合流動 – 反応モデル

1成分系,反応次数1の場合の完全混合流動反応モデル(図3-19)は以下の式で表せられる.

$$\frac{dm}{dt} = k(m_{eq} - m) + \frac{q}{V}(m_i - m) \tag{3-82}$$

ここで,$m$ は濃度,$k$ は反応速度定数,$m_{eq}$ は飽和(平衡)濃度,$q$ は体積流量,$V$ は体積,$m_i$ は初期流入濃度.

この場合,$dm/dt = 0$ とおく定常モデルと $dm/dt \neq 0$ とおく非定常モデルに分けることができる.定常モデルでは,

$$k(m - m_{eq}) + \frac{q}{V}(m_i - m) = 0 \tag{3-83}$$

より,濃度 $m$ は次のように表される.

$$m = \left(m_{eq} + \frac{qm_i}{kV}\right) \bigg/ \left(1 + \frac{q}{kV}\right) \tag{3-84}$$

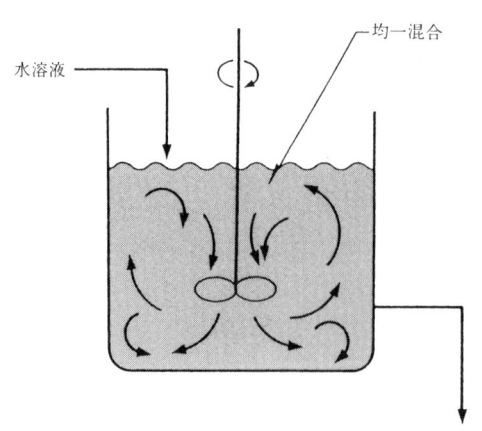

図3-19 完全混合モデル

以下で雨水が地下に浸透していく際の，この流動を伴う雨水とケイ酸塩鉱物との反応により風化鉱物の生成に対して完全混合モデルを応用し，ゴールディッチ・ジャックソンの風化系列（表2-4）との比較を行う．

　いま，固相 A が溶液中で A という存在状態をとるとし，$A_{固相} \rightarrow A_{水溶液}$ という非可逆的溶解反応を考える．また，システム内の $A$ の濃度が溶解反応とシステムからの流出のみにより決められると考える．

　この $A$ の溶解速度を

$$\frac{dA_{固相}}{dt} = k(A_{eq} - A) - \frac{q}{V}A \tag{3-85}$$

とする．ここで，$k$ は溶解速度定数，$q$ は流速（体積流量），$A_{eq}$ は平衡時の $A$ の濃度，$V$ はリザーバーの体積．

　定常状態では，

$$\frac{dA_{固相}}{dt} = -A\left(k + \frac{q}{V}\right) + kA_{eq} = 0 \tag{3-86}$$

したがって，

$$A = \frac{A_{eq}}{1 + \dfrac{q}{kV}} \tag{3-87}$$

となる．卓越した陽イオンを $B$ として，この平衡濃度を $B_{eq}$ とし，陰イオンの中で $HCO_3^-$ が卓越しているとする．

$$B_{eq} = m_{HCO_3^-} \tag{3-88}$$
$$BR + A_{eq} = AR + B_{eq} \tag{3-89}$$

というイオン交換を考える．この反応速度は速いので，化学平衡になると，(3-89) 式のイオン交換平衡定数は，

$$K_{3-89} = \frac{B_{eq}}{A_{eq}} \tag{3-90}$$

ここで，$a_{BR}$, $a_{AR} = 1$ とした．

　$B_{eq} = K_{3-89} A_{eq}$ だから，

$$A_{eq} = \frac{m_{HCO_3^-}}{K_{3-89}} \tag{3-91}$$

したがって，

$$A = \frac{km_{\mathrm{HCO_3^-}}}{\left(k + \dfrac{q}{V}\right)K_{3-89}} = \frac{A_{\mathrm{eq}}}{\left(1 + \dfrac{q}{kV}\right)} \tag{3-92}$$

これより平衡からのずれは $q/kV$ によるといえる．

ところで，一般的に，

$$A のケイ酸塩鉱物 + n\mathrm{H}^+ = m\mathrm{A} + p\mathrm{SiO_2} \tag{3-93}$$

ここで，$n$, $m$, $p$ は反応係数，$n = mq$，$q$ は A のとる電荷数．

(3-93) 式の平衡定数を $K_{3-93}$ とすると，

$$K_{3-93} = \frac{A_{\mathrm{eq}}^m a_{\mathrm{SiO_2}}^p}{a_{\mathrm{H}^+}^n} \tag{3-94}$$

したがって，

$$A_{\mathrm{eq}} = \left(\frac{K_{3-93}^{1/m} a_{\mathrm{H}^+}^{n/m}}{a_{\mathrm{SiO_2}}^{p/m}}\right) \tag{3-95}$$

これを (3-92) 式に代入して

$$A = \left(\frac{K_{3-93}^{1/m} a_{\mathrm{H}^+}^{n/m}}{a_{\mathrm{SiO_2}}^{p/m}}\right) \bigg/ \left(1 + \frac{q}{kV}\right) \tag{3-96}$$

$A$ は $q/kV$，および溶解度により決められる．溶解度は $a_{\mathrm{H_2CO_3}}$, $a_{\mathrm{SiO_2}}$ によって決められる．なお，$q/V$ は $1/\tau$（$\tau$ は滞留時間）と等しい．この場合は，鉱物の生成量や水溶液の化学組成は鉱物‐水溶液間反応の違いを反映するから，$k$ が効き，$q/V$ は効かない．そこで $k$ が問題となる．この $k$ と天然の風化系列の違いをみる．この $k$ を表 3-5 にまとめた（Lasaga, 1984）．この $k$ は石英→K 雲母→K 長石→Na 長石→エンスタタイト→ディオプサイト→Ca 長石の順序で大きくなっている．これは天然の風化系列（ゴールディッチの風化系列）と大体一致している．しかし，この $k$ は，pH や水溶液の組成（NaCl 濃度，有機酸濃度）により大きく変化するので，この系列が必ずしも成り立つとはいえない．

## (2) 非定常完全混合流動‐反応モデルに基づく固体の溶解

次に非定常完全混合流動‐反応モデルに基づき，鉱物の溶解定常濃度を求める（藤井，1977）．固体の溶解は以下の式に従うとする．

表3-5 鉱物の溶解速度（25℃, pH=5）(Lasaga, 1984)

| 鉱　物 | シリカの溶解速度(mol m$^{-2}$ s$^{-1}$) |
|---|---|
| 石　英 | $4.1 \times 10^{-14}$ |
| 白雲母 | $2.56 \times 10^{-13}$ |
| フォーステライト | $1.2 \times 10^{-12}$ |
| K長石 | $1.67 \times 10^{-12}$ |
| Na長石 | $1.19 \times 10^{-11}$ |
| エンスタタイト | $1.0 \times 10^{-10}$ |
| ディオプサイト | $1.4 \times 10^{-10}$ |
| ネフェリン | $2.8 \times 10^{-10}$ |
| Ca長石 | $5.6 \times 10^{-9}$ |

$$\frac{dm}{dt} = f(m_i - m) + k(m_{eq} - m)^n \tag{3-97}$$

ここで，$f = \dfrac{q}{V}$（一定）で滞留時間の逆数，$q$ は体積流量（体積/時間），$V$ はシステムの体積，$m$ は濃度，$m_i$ は流入溶液の濃度，$m_{eq}$ は平衡濃度，$k$ は溶解速度定数，$n$ は反応次数．なお，(3-104) 式では $A/M$ を考慮していないが，この項は $k$ に含まれている．

ここで，簡素化のために $n=1$ を考えると，

$$\frac{dm}{dt} = f(m_i - m) + k(m_{eq} - m) \tag{3-98}$$

いま，$m_i/m_{eq} = a$，$m = y$ とおくと（シリカの溶解に関する Kitahara, 1960; Wollast, 1974 のモデル），

$$\frac{dy}{dt} = k\left[\left(\frac{f}{k}a + 1\right) - y\left(\frac{f}{k} + 1\right)\right] \tag{3-99}$$

したがって，

$$y = \frac{(f/k)a + 1}{f/k + 1} - \left[\frac{(f/k)a + 1}{(f/k) + 1} - v_0\right] \exp[-(k+f)t] \tag{3-100}$$

$t = \infty$ のとき，すなわち定常の状態の $y$ を $y \to \infty$ とすると，

$$y_\infty = \frac{(f/k)a + 1}{(f/k) + 1} \tag{3-101}$$

次に，固体の側から考えると，

$$-\frac{dz}{dt} = f\left[a - (z_0 + v_0) + z\right] + k\left[1 - (z_0 + v_0) + z\right] \tag{3-102}$$

ここで，$z = x/X$（$X$ は飽和のときの溶液中の重さ，$x$ は時間 $t$ で溶け残った固体の量），$z_0 = x_0/x$（$x_0$ ははじめの固体の重さ），$v_0 = u_0/x$（$u_0$ ははじめの溶液中に溶けた量）．

$t = \infty$ のときの $z$ を $z = (z_\infty)_\text{flow}$ とおくと，

$$(z_\infty)_\text{flow} = (z_0 + v_0) - \frac{(f/k)/a + 1}{(f/k) + 1} \tag{3-103}$$

閉じた系では $(z_\infty)_\text{closed} = z_0 + v_0 - 1$ であるので，

$$(z_\infty)_\text{flow} - (z_\infty)_\text{closed} = \frac{f}{k}(1-a) \bigg/ \left(\frac{f}{k} + 1\right) \tag{3-104}$$

これから，流通系の定常濃度は $f/k$ と $a$ によって決まることがわかる．

Margenau and Murphy (1956) のモデルでは，

$$-\frac{dz}{dt} = f\left[a - (z_0 + v_0) + z\right] + kz(w_0 + z) \tag{3-105}$$

ここで，$[(f/k) + w_0]^2 > 4(f/k)(a - z_0 - v_0)$ ならば，解は，

$$C' \exp\left\{\left[-k\left(\frac{f}{k} + w_0\right)^2 - 4\frac{f}{k}(a - z_0 - v_0)\right]^{1/2} t\right\} \tag{3-106}$$

$C'$ は定数で，

$$C' = \left\{2z_0 + \left(\frac{f}{k} + w_0\right) - \left[\left(\frac{f}{k} + w_0\right)^2 - 4\frac{f}{k}(a - z_0 - v_0)\right]^{1/2}\right\} \bigg/ \left\{2z_0 + \left(\frac{f}{k} + w_0\right)^2 + \left[\left(\frac{f}{k} + w_0\right)^2 - 4\frac{f}{k}(a - z_0 - v_0)\right]^{1/2}\right\} \tag{3-107}$$

これより，

$$(z_\infty)_\text{flow} - (z_\infty)_\text{closed} = \frac{1}{2}\left[\left(\frac{f}{k} + 1 - z_0\right)^2 + 4\frac{f}{k}z_0\right]^{1/2} - \frac{1}{2}\left(\frac{f}{k} + z_0 - 1\right) \tag{3-108}$$

次にロジスティックモデル* では，

$$-\frac{dz}{dt} = f\left[a - (z_0 + v_0) + z\right] + k\left[(z_0 + v_0) - z\right]\left[1 - (z_0 + v_0) + z\right] \tag{3-109}$$

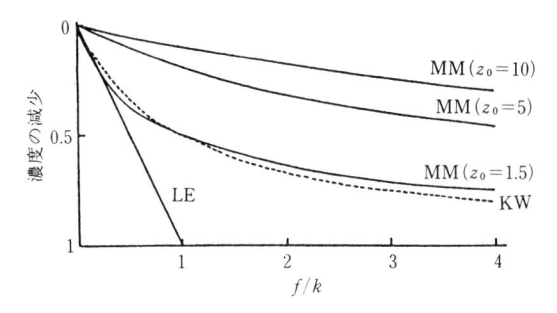

**図3-20** 流動による濃度の減少（藤井，1977）
　(3-104), (3-108), (3-110) 式から濃度の減少を計算した．(3-104) 式においては $a=0$ とした．$f/k$ を横軸にしたが，$f$ を $k$ の単位でとったことにもなる．濃度の減少=1 は，すべて沈澱した後，溶解もしなければ，沈澱もしないことを意味し，溶解度は 0 である．LE（logistic equation モデル）では $f/k=1$ まで直線的に減少し，$f/k \geqq 1$ ですべて濃度 0 である．KW（Kitahara と Wollast のモデル）は MM（Margenau と Murphy のモデル）の $z_0$ が 1 に近い場合に似ている．MM の場合には $z_0$ の量にも関連し，$z_0$ が大きいと濃度の減少は小さい．

これを解くと，

$$\left(z_\infty\right)_{\text{flow}} - \left(z_\infty\right)_{\text{closed}} = \frac{1}{2}\left[\left(\frac{f}{k}+1\right)\right] - \left[\left(1-2z_0-\frac{f}{k}\right)^2 - 4z_0\left(\frac{f}{k}+z_0-1\right)\right]^{1/2} \tag{3-110}$$

以上の3つのモデルによる定常濃度と $f/k$ との関係を図3-20 に示した．これらのモデルで定常濃度が異なるのは，溶解速度の濃度依存性が異なるからである．これらは溶解のメカニズムの違い，反応の種類の違いによる．

---

＊ロジスティックモデルとは： 次の非線形1階微分方程式で表されるモデルをロジスティックモデルという．

$$\frac{dN}{dt} = N(a-bN) \tag{3-111}$$

ここで $N$ は数，量，濃度など，$a$，$b$ は正の定数である．これは，たとえば，環境によって抑制される生物の個体群成長，あるいは捕食動物の餌食との関係を記する．この解は，

$$N = \frac{a}{b} \bigg/ \left(1+\frac{a-b/N_0}{bN_0}\right)\exp(-t) \tag{3-112}$$

### (3) 押し出し流れ - 反応モデル

拡散を考慮しない場合の1成分系の押し出し流れ反応モデル（ピストン流反応モデル，図3-21）は以下の式で表せる（藤本，1987；鹿園・藤本，1996）．

$$\frac{\partial m}{\partial t} + v\frac{\partial m}{\partial x} = \frac{Ak}{M}\left(\frac{m_{\mathrm{eq}} - m}{m_{\mathrm{eq}}}\right) \qquad (3\text{-}113)$$

ここで，$m$ は濃度，$v$ は流速，$x$ は距離，$A/M$ は表面積・水溶液の質量比，$k$ は反応速度定数，$m_{\mathrm{eq}}$ は平衡（飽和）濃度．この定常解は，

$$m = m_{\mathrm{eq}} - (m_{\mathrm{eq}} - m_i)\exp\left(\frac{-Akx}{Mvm_{\mathrm{eq}}}\right) \qquad (3\text{-}114)$$

ここで，$m_i$ は初期流入濃度．

近年，ケイ酸塩鉱物の溶解速度を実験的に求める研究が多く行われた．また，フィールドの研究をもとにケイ酸塩鉱物の溶解速度定数が求められている．そこでこれらのケイ酸塩鉱物の溶解速度定数を比較してみると，フィールド研究から求められた溶解速度の方が実験による溶解速度よりも2〜3桁小さい．この不一致の原因としていままでに以下が考えられている（Paces, 1973; Claasen and White, 1979; Brantley, 1992）．1) $P_{\mathrm{CO_2}}$，温度，pH，水溶液組成（Al濃度，有機酸濃度など）などの条件の違い，2) 天然の風化変質作用は長時間にわたって起こるが，実験では短期間の溶解であり，この時間の違いによって条件が異なる．たとえば，天然では粒子サイズの変化が起こる．天然では長期間であるので粒子に表面層ができ，溶解が進まなくなる，3) 天然では流動の影響がある，4) 天然では比表面積の推定が難しい，5) 天然では鉱物が不飽和帯にあることがある．不飽和帯に存在していると，鉱物と水の接触時間は短くなる．

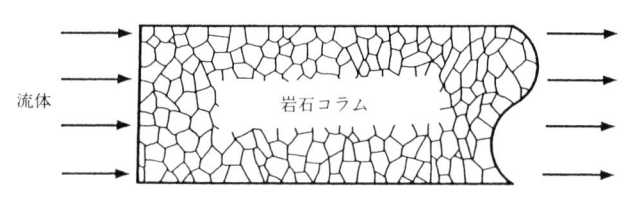

図3-21 押し出し流れモデル（藤本，1987）

### 3-9-2 反応 – 拡散モデル

ある鉱物と鉱物が接していて，これらが安定でない条件におかれたとき，これらの鉱物間で反応が起こる．固相 – 固相間の拡散速度は遅いが，流体が存在している場合，流体内の拡散を通し，反応が進む．すなわち鉱物の溶解が起こり，溶解種が拡散し，安定な鉱物がもとの鉱物間の間に生成する．この反応 – 拡散モデルによって，この反応帯が時間とともにどのように幅広くなっていくのかを求めることができる．

図3-22，3-23には，石英 – フォーステライト（Mgカンラン石，$Mg_2SiO_4$）が接していた場合に，両鉱物の間にタルク（$Mg_6Si_8O_{20}(OH)_4$），蛇紋石（$Mg_3Si_2O_5(OH)_4$）が生成されていく様子を示した．時間とともにタルクの量が増え，石英，フォーステライトの量は減っていく．

フォーステライトと蛇紋石が接し，これらが反応すると，透閃石とクロライトが生成される（西山，1987）．このような反応と拡散による鉱物相の変化は，高温下の変成作用によって生じる．

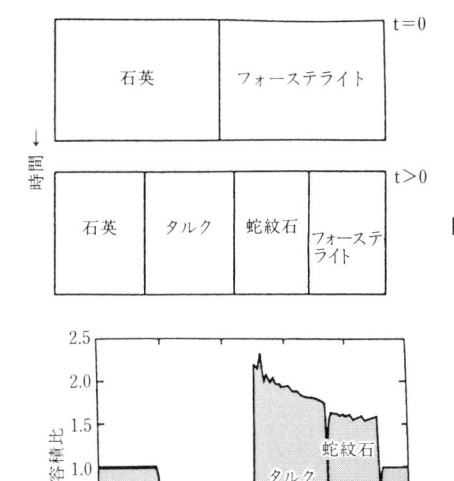

**図3-22** 石英とフォーステライトが接していたとき，両鉱物の間にタルク，蛇紋石が生成される（Lichtner et al., 1986）

**図3-23** $MgCl_2$ – $SiO_2$ – $H_2O$ – $HCl$ 系（390℃）での $(2\sim5)\times10^5$ 秒間に生成される鉱物の量比の石英からの距離による変化（Lichtner et al., 1986）

# 4 システム解析

これまでは,理論と方法論についての説明を行った.以下では対象を定め,その解析をこれまでに述べてきた理論と方法論(特に化学平衡論,溶解反応速度論,溶解反応速度・流動モデル)をもとに行う.その例として,地下水系,風化系,熱水系,海水系を取り上げる.

## 4-1 地下水

### 4-1-1 地下水水質形成メカニズム

(1) 化学量論的反応(水溶液-固相間)-化学平衡(水溶液-気相間)モデル

ここでは,地下水の起源として雨水,岩石として花崗岩を考える.花崗岩は主にケイ酸塩鉱物からなっているが,そのなかでも長石は一般的に最も多い.そこで,長石と雨水の反応を考える.長石にはNa長石,K長石,Ca長石があり,これらは固溶体をつくっている.ここではまず,Na長石成分:Ca長石成分が1:1(モル比)の長石と雨水との反応を考える.この反応は以下で表される.

$$4Na_{0.5}Ca_{0.5}Al_{1.5}Si_{2.5}O_8(Na-Ca長石) + 6CO_2 + 17H_2O \rightarrow \\ 3Al_2Si_2O_5(OH)_4(カオリナイト) + 4H_4SiO_4 + 2Na^+ + 2Ca^{2+} + 6HCO_3^- \quad (4-1)$$

ここでは,長石からカオリナイトが生成する反応を考えた.それは,図4-1に示すように,雨水と化学平衡にある固相はカオリナイトであるからである.しかしながら,必ずしも安定な固相が生成するとは限らない.たとえば,準安定相であるアロフェンやハロイサイトが生成する場合もあるが,ここでは,この準安定相の生成,準安定相から安定相への変化のプロセスとメ

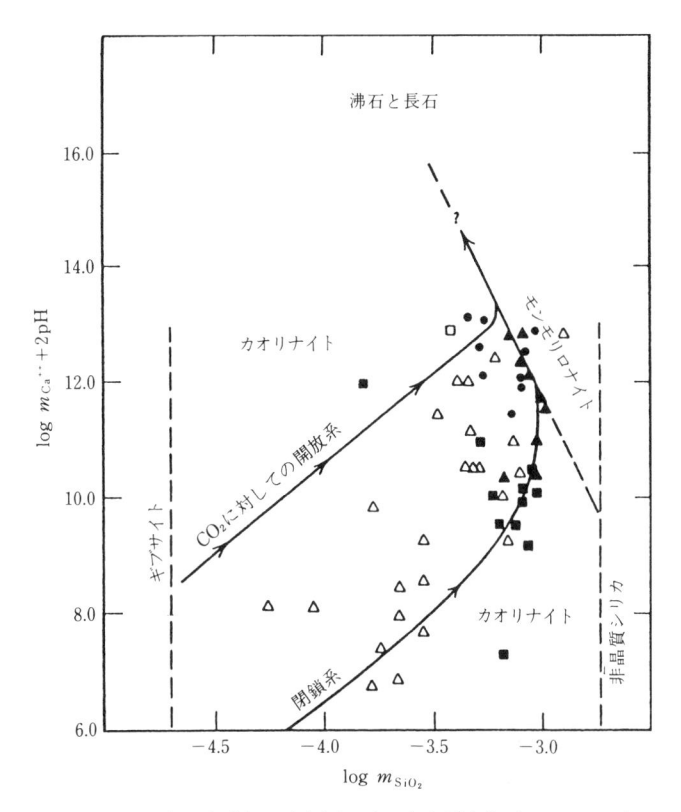

**図4-1** 地下水の水質と雨水起源の地下水水質変化（Garrels, 1967）

カニズムについては考えない．

次に，上の(4-1)式の反応が右へ行ったときの地下水組成の変化を$(\log m_{Ca^{2+}}$ ($m_{Ca^{2+}}$ は $Ca^{2+}$ のモル濃度) $+ 2pH) - \log m_{H_4SiO_4}$ 図上で求める．

(4-1)式の反応が起こったときの $Ca^{2+}$ 濃度の増加（$\Delta m_{Ca^{2+}}$（単位，mol kg$^{-1}$ H$_2$O））と Na$^+$ 濃度の増加（$\Delta m_{Na^+}$）は等しい．

$$\Delta m_{Ca^{2+}} = \Delta m_{Na^+} \tag{4-2}$$

一般に，水溶液内反応，気相-水溶液間反応は，固相-水溶液間反応に比べて圧倒的に速いので，以下の反応の化学平衡が成り立っているとすると，

$CO_2 + H_2O = H^+ + HCO_3^-$ という反応に対して，

$$K = \frac{m_{H^+} m_{CO_3^{2-}}}{P_{CO_2}} \tag{4-3}$$

が成り立つ. ここで, $K$ は上式の平衡定数, $m$ はモル濃度, $P_{CO_2}$ は $CO_2$ 分圧. 水溶液内で電気的に中性の条件が成り立つので,

$$2m_{Ca^{2+}} + m_{Na^+} + m_{H^+} = m_{HCO_3^-} \tag{4-4}$$

ここで, 陽イオンの中で $Ca^{2+}$ 濃度, $Na^+$ 濃度がほかの陽イオン濃度に比べて圧倒的に高く, 陽イオン濃度の中で $m_{HCO_3^-}$ が卓越しているとした.

長石溶解後の電気的中性の条件は, 以下で表される.

$$2[(m_{Ca^{2+}})_i + \Delta m_{Ca^{2+}}] + (m_{Na^+})_i + \Delta m_{Na^+} + m_{H^+} = m_{HCO_3^-} = \frac{KP_{CO_2}}{m_{H^+}} \tag{4-5}$$

ここで, $(m_{Ca^{2+}})_i$, $(m_{Na^+})_i$ は反応前の $Ca^{2+}$ 濃度, $Na^+$ 濃度である.

本来, (4-3) 式はモル濃度ではなく, 活動度で表されるべきものであるが, ここでは地下水が一般的に希薄溶液であるので, 活動度とモル濃度が等しいとした. また, $OH^-$ も存在するが, 地下水ははじめは酸性であるので, $m_{H^+} \gg m_{OH^-}$ である. したがって, ここでは $m_{OH^-}$ を無視した.

(4-5) 式は, 以下となる.

$$2(m_{Ca^{2+}})_i + (m_{Na^+})_i + 2\Delta m_{Ca^{2+}} + m_{H^+} = KP_{CO_2} m_{H^+} \tag{4-6}$$

(4-6) 式より,

$$m_{H^+}^2 + [2(m_{Ca^{2+}})_i + (m_{Na^+})_i + 2\Delta m_{Ca^{2+}}] m_{H^+} - KP_{CO_2} = 0 \tag{4-7}$$

となり, これより $\Delta m_{Ca^{2+}}$, $P_{CO_2}$, 温度を与えると pH を求めることができる. また,

$$m_{Ca^{2+}} = (m_{Ca^{2+}})_i + \Delta m_{Ca^{2+}} \tag{4-8}$$

$$m_{Na^+} = (m_{Na^+})_i + \Delta m_{Na^+} \tag{4-9}$$

$$m_{H_4SiO_4} = (m_{H_4SiO_4})_i + \Delta m_{H_4SiO_4} \tag{4-10}$$

なので, これらも $\Delta m_{Ca^{2+}}$ を与えると求まる.

なお, この $\Delta m$ は, Prigogine (1955), Helgeson (1979) の非平衡熱力学で出てくる化学反応進行度に対応する. この化学反応進行度は, たとえば, Na 長石が 1 モルであったときに ξ (0<ξ<1) だけ反応したとき, ξ と定義される.

ところで, $(\log m_{Ca^{2+}} + 2\,pH) - \log m_{H_4SiO_4}$ 図上の初期の点は, $m_i$, $P_{CO_2}$ を決

めると求まる．この初期値をわが国の平均雨水組成（Si 0.83 ppm, Na 1.1 ppm, Ca 0.97 ppm；西村，1991），および$P_{CO_2}=10^{-1.5}$（大気に対して閉鎖的環境），$=10^{-3.5}$（大気に対して開放的環境）に対して求めた．

これらの初期値をもとに，$P_{CO_2}$を一定にして，岩石の溶解の時の水質変化を求めた（図4-1）．図4-1には，さまざまな地下水組成もプロットした．この地下水組成は，開放系トレンドと閉鎖系トレンドの間にプロットされるといえる．したがって，この長石の溶解によって，地下水組成（pH, $m_{Ca^{2+}}$, $m_{H_4SiO_4}$）が決められているといえよう．

これらの経路がカオリナイト領域からCaモンモリロナイト/カオリナイト境界線へあたると，Caモンモリロナイトが生成する．その後は，カオリナイト–Caモンモリロナイト境界線に沿って進む．

岐阜県東濃地域の深層地下水組成は，この境界線近くにプロットされ（Yamakawa, 1991），この反応により支配されているといえる（図4-2）．一方，浅層地下水の水質はカオリナイト領域に主としてプロットされ，値もばらつ

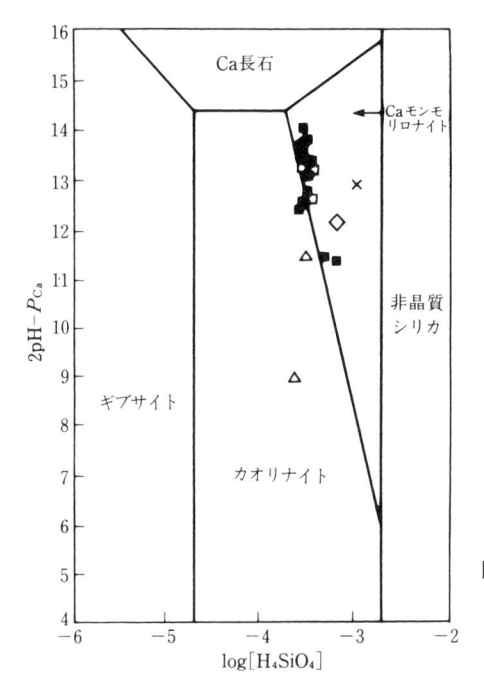

**図4-2** 岐阜県東濃地域の地下水と地表水の化学組成（Yamakawa, 1991）
△：表面水，■：深層地下水，×，◇，＋：浅層地下水．

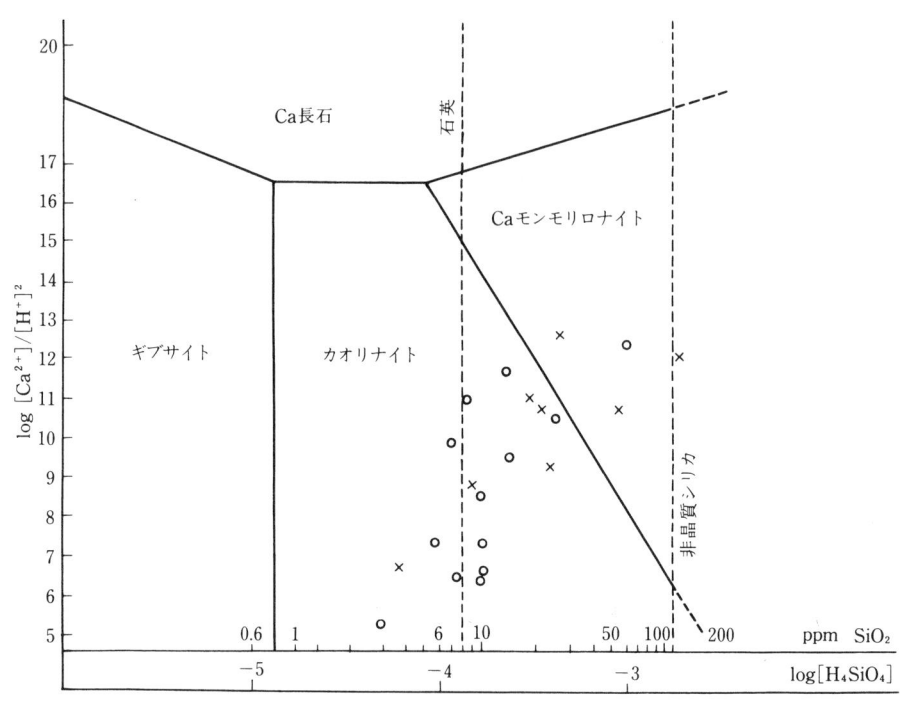

**図4-3** 地表水の化学組成（○, ×印）と Ca 長石，ギブサイト，カオリナイト，Ca モンモリロナイトの安定領域（Appelo and Postma, 1993）

く（図 4-3）．

このカオリナイト‐Ca モンモリロナイト境界線に沿って地下水水質が進化していくと，これは Ca 長石‐カオリナイト境界線にあたる．Ca 長石は岩石中に大量に存在しているので，この反応が長時間起こると，ここで反応は終了し，Ca 長石‐Ca モンモリロナイト‐カオリナイト‐地下水の化学平衡に達する．この地下水は，$SiO_2$ に対して過飽和であるので，$SiO_2$ 鉱物が沈殿生成することもある．この生成と Ca モンモリロナイトの生成により地下水中の $H_4SiO_4$ 濃度が減少する．

以上，Ca モンモリロナイトを端成分と考えたが，実際のモンモリロナイトは，Na, K, H, Ca, Mg, Fe モンモリロナイトの固溶体をつくっているので，反応はもっと複雑である．地下水と反応する岩石が海成層であると，

Caモンモリロナイトではなく，Naモンモリロナイトが存在している．この場合は，NaモンモリロナイトがCaモンモリロナイトへと変化する．このとき，以下のイオン交換反応が起こる．

$$2\text{Na モンモリロナイト} + \text{Ca}^{2+} \rightarrow \text{Ca モンモリロナイト} + 2\text{Na}^+ \quad (4\text{-}11)$$

この反応によって$\text{Ca}^{2+}$濃度が低くなり，$\text{Na}^+$濃度が高くなる．

一方，地下水組成がこの境界線に沿わずに，Caモンモリロナイト領域に入ることもある．このときは，長石がCaモンモリロナイトに変わる反応により地下水水質が決定される．これは以下の反応である．

$$28\text{Na}-\text{Ca 長石} + 36\text{H}^+ + 8\text{H}_2\text{O}$$
$$\rightarrow 18\text{Ca モンモリロナイト} + 14\text{Na}^+ + 11\text{Ca}^{2+} + 4\text{H}_4\text{SiO}_4 \quad (4\text{-}12)$$

以上Na長石とCa長石が1：1の固溶体の溶解を考えた．しかし，固溶体組成は，実際には1：1ではない．そこで，一般式Na長石成分：Ca長石成分$=X：1$（モル比）の場合を考える．この場合，

$$X\text{NaAlSi}_3\text{O}_8 + \text{CaAl}_2\text{Si}_2\text{O}_6 + (X+2)\text{CO}_2 + 9/2\text{H}_2\text{O}$$
$$\rightarrow (1+X/2)\text{Al}_2\text{Si}_2\text{O}_5(\text{OH})_4 + X\text{Na}^+ + \text{Ca}^{2+} + (X+2)\text{HCO}_3^- \quad (4\text{-}13)$$

という反応で表される．この反応について，上と同様の方法で，図4-3上の溶解トレンドを求めることができる．

以上では，長石と地下水の反応が起こった場合だけを考えている．しかしながら，ケイ酸塩鉱物として，ほかにもカンラン石，輝石などが多く存在しており，これらも地下水との反応により溶解する．これらの反応として以下がある．

$$\text{Mg}_2\text{SiO}_4 + 4\text{CO}_2 + \text{H}_2\text{O} + \rightarrow 2\text{Mg}^{2+} + \text{H}_4\text{SiO}_4 + 4\text{HCO}_3^- \quad (4\text{-}14)$$

$$\text{MgSiO}_3 + 2\text{CO}_2 + \text{H}_2\text{O} + \rightarrow \text{Mg}^{2+} + \text{H}_4\text{SiO}_4 + 2\text{HCO}_3^- \quad (4\text{-}15)$$

これらの反応より明らかなように，これらの反応は，$m_{\text{H}_4\text{SiO}_4}$を増加させる．また，電気的中性条件は，

$$m_{\text{Na}^+} + 2m_{\text{Ca}^{2+}} + 2m_{\text{Mg}^{2+}} + m_{\text{H}^+} = m_{\text{HCO}_3^-} = KP_{\text{CO}_2}m_{\text{H}^+} \quad (4\text{-}16)$$

であるから，pHを上昇させる．pHは高くなるが，$m_{\text{Ca}^{2+}}$は増えない．したがって，これらの鉱物の量が長石より多いと，地下水水質の変化は，$(\log m_{\text{Ca}^{2+}} + 2\text{pH}) - \log m_{\text{H}_4\text{SiO}_4}$図で長石に比べて傾きの緩いものとなるであろう．

(2) 反応速度（固相－水溶液間）－流動モデル

上では地下水の流動を考慮しないバッチシステム（閉鎖系システム）について考えた．しかし，地下水は流動しつつ岩石（鉱物）と反応していく．以下では，この反応速度－流動モデルに基づく地下水水質変化について考える（鹿園・藤本，1996）．

この場合，完全混合，および押し出し流れ（ピストン流）モデルが考えられる．これらの中間的モデルや完全混合システムのつながった槽列モデルがあるが，ここでは省略する．

1成分系に対する完全混合モデル，押し出し流れモデルによる地下水組成の時間的変化は，以下で表される．

$$\text{完全混合}: \frac{dm}{dt} = k\frac{A}{M}\frac{m_{eq} - m}{m_{eq}} + \frac{q}{V}(m_i - m) \tag{4-17}$$

$$\text{押し出し流れ}: \frac{dm}{dt} = k\frac{A}{M}\frac{m_{eq} - m}{m_{eq}} + v\frac{dm}{dt} \tag{4-18}$$

ここで，$m$ は流出濃度，$m_i$ は流入濃度，$t$ は時間，$m_{eq}$ は平衡濃度，$k$ は反応（溶解）速度定数，$A$ は反応表面積，$M$ は水溶液の質量，$q$ は体積流入・流出量，$V$ はシステム内の水の体積，$v$ は流速．

まず，完全混合の定常状態（$dm/dt = 0$）について考えると，(4-17) 式より，

$$m = \frac{\left(1 + \frac{q}{V}\frac{m_i M}{kA}\right) m_{eq}}{\left(1 + \frac{q}{V}\frac{m_{eq} M}{kA}\right)} \tag{4-19}$$

となる．ところで，滞留時間 $\tau = V/q$ なので，

$$m = \frac{\left(1 + \frac{m_i M}{kA\tau}\right) m_{eq}}{\left(1 + \frac{m_{eq} M}{kA\tau}\right)} \tag{4-20}$$

もしも，$(M/\tau kA) \ll 1$ であると，$m = m_{eq}$ となり，これは平衡状態である．しかし，$M/\tau kA$ が1より非常に大きい値であると，$m = m_i$ となる．これは，ほとんど溶解が起こらないことを意味している．たとえば，流量（$q$）が非常に大きいとこのようなことになる．$m_i$ を雨水の濃度にすると，雨水の濃

度はカオリナイト領域であるので，カオリナイトが生成する．

次に，押し出し流れモデルについても定常状態を考えると，(4-18) 式の $dm/dt=0$ であるので，

$$k\frac{A}{M}\frac{m_{eq}-m}{m_{eq}}+v\frac{dm}{dx}=0 \qquad (4\text{-}21)$$

この微分方程式を解くと，

$$m=m_{eq}-(m_{eq}-m_i)\exp\left(\frac{m_{eq}}{kAx/Mv}\right) \qquad (4\text{-}22)$$

次に，以上の溶解反応速度－流動モデルに基づく地下水水質の解釈の研究例を紹介する．

たとえば，茨城県筑波花崗岩地域の湧水組成は，標高と関係があり，標高が低いほど，Ca 濃度，Na 濃度，$H_4SiO_4$ 濃度が増大している．この変化は基本的には長石の溶解反応によって説明が可能である．しかしながら，地下水中の $H_4SiO_4$ 濃度は，石英に対して過飽和となっている．すなわち，化学平衡論で解釈することが難しい．したがって，ここでは溶解反応速度－流動モデルに基づく解釈を行う．ここでは，1 成分系非定常 ($dm/dt \neq 0$)，完全混合システムとして (4-17) 式を解くと，

$$m/m_{eq}=(b/a)(e^{at}-1) \qquad (4\text{-}23)$$

ここで，

$$a=-k\frac{A/M}{m_{eq}+q/V}, \quad b=k\frac{A}{M}m_{eq} \qquad (4\text{-}24)$$

$k$ は Na 長石と Ca 長石の中間値 ($=10^{-11.5}$mol Si m$^{-2}$s$^{-1}$)，$m_{eq}$ 値として，アモルファスシリカの値を用いると，$10^{-2.5}$mol Si kg$^{-1}$H$_2$O，$V/q=\tau$ として 1 年〜10 年，$t=\tau$ として，これらの値を上に入れると，$m/m_{eq}$ と $A/M$ との関係が求まる．$m/m_{eq}$ は地下水の分析値より，0.03〜0.16 である．これより，$m/m_{eq}=0.16$ に対して $\tau=10$ 年，0.03 に対して $\tau=1$ 年とすると，$A/M=10$〜$10^{0.8}$(m$^2$kg$^{-1}$H$_2$O) と求まる（図 4-4）．

今，クラックが無限にあり，このクラックの幅が $W$(m) であるとすると，$A/M=2V_{sp}/1000W$($V_{sp}$：水の比体積 (cm$^3$g$^{-1}$)) である (Rimstidt and Barnes, 1980)．これに $A/M$ の値を入れると，$W=0.2$ mm と求まる．これは実験室で求められた筑波付近の稲田花崗岩中のマイクロクラックの平均開口

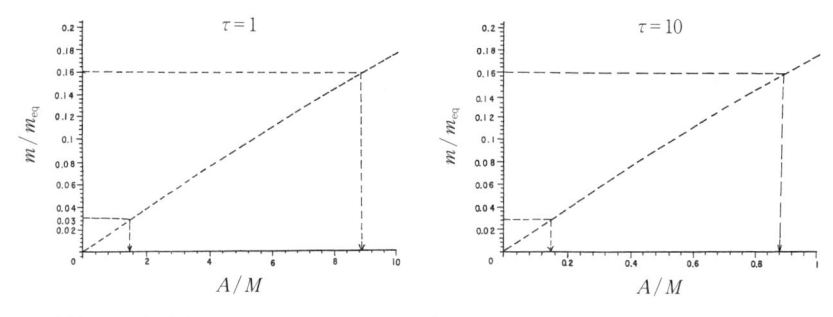

**図4-4** 完全混合モデルに基づく $m/m_{eq}$ と $A/M$ との関係（Shikazono and Fujimoto, 2001）

幅（$n \times 10^{-1}\mu$m）（林ほか，1995；中嶋，1995）よりかなり広く，実験値と一致していない．

このことは，実験室で求まる小さい試料中の開口幅（$n \times 10^{-1}\mu$m）をもつマイクロクラックではなく，地下水は大きな天然の花崗岩体中のもっと幅広いクラックを通過するということを意味している．

ところで，花崗岩中のマイクロクラックに関する研究が今までにいくつかなされているので，これとの比較をしてみる．岐阜県東濃鉱山の土岐花崗岩について，宮川ほか（1991）は，ボアホールテレビジョン装置によりボーリングコアの観察を行い，平均開口幅として 0.1 mm と求めている．釜石鉱山での単一亀裂内のトレーサ試験のシミュレーションによる経験則 $q = 2(1/2W)$（$q$ は開口幅（m），$T$ は亀裂の透水量係数（m$^2$s$^{-1}$）; Uchida and Sawada, 1995；透水量係数とは帯水層の厚さと透水係数の積をいう），および釜石鉱山で求められた開口幅の分布は，対数正規分布平均値が 0.77 mm，標準偏差が 1.47 mm である（核燃料サイクル開発機構，1999）．また，菊地ほか（1984）は，広島花崗岩の開口幅の 70 % が 1 mm 以下と求めている．

以上より，ここで推定した開口幅は，今までに求められた花崗岩中の開口幅と大体一致しているといえる．ただし，この種の研究例が少ないので，今後多くのデータを得る必要がある．

以上のモデル計算の結果より推定された $A/M$ が 0.1～6.0（m$^2$kg$^{-1}$H$_2$O）となり，この場合，実験より求められた溶解速度定数で説明ができるといえ

**表4-1** 鉱物の溶解速度（実験値とフィールド値）(Shikazono and Fujimoto, 2001)

| 鉱物 | 実験値<br>(mol Si m$^{-2}$s$^{-1}$) | フィールド値<br>(mol Si m$^{-2}$s$^{-1}$) | 陽イオン | 地域 |
|---|---|---|---|---|
| 斜長石<br>(オリゴクレース) | $5\times10^{-12}$ | $3\times10^{-14}$ | Na$^+$ | Trnavka 流域<br>(チェコ) |
| 斜長石<br>(オリゴクレース) | $5\times10^{-12}$ | $8.9\times10^{-13}$ | Na$^+$<br>Ca$^{2+}$ | Coweeta 流域<br>NC(アメリカ) |
| 斜長石<br>(バイトーナイト) | $5\times10^{-12}$ | $5\times10^{-15}$ | Ca$^{2+}$<br>Na$^+$ | Filson 河<br>MN(アメリカ) |
| 斜長石 | $6\times10^{-12}$ | $9\times10^{-15}$ | Ca$^{2+}$ | Bear Brooks 流域<br>Maine(アメリカ) |

る．しかし，いままでの研究では溶解速度定数のフィールド値と実験値は一致していない（表4-1）．上で述べた研究例は，この不一致の原因として，従来の研究では$A/M$の推定が正しくない可能性があるということを示唆する．クラックの多いところと少ないところでの水の流動量は大きく異なる．幅の広いクラックでは大量の水が流れるが，緻密な岩石中の水の流動量は非常に小さい．このことを考慮に入れ，$A/M$を求めないといけないであろう．

しかしながら，従来の研究ではこのようにして$A/M$を求めていない．従来の溶解速度定数のフィールド値の求め方は以下のとおりである．ある地域での河川水の流量と河川水中の濃度などより，岩石から地下水への溶解量を求める．一方，その地域の岩石の体積とその中に含まれる鉱物の量，粒子サイズが求まると，鉱物の表面積が求められる．以上より，ある鉱物の単位面積あたりの溶解速度が求まることになる．しかしながら，以上の求め方には問題がある．すなわち，その地域の岩石を構成する鉱物の表面のすべてが均等に地下水と接触するのではない．クラックの表面では接触する時間が長く，大量の水と接触をするであろう．また，緻密で透水係数の小さいところではあまり水と接触をしないであろう．このように岩石中では水が通りやすい水みちもあれば，そうでないところもある．Claasen and White (1979) は，鉱物ではないが，凝灰岩の溶解速度の実験値とフィールド値の相違について，上のような解釈をしている．このほかの不一致の原因として，鉱物は必ずしも水と接していないが，水の方は常に鉱物と接している点があげられる．し

たがって，鉱物をもとにして天然での溶解速度を求めた場合は，溶解速度が遅く求まる可能性がある．ここでは，水の組成をもとにしているので，この場合，水は岩石や鉱物と常に接しているため，この点，実験条件と同じである．

## 4-2 風化・土壌系

### 4-2-1 土壌水組成

　雨水が土壌に浸透すると，雨水は土壌構成成分（1次鉱物，2次鉱物，有機物質，生物，気体）と相互作用を起こし，成分組成を変化させる．ここでは，鉱物との相互作用について考える．この主な相互作用には，3章で述べたように，イオン交換反応，溶解・沈澱反応，吸・脱着反応がある．ここでは土壌水中の陽イオン（アルカリ元素，アルカリ土類元素イオン）濃度を取り上げ，イオン交換反応の重要性を示す．

　図4-5，4-6には土壌（黒ボク土）水中の$Ca^{2+}$濃度と$Mg^{2+}$濃度の関係，$Ca^{2+}$濃度と$Na^+$濃度との関係を示す．図4-6の$\log m_{Ca^{2+}} - \log m_{Mg^{2+}}$図上では傾きがほぼ+1となっている．これについては，以下のイオン交換反応によって説明ができる．

$$MgR + Ca^{2+} = CaR + Mg^{2+} \tag{4-25}$$

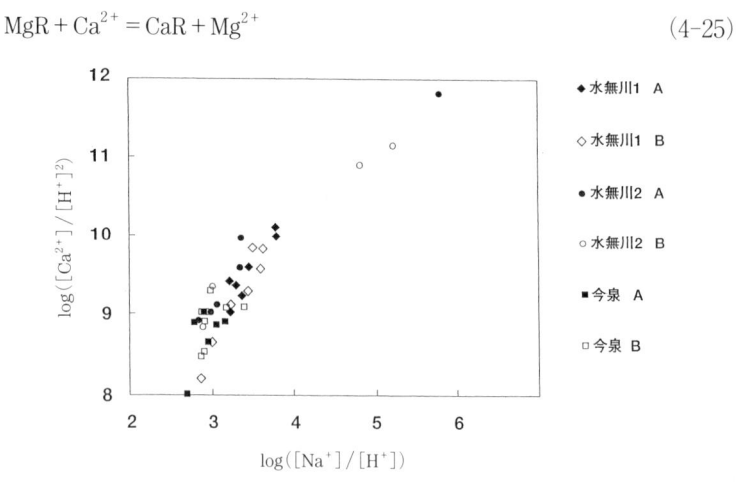

**図4-5**　神奈川県秦野地域の土壌水中の$[Ca^{2+}]/[H^+]^2$と$[Na^+]/[H^+]$との関係(鹿園，未発表)

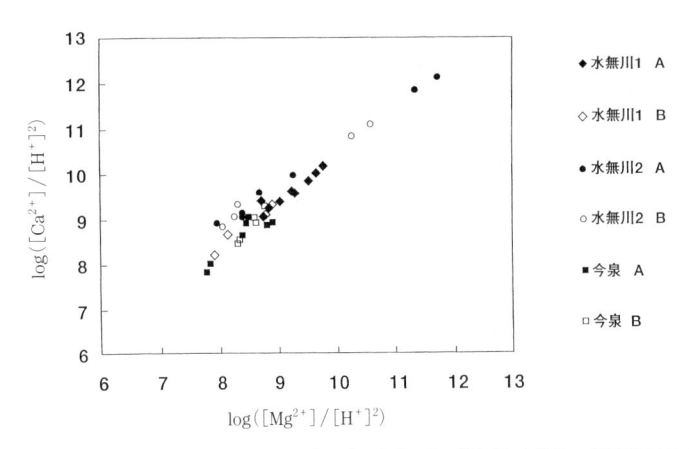

**図4-6** 神奈川県秦野地域の土壌水中の$[Ca^{2+}]/[H^+]^2$と$[Mg^{2+}]/[H^+]^2$との関係(鹿園,未発表)

ここで,MgR,CaRはMgスメクタイト,Caスメクタイト,非晶質物質(アロフェンなど)などとイオン交換平衡に達していると,イオン交換平衡定数は,$K = X_{CaR} m_{Mg^{2+}} / X_{MgR} m_{Ca^{2+}}$である.ここで$X_{CaR}$,$X_{MgR}$はスメクタイト中のCaR成分,MgR成分のモル分率.

ここではスメクタイト中のCaR成分とMgR成分の活動度係数の比,$\lambda_{CaR}/\lambda_{MgR} = 1$としたが,厳密には,固溶体の熱力学的性質を考慮しないといけない(たとえば,Wolery, 1978; Sposito, 1994 を参照).(4-25)式の平衡定数は求まっているので(たとえば,Mizukami and Ohmoto, 1983),$\log m_{Ca^{2+}}$-$\log m_{Mg^{2+}}$図上にイオン交換平衡線を書くことができる.なお,ここでは,$X_{CaR}/X_{MgR}$を母岩中のCaO,MgOモル比とした.以上の仮定のもとに求めた理論線と分析値の最小二乗近似直線は近い.したがって式4-25のイオン交換平衡が達している可能性が大きい.

それに対して,$Na^+$と$Ca^{2+}$のイオン交換は,図の理論線と分析値より求めた線とはずれている.イオン交換平衡が成り立っている場合,

$$2NaR + Ca^{2+} = CaR + 2Na^+ \tag{4-26}$$

$$K_{4-26} = X_{CaR} m_{Na^+}^2 / X_{NaR}^2 m_{Ca^{2+}} \tag{4-27}$$

ここで,$K_{4-26}$は(4-26)式の平衡定数,$X$はモル分率,$m$はモル濃度.

これより,

$$\log m_{\text{Na}^+} = 1/2 \log m_{\text{Ca}^{2+}} + 1/2 \log K_{4-26} + \log(X_{\text{NaR}}/X_{\text{CaR}}^{1/2}) \quad (4\text{-}28)$$

　この傾きは1/2であるが，分析値より求めた傾きはこれとは異なる．この傾きの相異の原因として，以下の鉱物の溶解反応を取り上げる．

$$x\text{Na}_2\text{O} + 2x\text{H}^+ \rightarrow 2x\text{Na}^+ + x\text{H}_2\text{O}$$
$$y\text{CaO} + 2y\text{H}^+ \rightarrow y\text{Ca}^{2+} + y\text{H}_2\text{O} \quad (4\text{-}29)$$

ここで，もとの岩石中の $\text{Na}_2\text{O}$ と $\text{CaO}$ のモル比を $x:y$ とした．この場合，$m_{\text{Na}^+}:m_{\text{Ca}^{2+}}$ は $2x:y$ となる．これは原岩中の組成比である．すなわち

$$m_{\text{Na}^+}/m_{\text{Ca}^{2+}} = 2x/y \quad (4\text{-}30)$$

したがって，

$$\log m_{\text{Na}^+} = \log m_{\text{Ca}^{2+}} + \log(2x/y) \quad (4\text{-}31)$$

　この溶解反応では $\log m_{\text{Na}^+} - \log m_{\text{Ca}^{2+}}$ 図上で傾きが1となる．図4-6の分析値プロットより求めた線の傾きは1〜1/2の間に入っている．したがって以上より，土壌水中の $m_{\text{Na}^+}$，$m_{\text{Ca}^{2+}}$ に対してイオン交換反応と溶解反応がともに影響を与えていることが考えられる．

### 4-2-2　化学的風化作用における元素の移動

　化学的風化作用における元素の移動のしやすさをみる風化指標として，CIA（Chemical Index of Alteration）がある．
　このCIAは，CIA = $(\text{Al}_2\text{O}_3)/(\text{CaO}+\text{Na}_2\text{O}+\text{K}_2\text{O}+\text{SiO}_2+\text{Al}_2\text{O}_3)$ と定義される．ここで，$\text{Al}_2\text{O}_3$ などは重量％で表される．
　$\text{CaO}$，$\text{Na}_2\text{O}$，$\text{K}_2\text{O}$ の多くは，長石中に存在する．Ca，Na，Kは長石の溶解により溶出するが，Alはカオリナイトなどの鉱物として固定されるので溶解しにくい．したがって，化学的風化作用が進むとCIA値は大きくなるので，このCIAは長石の溶解の程度を示すと考えてよい．長石は一般に，Ca・Na固溶体として存在し，化学的風化作用により溶解が進む．雨水組成はカオリナイト領域にプロットされるので，長石が雨水と反応すると，長石はカオリナイトとなる．ただし，この場合は，水/岩石比の大きい条件（地表近くの降水量の多い条件）である．水/岩石比の小さい条件では，長石はモンモリロナイトに変化する．
　長石のカオリナイトへの変化は以下の反応による．

$$\text{Na·Ca長石} + 3CO_2 \rightarrow \text{カオリナイト} + Na^+ + Ca^{2+} + 3HCO_3^- + H_4SiO_4 \tag{4-32}$$

この反応より $Na^+$, $Ca^{2+}$ が溶解し，Al はほとんどが固相（カオリナイト）として固定化され，Si は一部溶解し，一部固相となることがわかる．K 長石も同様の反応で K は溶解し，Al は固定化されることがわかる．したがって，この化学風化が進むと CIA は増加する．すなわち，CIA は風化の程度と対応しているといえる．ところが，図 4-1 よりこのような風化が進んでいくと，モンモリロナイトが生成することがわかる．この場合，$Ca^{2+}$, $Na^+$, $K^+$ はモンモリロナイトとして固定化される（このときイオン交換が起こり，一般には Na モンモリロナイト → Ca モンモリロナイトとなり，水溶液の Ca/Na 比はイオン交換によって決められる）．このような反応が進行すると，CIA は風化進行度とは対応しないことになる．

ほかの風化指標として，規格値，変動率がある．これらは以下で定義される．

$$\text{規格値} = (MO/Al_2O_3)_\text{試料} / (MO/Al_2O_3)_\text{新鮮} \tag{4-33}$$

$$\text{変動率} = \left\{ \left[ (MO/Al_2O_3)_\text{試料} / (MO/Al_2O_3)_\text{新鮮} \right] - 1 \right\} \times 100 \tag{4-34}$$

ここで，新鮮は風化を最も受けていない岩石試料．

これらの場合，Al は風化によりほとんど溶脱しないので，Al で規格化してある．Ti, Zr などそのほかの移動度の低い元素で規格化する場合もある．いま，系に入ってくる溶液濃度が出ていく濃度に比べ圧倒的に低ければ，風化の進行とともに規格値，変動率ともに減少をする．しかしながら，入ってくる溶液の濃度が出ていく溶液の濃度より圧倒的に大きければ（すなわち系内で沈澱が起こり，系の岩石に元素が付加される場合），規格値，変動率はともに大きくなる．このようなことは，地表での岩石の化学風化でしばしばみられる現象である．雨水は $CO_2$ を含む酸性溶液で岩石の溶解を起こす．この溶解によりアルカリ元素，アルカリ土類元素が溶解をする．すなわち，ここの CIA は小さい値となり，規格値，変動率も小さい値となる．しかし，アルカリ元素，アルカリ土類元素を含む水溶液が下部へいき，これらが土壌に付加されると，この付加された岩石の変動率は 1 より大きくなる．

## 4-3 熱水系

### 4-3-1 地熱系
#### (1) 多元素多成分不均一系の解析—地熱水の化学組成

　天然の岩石-水溶液系は，2-2で述べた$K_2O-H_2O$系，$K_2O-Na_2O-Al_2O_3-SiO_2-H_2O$系のような単純な系ではない．天然の系はもっと多くの成分からなっている．主成分として$SiO_2$，$Al_2O_3$，$Na_2O$，$K_2O$，$CaO$，$MgO$，$FeO$，$Fe_2O_3$，$TiO_2$があげられる．水溶液中には$H_2O$以外に以上の主成分の溶存種（たとえば，イオンペアー（$NaCl$，$KCl$，$Na_2SO_4$，$K_2SO_4$など），陽イオン（$Na^+$，$K^+$，$Ca^{2+}$，$Fe^{2+}$，$Fe^{3+}$，$Mg^{2+}$など），および陰イオン（$Cl^-$，$HCO_3^-$，$SO_4^{2-}$など））が存在している．したがって，これらの濃度が鉱物の安定性を定める．または逆にこれら多成分系からなる鉱物により，水溶液中の濃度が決められる．

　この多成分系の解析を行うためには，質量作用の式をたてればよい．このほかに水溶液中の電気的中性の条件が束縛条件となる．これは以下で表せる．

$$\Sigma m_i \nu_i = \Sigma m_j \nu_j \qquad (4-35)$$

ここで，$m_i$は陽イオン$i$の濃度，$m_j$は陰イオン$j$の濃度，$\nu_i$は陽イオン$i$の電荷数，$\nu_j$は陰イオン$j$の電荷数．

　また，質量バランスの式を各々の元素に対してたてることができる．たとえば，水溶液中の硫黄の全濃度（$\Sigma S$）は，近似的に以下の式で表される．

$$\Sigma S = m_{H_2S} + m_{HS^-} + m_{S^{2-}} + m_{SO_4^{2-}} + m_{HSO_4^-} \qquad (4-36)$$

このほかに，イオン強度，固溶体の熱力学的性質がわかっていないといけない．

　以上の式（質量作用，拡張デバイ・ヒュッケル活動度係数，電気的中性の条件，質量バランスの式）を解くにはさまざまな方法がある．たとえば，グラフを用いて解く方法，ニュートン・ラフソン（Newton-Raphson）法があげられる（Stumm and Morgan, 1970）．

　以下では化学平衡モデルをもとに，地熱水の化学組成の解析を行う．地熱系は，流入帯，貯留層（反応帯），流出帯，熱源よりなる（図4-7）．流入帯から水（天水，海水）が地下に浸透し，貯留層中で水が蓄えられる．熱源か

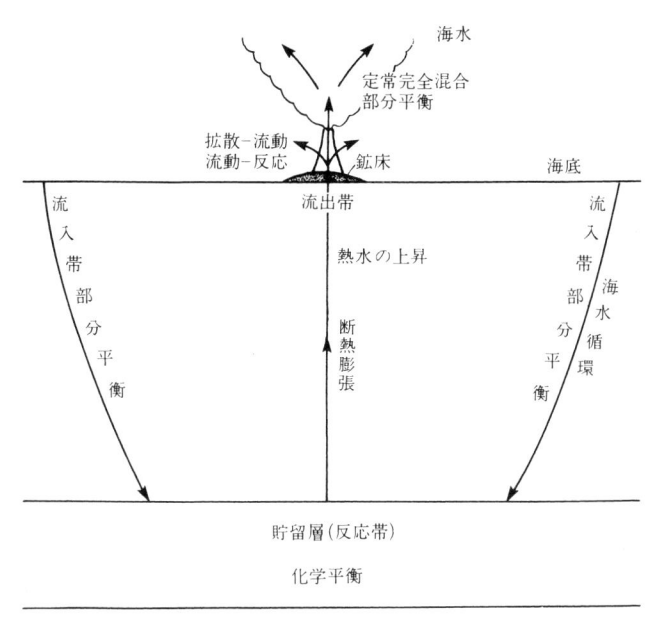

**図4-7** 海底熱水系の構成要素と物質移動

らの熱により水が熱せられ熱水となる．クラック（割目）があるところから熱水・蒸気が上昇し，地表から噴出する．貯留層中では熱水の流動は比較的遅いが，流入帯や流出帯では速い．熱水の流動速度が遅く，岩石と水溶液が高温で長時間接していると，熱水-岩石間で化学平衡に達する．この地熱系では岩石と水が反応し，岩石はもととは異なる鉱物組成，化学組成へと変化し，熱水の化学組成も変化をする．以下では貯留層中の地熱水の化学組成の解釈を，地熱水-岩石間の化学平衡をもとに行う（鹿園，1977；Shikazono, 1978）．

地熱水の化学組成は，多くの場合，K長石，K雲母，Na長石の共存点の近くの組成である．そこで以下では，地熱地域に普遍的にみられる鉱物と地熱水の化学平衡を考える．考慮した鉱物は，石英（$SiO_2$），Na長石（$NaAlSi_3O_8$），K長石（$KAlSi_3O_8$），方解石（$CaCO_3$），Ca長石（$CaAl_2Si_2O_8$），硬石膏（$CaSO_4$），Mgクロライト（$Mg_5Al_2Si_3O_{10}(OH)_8$）である．

まず，Na長石，K長石間の化学平衡を考える．

$$\text{NaAlSi}_3\text{O}_8(\text{Na 長石}) + \text{K}^+ = \text{KAlSi}_3\text{O}_8(\text{K 長石}) + \text{Na}^+ \tag{4-37}$$

これより，平衡定数は，

$$K_{4-37} = \frac{a_{\text{Na}^+}}{a_{\text{K}^+}} \fallingdotseq \frac{m_{\text{Na}^+}}{m_{\text{K}^+}} \tag{4-38}$$

ここで，$a$ は活動度，$m$ は濃度である．Na 長石中の Na 長石成分の活動度と K 長石中の K 長石成分の活動度を 1 とした．また，$\gamma_{\text{Na}^+}/\gamma_{\text{K}^+}$（$\text{Na}^+$と$\text{K}^+$の活動度係数の比）= 1 と近似した．

電気的中性の条件は，陽イオンのなかで $\text{Na}^+$，陰イオンのなかで $\text{Cl}^-$ が卓越していると，以下で近似できる．

$$m_{\text{Na}^+} \fallingdotseq m_{\text{Cl}^-} \tag{4-39}$$

以上より，

$$\log m_{\text{K}^+} = \log m_{\text{Cl}^-} - \log K_{4-37} \tag{4-40}$$

したがって，$\text{K}^+$ 濃度は $\text{Cl}^-$ 濃度の上昇とともに増大し，この傾きが 1 であることがわかる（図 4-8）．

K 長石，石英，K 雲母，水溶液間の反応は，以下で表される．

**図4-8** pH－塩素イオン濃度（+）およびカリウムイオン濃度－塩素イオン濃度（○）関係図（鹿園，1979）
　実線は計算値による Na 長石 - K 雲母 - 石英 - 水溶液平衡曲線（250℃）．

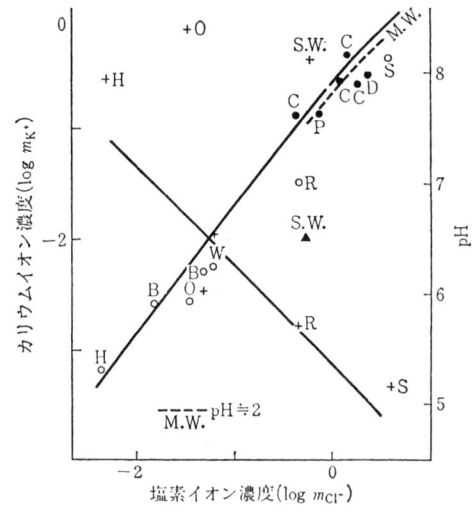

H：クベーラギエルディ（アイスランド），O：大岳（日本），B：ブロードランズ（ニュージーランド），W：ワイラケイ（ニュージーランド），R：レイキャネス（アイスランド），S：ソルトンシー（アメリカ），C：クリード（アメリカ），P：プロヴィデンシア（メキシコ），D：ダーウィン（アメリカ），S.W.：海水，M.W.：マグマ水，+，○現世熱水溶液，●流体包有物，---は M.W.の組成．これらの記号は図4-9 と共通．H, B, W は試料採集から pH 測定までのガスの逃失による pH 上昇の補正をした．濃度単位は mol kg$^{-1}$ H$_2$O．

$$3KAlSi_3O_8(K長石) + 2H^+ = KAl_3Si_3O_{10}(OH)_2(K雲母) + 6SiO_2(石英) + 2K^+$$
$$(4-41)$$

これより，pH($= -\log a_{H^+}$) と Cl⁻濃度の関係を導くことができる（図4-8）．図4-8より明らかなように，Cl⁻濃度が増えるとpHは小さくなり，酸性条件となる．同様にして，Na長石，石英，Ca鉱物と水溶液との化学平衡を仮定すると，$Ca^{2+}$濃度，$Mg^{2+}$濃度と Cl⁻濃度との関係が求められる．

以上の熱水中の $Ca^{2+}$ 濃度と Cl⁻濃度との関係を図4-9に示した．この陽イオン濃度-Cl⁻濃度図上に地熱水の化学組成をプロットした．これより地熱水の化学組成と化学平衡モデルに基づく計算値とは大体一致していることがわかる．すなわち，貯留層中の地熱水は，岩石と高温で長時間反応した水であるので，化学平衡が近似的には成り立っているといえる．しかし，この貯留層中の地熱水が岩石中のクラックに沿って上昇するときには，地熱系上部で地下水との混合や沸騰などによって，化学平衡からはずれる．

以上は温度が一定の場合である．しかし上であげた化学反応の平衡定数には，温度依存性がある．Fournier and Truesdell（1973）は地熱水のNa，K，Ca濃度と温度との関係を経験的に求め，地質温度計を導いた．このNa-K-

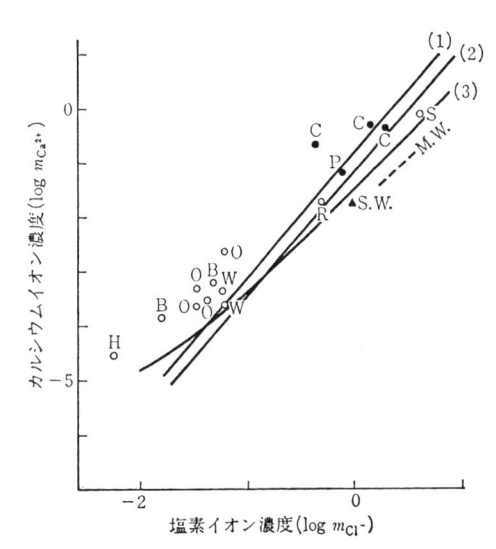

(1) Na長石-K長石-白雲母-石英-方解石-水溶液平衡曲線（溶存$H_2CO_3$種の活動度$=10^{-2.5}$），(2) Na長石-白雲母-石英-方解石-水溶液平衡曲線（溶存$H_2CO_3$種の活動度$=10^{-2}$），(3)硬石膏-水溶液平衡曲線（250°C）．

**図4-9** カルシウムイオン濃度-塩素イオン濃度関係図（鹿園，1979）

Ca温度計は，熱水とCa長石，Na長石，K長石，方解石，ワイラケ沸石（CaAl$_2$Si$_4$O$_{12}$・2H$_2$O）との化学平衡を仮定することで説明できる（Shikazono, 1976）．同様な温度依存性はSiO$_2$の溶解度でもみられる．熱水中のSiO$_2$濃度より熱水の温度が推定できるので，この方法をシリカ温度計という．高温では石英，低温ではオパール，非晶質シリカと平衡に近いSiO$_2$濃度を熱水はもつことが多い．しかし，この化学平衡からはずれる場合もある．このシリカ温度計より求められる温度とNa-K-Ca温度計による温度は大体一致することが多いが，ずれることもある．その原因の多くは，SiO$_2$鉱物（石英，クリストバライト，オパール，非晶質シリカ），長石と熱水間の反応の速度が異なっているからである．

　岩石と水溶液が反応をすると，水溶液の化学組成，岩石の化学組成，岩石の鉱物組成が変化する．この作用を変質作用という．変質作用は変質鉱物の種類の違いで，いくつかに分類することができる．たとえば，プロピライト変質，粘土化変質，強粘土化変質，セリサイト変質などに分けられる（Meyer and Hemley, 1969）．各変質作用は特徴的に出現する変質鉱物により決められる．ここでは地熱系でよくみかけるプロピライト変質と強粘土化変質を取り上げる．

　プロピライト変質というのは，安山岩などの火山岩を源岩として，これがNa長石（NaAlSi$_3$O$_8$），K長石（KAlSi$_3$O$_8$），エピドート（Ca$_2$FeAl$_2$Si$_3$O$_{12}$(OH)），方解石（CaCO$_3$），葡萄石（Ca$_2$Al$_2$Si$_3$O$_{10}$(OH)$_2$），クロライト（Mgクロライト：Mg$_5$Al$_2$Si$_3$O$_{10}$(OH)$_8$：Feクロライト：Fe$_5$Al$_2$Si$_3$O$_{10}$(OH)$_8$などがある），スメクタイト（Caスメクタイト：Ca$_{0.16}$Al$_{2.33}$Si$_{3.67}$O$_{10}$(OH)$_2$，Naスメクタイト：Na$_{0.33}$Al$_{2.33}$Si$_{3.66}$O(OH)$_2$，Kスメクタイト：K$_{0.33}$Al$_{2.33}$Si$_{3.66}$O(OH)$_2$などがある）などの変質鉱物に変わる作用をいう．この変質は，比較的広範囲に生じる．このプロピライト変質では，浅部から深部にかけ変質鉱物の種類が変化する．また，貫入岩体から離れるにつれ鉱物種が変化する（図4-10）．この変質作用では変質を受けた岩石の組成と源岩の組成があまり変わらない．上で行った地熱系における岩石－水溶液間の化学平衡論に基づく解析は，このプロピライト変質に対するものである．

　強粘土化変質は，強酸性条件下で岩石が石英，カオリナイト（Al$_2$Si$_2$O$_5$

西 ←　　　　　　　　　　　　　　　→ 東

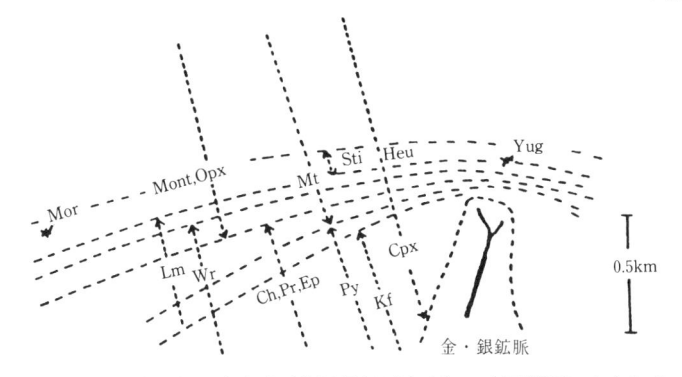

**図4-10** 清越-土肥金・銀鉱床地域（静岡県伊豆半島）の東西断面にみられるプロピライト変質を受けた岩石中の変質鉱物の分布（Shikazono, 1985）
Yug：湯河原沸石，Heu：輝沸石，Sti：束沸石，Opx：斜方輝石，Mont：モンモリロナイト，Mor：モルデン沸石，Lm：濁沸石，Wr：ワイラケ沸石，Pr：ブドウ石，Ep：エピドート，Py：黄鉄鉱，Kf：K長石，Cpx：単斜輝石，Mt：磁鉄鉱.

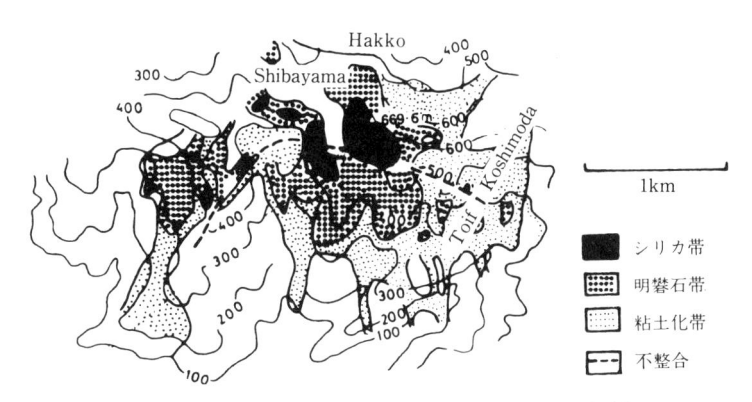

**図4-11** 強粘土化変質帯の例（宇久須シリカ鉱床，静岡県伊豆半島）（Shikazono, 1985）
図中の数字は等高線（単位：m）を示す．Shibayama：芝山シリカ鉱体，Hakko：八向シリカ鉱体，Toif：土肥累層，Koshimoda：小下田安山岩.

$(OH)_4$)，パイロフィライト（$Al_2Si_4O_{10}(OH)_2$），ダイアスポア（$\alpha$-AlOOH），K雲母（$KAl_3Si_3O_{10}(OH)_2$）などに変わる作用をいう．この変質は局部的であり，水平的に累帯配列が顕著にみられる（図4-11）．この変質は硫酸酸性水

が岩石と反応して生じる．強酸性のために岩石中の多くの成分が溶け出す．$SiO_2$ はもとの岩石に残存しやすい．Al も残存しやすいが，変質中心部では溶かし出され，これが中心部の周縁で明バン石（$KAl_3(OH)_6(SO_4)_2$）として沈澱する．この強酸性の熱水は火山ガスの $SO_2$ と $H_2O$（地下水または火山ガス凝縮水）が反応し，以下の反応でできると考えられている．

$$4SO_2 + 4H_2O \rightarrow H_2S + 3H_2SO_4 \tag{4-42}$$

または以下の $H_2S$ の酸化反応によりできる場合もある．

$$H_2S + 2O_2 \rightarrow H_2SO_4 \tag{4-43}$$

$SO_2$ と $H_2O$ との反応によってできた硫酸酸性泉の方が $H_2S$ の酸化によってできた硫酸酸性泉よりも一般的に強酸性で，比較的高温である．

### (2) 熱水変質作用における物質移動

4-3-1(1)でもみたように，熱水系の貯留岩において，熱水と岩石中の変質鉱物の間に化学平衡が達している．この貯留層にクラックが生じると熱水が上昇をし，浅部において熱水と岩石との化学反応が生じる．また熱水と地下水との混合も生じる．以下では，この反応，混合によって生じる物質移動の例を示す．

図4-12はK長石，Na長石，石英と化学平衡にある熱水中の $Na^+$，$Ca^{2+}$，$K^+$，$H_4SiO_4$ 濃度の温度依存性を示す．ここで，280℃で，これらの鉱物と化学平衡にある熱水が急激に上昇するプロセスを考える．濃度の変化がなく温度のみが下がる場合を考える（断熱冷却とする）．200℃になり，熱水の上昇が止まり，そこにとどまっているとすると，J→KでK長石が変質鉱物として生成し，P→Qにより石英が沈澱をする（図4-12）．

金鉱脈鉱床（鹿児島県菱刈鉱床）地域では鉱脈近くから離れるにつれ，K長石→K雲母→カオリナイトという累帯配列がみられている．この累帯配列は，熱水と中性地下水の混合では説明できない．しかし，熱水と酸性地下水の混合によってのみ説明が可能である．

この地域では石英→クリストバライトという累帯配列もみられている．次にこの累帯配列について，沈澱カイネティックス－流動－混合モデルによる解釈を行う（Shikazono et al., 2002）．

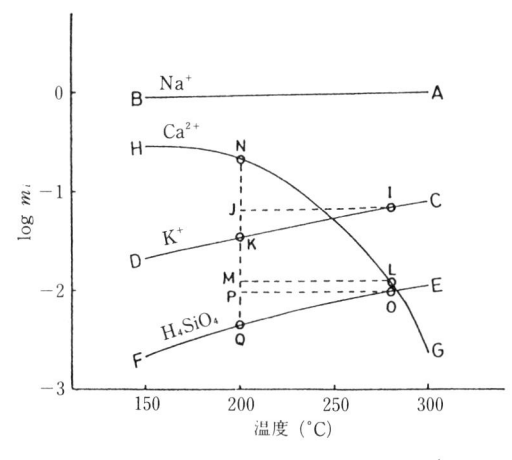

**図4-12** 熱水組成（$m_i$, 単位 mol kg$^{-1}$H$_2$O）の温度依存性（鹿園，1988）

このモデル式は，以下で表される．

$$\frac{dm}{dt} = k\frac{A}{M}(m_{eq} - m) + \frac{q_1 m_1}{V} + \frac{q_2 m_2}{V} - (q_1 + q_2)\frac{m}{V} \tag{4-44}$$

ここで，$m$ は H$_4$SiO$_4$ 濃度，$k$ は石英の沈殿速度，$A/M$ は反応表面積（$A$）／水の質量（$M$）比，$m_{eq}$ は石英飽和濃度，$m_1$ は熱水中の H$_4$SiO$_4$ 濃度，$m_2$ は地下水中の H$_4$SiO$_4$ 濃度，$q_1$ は熱水の体積流量，$q_2$ は地下水の体積流量，$V$ は帯水層中の水の体積である．

2つの水の混合により，以下が成り立つと仮定する．

$$q_1 T_1 + q_2 T_2 = (q_1 + q_2) T \tag{4-45}$$

ここで，$T_1$ は熱水の温度，$T_2$ は地下水の温度，$T$ は熱水と地下水の混合水の温度．

熱水と地下水の混合比 $r$ は

$$r = \frac{q_2}{q_1 + q_2} \tag{4-46}$$

である．

以上の式に基づいて，空隙率$=1$〜$3$ %，地下水中の Si 濃度$=60$ mg kg$^{-1}$H$_2$O，$k$ を Rimstidt and Barnes（1980）の値と仮定し，また $A/M$ を $0.001$〜$1.00$ m$^2$kg$^{-1}$H$_2$O，流速 $v = 10^{-7}$〜$10^{-3}$m s$^{-1}$ として計算を行った結果（Shikazono et

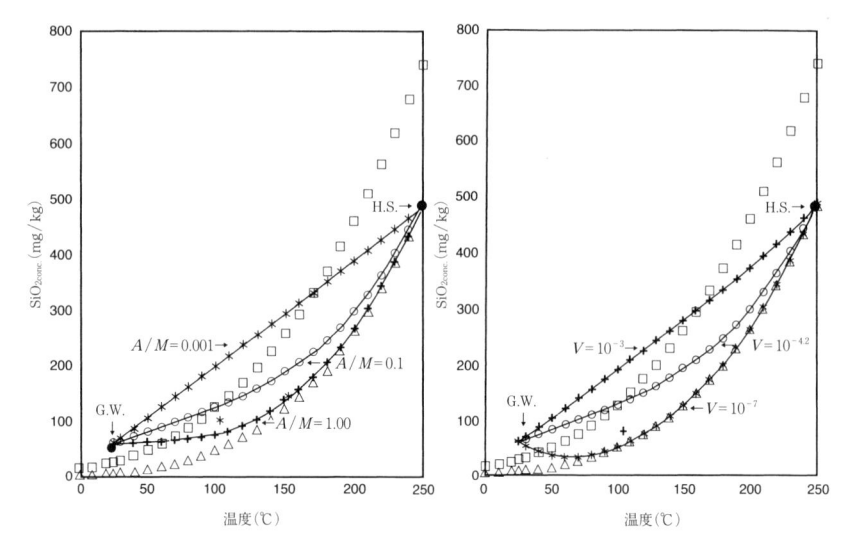

**図4-13** 多ボックス(40)モデルによる熱水−地下水混合プロセスにおける $SiO_2$ 濃度の変化（Shikazono et al., 2002）
△：石英の溶解度カーブ，□：$\alpha$-クリストバライトの溶解度カーブ，＋：沈殿なしの場合，○，＊：計算結果．H.S.：熱水，G.W.：地下水，$V$：流速$(m\ s^{-1})$，$A/M$：岩石の表面積/水の質量比 $(m^2 kg^{-1})$．

al., 2002) を図4-13に示す．これより，$A/M = 0.1$ のとき，$v = 10^{-4.2} m\ s^{-1}$ と求まるといえる．これは，現世熱水系の地熱水の $v(= 10^{-6} \sim 10^{-4} m\ s^{-1})$ と矛盾していない．また，2 km×0.5 km で $v = 10^{-4.2} m\ s^{-1}$，空隙率=2 % とすると，流量は $1.4 \times 10^6\ g\ s^{-1}$ となり，これはワイラケイ地熱系（ニュージーランド）での熱水の流量 $1.3 \times 10^6\ g\ s^{-1}$（Elder, 1966）に近いといえる．このようにして，岩石と水との反応，流動を伴う熱水−地下水混合により，熱水変質作用についての説明が可能であるといえる．

ここでは以上の議論を踏まえて，熱水と地下水の混合が変質岩の酸素同位

---

＊ $\delta^{18}O$ は以下で定義される．
$$\delta^{18}O = \left( \frac{(^{18}O/^{16}O)_{試料}}{(^{18}O/^{16}O)_{標準}} - 1 \right) \times 1000\ (‰) \tag{4-47}$$
標準試料は平均海水である．

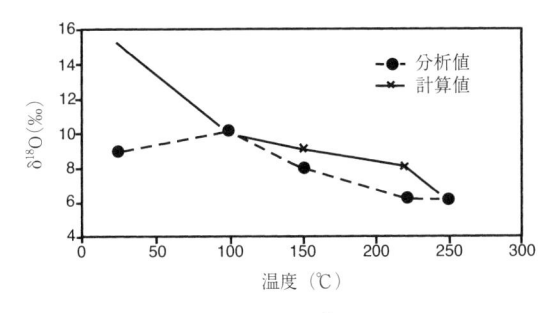

**図4-14** 熱水と地下水の混合における $\delta^{18}O$ 変化 (Shikazono et al., 2002)

体組成（$\delta^{18}O^*$）に与える影響についての計算結果が，以下の仮定に基づいてなされた (Shikazono et al., 2002).

菱刈金鉱床地域での変質安山岩の $\delta^{18}O$ は +5.9〜+5.9 ‰（Ⅰ帯），+7.1〜+12.4 ‰（Ⅱ帯），+2.8〜+11.7 ‰（Ⅲ帯），+2.1〜+8.1 ‰（Ⅳ帯）である．地下水と熱水の混合による変質鉱物の $\delta^{18}O$ を以下の仮定のもとに解く．

1) 熱水系の流出帯が新鮮岩，Ⅰ，Ⅱ，Ⅲ，Ⅳという5つのリザーバーよりなるとする．それぞれの温度を 240，220，150，100，25℃ とする．
2) 初期熱水と地下水の $\delta^{18}O$ を 0 ‰，−7 ‰ とする．
3) 混合溶液と変質鉱物の間に酸素同位体交換平衡が達しているとする．
4) 混合溶液と酸素同位体交換平衡にある変質鉱物を，長石（Ⅳ帯，Ⅲ帯），カオリナイト（Ⅱ帯），モンモリロナイト（Ⅰ帯，新鮮岩）とする．

図4-14に計算結果を示す．これより，変質岩の $\delta^{18}O$ の説明がほぼできることがわかる．

### 4-3-2 海底熱水系

ここでは主に海底熱水性鉱床の生成と，海底熱水系における物質移動について考える．

海底熱水系では流入帯から海水が入り，この海水がマグマからの熱により熱せられ，熱水となって貯留層（反応帯）中で岩石と反応をし，重金属元素を岩石から抽出する（図4-7）．この熱水がクラックを上昇し，流出帯から海底面上に噴出する．そして，海水と混合し，鉱物が沈澱し，海底でチムニ

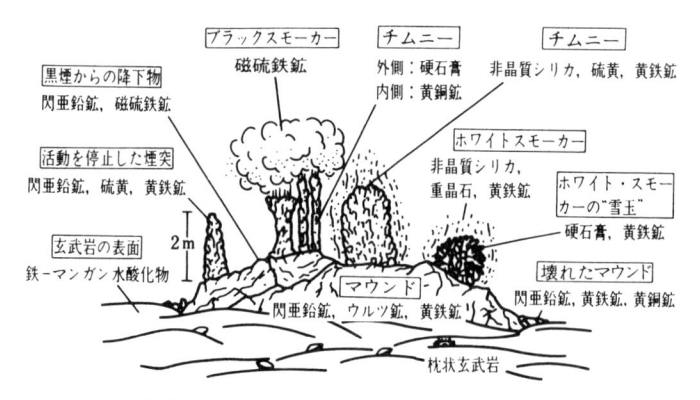

**図4-15** 東太平洋海膨北緯21°における熱水噴出孔付近の様子（Haymon and Kastner, 1981）

ーとマウンドからなる熱水性鉱床が形成される（図4-15）．

　鉱床の生成を含む海底熱水系における物質移動は，このシステムをいくつかに分け，それぞれに適したモデルをもとに解析することができる．図4-7に示すように，流入帯に対しては部分平衡モデル，貯留層（反応帯）に対しては化学平衡モデル，流出帯に対しては熱水の断熱膨張モデルが適応されている．海底面上における鉱床生成の場においては，急激な物理化学条件の変化が起こるために，さまざまなモデルが適応されてきた．たとえば，噴出する熱水と海水の混合に対しては部分平衡モデル，定常完全混合モデル，チムニーの内部の殻を通過する熱水に対しては拡散-流動モデル，流動-反応モデル，海水-熱水混合液からの鉱物粒子の沈降に対しては沈降-分散モデルが適応されている．あるサブシステムに生じる物理現象としては，反応（溶解，沈澱），流動，拡散，分散があげられ，どれが律速であるのかはサブシステムによって異なる．

## (1) 流入帯

　流入帯では，海水が地下に浸透し，海水と玄武岩の化学反応が起こる（Giggenbach, 1984; Takeno, 1989）．このときの部分化学平衡モデルに基づく鉱物組成（鉱物の量比）の変化については既述した（2-6-1）．水溶液中の重金属元素濃度は，この海水-岩石反応によって温度とともに増加する（図4-

16).温度の増加とともに濃度が上昇するのは,高温になると,熱水溶液中の錯体(特にクロロ錯体)が安定化されるからである.流入帯から浸透していった熱水(変質海水)中では硫化水素濃度も上昇をする.この硫化水素は海水中の硫酸イオンの還元により生じたものと,玄武岩中の硫黄が溶け出したものがある.硫黄同位体の研究からは,玄武岩起源の硫黄の方が多いと推定されている(Kawahata and Shikazono, 1988).すなわち熱水の硫黄同位体組成($\delta^{34}$S)は+2～+8 ‰であり,これは海水(+20 ‰)と玄武岩(+1 ‰)の間に入るが,玄武岩の$\delta^{34}$Sに近い.この熱水の$\delta^{34}$Sは,以下の質量バラ

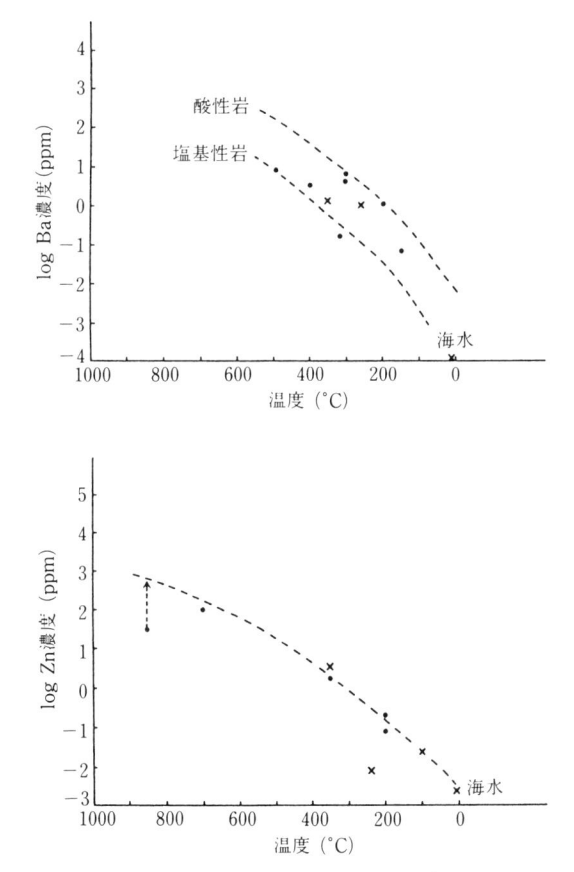

**図4-16** 岩石－水溶液反応による水溶液(1 mol Cl$^-$ kg$^{-1}$ H$_2$O)中の濃度の温度依存性(鹿園,1988)

ンスの式によって決められる．

$$m_{R_i}\delta^{34}S_{R_i}W_R + m_{S_i}\delta^{34}S_{S_i}W_S = m_{R_{eq}}\delta^{34}S_{R_{eq}}W_R + m_{S_{eq}}\delta^{34}S_{S_{eq}}W_S \tag{4-48}$$

ここで，R は岩石，S は海水，$W$ は海水と岩石の重さ，$i$ は初期状態，eq は同位体交換平衡，$m$ は硫黄濃度．

　海水中のアルカリ元素，アルカリ土類元素などの主要元素も，海水－岩石相互作用により変化する．その例を図 4-16（鹿園，1988）に示した．このような元素組成の変化は，玄武岩中の鉱物と変質海水との化学反応により説明が可能である．K，Ba の濃度は高温になると上昇し，熱水中ではこれらの濃度が増える．これは，K，Ba を含む長石の溶解による．しかし熱水の Mg 濃度は減少する．これは Mg 鉱物の生成による．このほかの変質鉱物として Na 長石が生成されるが，熱水中の Na 濃度はほとんど変化をしない．Ca は硬石膏（$CaSO_4$）として沈澱し，海水－玄武岩反応の初期には減少するが，後期には上昇する．上昇するのは岩石から熱水へ Ca が溶け出すからである．海水の Sr 濃度は熱水中の濃度とほぼ同じ（約 8 ppm）である．これは海水－玄武岩反応により，Sr の出入りがないからではなく，海水の Sr が岩石へ移行し（$(Ca, Sr)SO_4$ などとして沈澱），岩石中の Sr が熱水へ移行し，そのバランスがとれているからである．$^{87}Sr/^{86}Sr$ 比をみると，海水では 0.709 で熱水では 0.703 で玄武岩は 0.702 である．このことは玄武岩から海水起源の熱水へ Sr が移行したことを示している．

　図 4-17 にグリーンタフ*地域の変質火山岩の MgO 含有量とほかの成分含有量との関係を示した．この変質岩は海水と岩石が反応を起こしてできたものである．このとき，海水から岩石へ Mg が移行する．したがって，MgO 含有量は変質の度合いを示すと考えてよい．MgO 含有量が増えると，増加

---

＊グリーンタフ：　第三紀日本列島近辺の海底で堆積した凝灰岩層をいう．続成作用，熱水変質作用などを受け，緑色を呈する．変質鉱物としてはスメクタイト，沸石，クロライト，エピドート，Na 長石，方解石などを多く含む．北海道の道東，東北地方の日本海側，本州中部，北陸－山陰地方に分布する．東北地方には厚さが 3000 m を越える堆積物がみられ，黒鉱鉱床が多く分布する．黒鉱鉱床とは，塊状，層状の多金属（銅，鉛，亜鉛，金，銀など）硫化物・硫酸塩鉱床で，わが国では約 1500 万年前の日本海の海底近辺で熱水活動にともない生成された鉱床である．

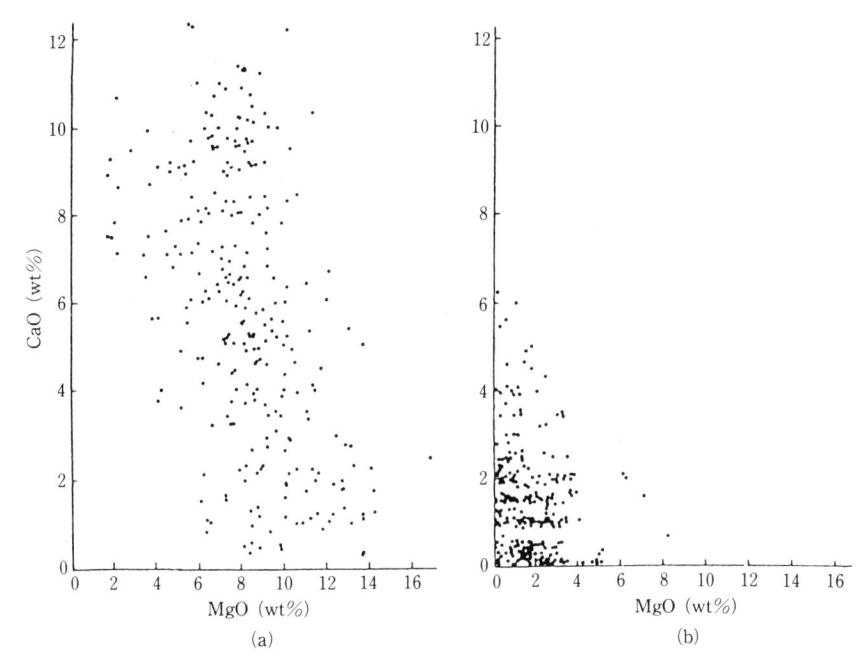

**図4-17** グリーンタフ地域（黒鉱鉱床付近）の変質火山岩の MgO 含有量と CaO 含有量との関係（Shikazono, 1994b）
(a) 玄武岩，(b) デイサイト．

する成分としては FeO，$H_2O$，減少する成分としては $SiO_2$，CaO，$K_2O$ があげられる．玄武岩中の CaO が減少するのは，海水中の $Mg^{2+}$ と岩石中の Ca 長石が以下の反応を起こすためである．

$$Mg^{2+} + Ca \text{長石} \rightarrow Mg \text{クロライト} + Ca^{2+} + SiO_2 \qquad (4\text{-}49)$$

$SiO_2$ が減少するのは，$SiO_2$ 含有量の少ない Mg クロライトが生成するためである．岩石中の $K_2O$ の減少は，K 長石の分解による．

(2) **貯留層**

近年，海嶺熱水系が数多く発見された．この熱水の化学組成は非常に均一である．この均一の理由は地下の深所（貯留層：反応帯）で岩石と熱水が化学平衡にあるからであろう．この海底から噴出する熱水の化学組成が，エピドートや斜長石によってバッファーされていることが示されている（Berndt

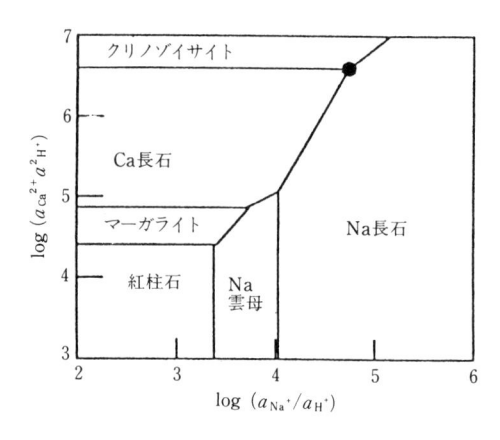

図4-18 CaO-Na$_2$O-SiO$_2$-Al$_2$O$_3$-H$_2$O系の相平衡図（Berndt et al., 1989）
石英に飽和，400℃，400バール，黒点はクリノゾイサイト，Ca長石，Na長石の平衡共存点．

et al., 1989). すなわち以下の反応よりエピドート，Na長石，Ca長石と化学平衡にある $a_{Ca^{2+}}/a_{H^+}^2$ 比，$a_{Na^+}/a_{H^+}$ 比は，温度とエピドート中のクリノゾイサイト成分の活動度，斜長石中のCa長石成分の活動度によって表すことができる（図4-18）．

$$CaAl_2Si_2O_8(Ca長石) + 2Na^+ + 4SiO_2(石英) = 2NaAlSi_3O_8(Na長石) + Ca^{2+}$$
(4-50)

$$3CaAl_2Si_2O_8(Ca長石) + Ca^{2+} + 2H_2O$$
$$= 2Ca_2Al_3Si_3HO_{12}(OH)(クリノゾイサイト) + 2H^+ \quad (4-51)$$

$$2CaAl_2Si_2O_8(Ca長石) + 2SiO_2(石英) + Na^+ + H_2O$$
$$= NaAlSi_3O_8(Na長石) + Ca_2Al_3Si_3O_{12}(OH)(クリノゾイサイト) + H^+$$
(4-52)

これらの化学平衡によって決められる熱水溶液の組成と海嶺の熱水溶液の組成は，ほぼ一致している．

このような化学平衡ではなく，これに熱水溶液の流動の効果を入れたモデル計算によっても，熱水溶液の化学組成の均一性を説明することができる．たとえば，Kawahata (1989) は，熱水系を100および50のセルに分け，初期海水が各セルで玄武岩と化学平衡になり，次のセルに流動していくモデルを採用した（図4-19）．この計算結果を図4-20に示す．これより，流入帯では，はじめの海水のストロンチウム同位体比（$^{87}Sr/^{86}Sr$比）は0.708であるが，玄武岩（$^{87}Sr/^{86}Sr = 0.702$）と反応し，熱水の$^{87}Sr/^{86}Sr$比は低下する

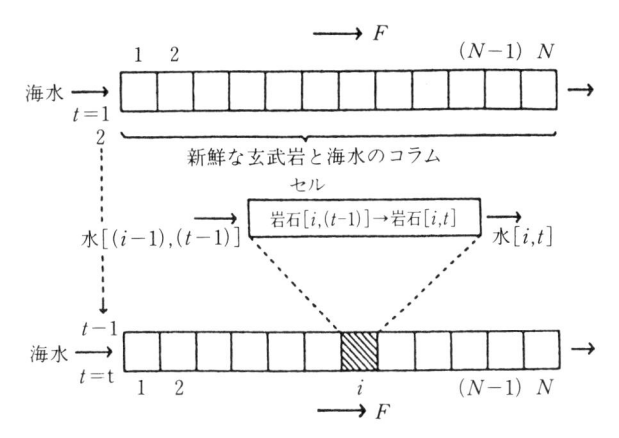

**図4-19** 等温で1方向の流れを仮定して，元素あるいは同位体組成の変化を計算するための理想モデル（Kawahata, 1989）
　　　　初期条件として，はじめに1からN番目のセルには未変質の玄武岩と海水が入っているとした．溶液は，時間が1ユニット過ぎるに従い次のセルに移動し，岩石と反応して平衡に達する．

が，貯留層，流出帯ではほぼ一定値（0.7035）をとるといえる（図4-20）．このモデルによって熱水中のほかの化学成分が一定であることの説明が可能である．

(3) **流出帯**

　海底熱水系の生成する場は，海嶺や背弧海盆などの広域的伸張場である．こういう場においては，マグマの貫入が起こり，正断層などの断裂系が発達する．この断裂系が生成すると貯留層中の熱水が急上昇をする．熱水の上昇速度は非常に大きいので（熱水の出口での流速は一般的に$1～10\,\mathrm{m\,s^{-1}}$である），上昇途中で熱水からまわりの母岩に熱はほとんど逃げていかないで，断熱上昇をする（Bischoff, 1980）．熱水が断熱膨張し上昇すると，熱水の温度が低下する．圧力，温度の変化で，流体の沸騰が地下で起こることもある．この沸騰により気体（主に水蒸気）成分が熱水からかなり逃げ，熱水の塩濃度が上昇する．実際に海洋地殻を構成する玄武岩の下部に存在するハンレイ岩中にNaClを含む流体包有物が見出され，この高塩濃度は沸騰によると思われている．この熱水の上昇に伴う温度，圧力の変化により，硫化鉱物など

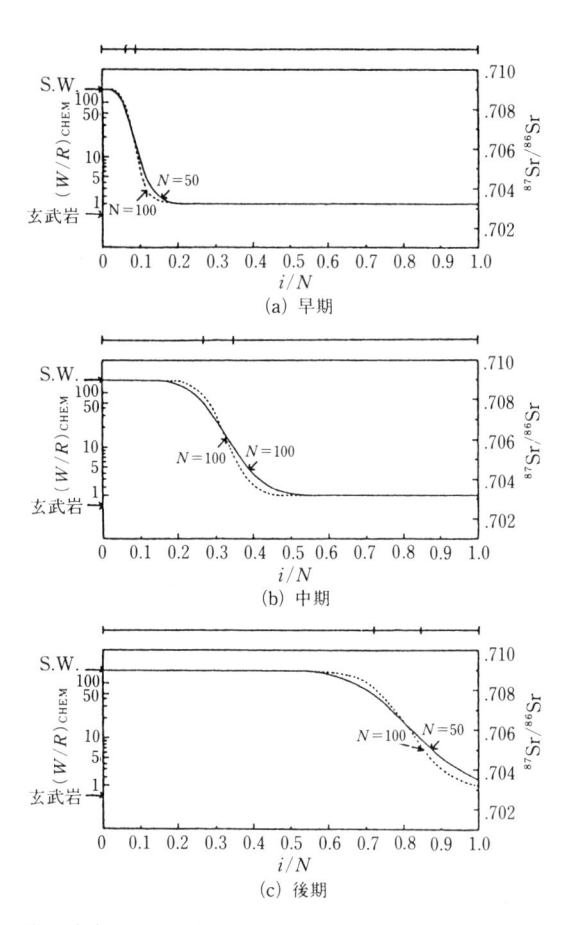

**図4-20** 理想1方向のフローモデルによって得られたストロンチウム同位体組成変化 (Kawahata, 1989)

システムを通過した熱水量によってカラム中のストロンチウム同位体組成の分布は異なってくる. (a) 早期段階 ($[W/R]_{FLOW}^{SYS}=1$), (b) 中期段階 ($[W/R]_{FLOW}^{SYS}=4$), (c) 後期段階 ($[W/R]_{FLOW}^{SYS}=10$). 図中の実線と点線は, 全セル数が50の場合と100の場合の結果を示す.

が地下で沈殿することがある. しかし, 多くの場合は, 熱水の上昇途中で熱水から鉱物は沈殿しないで, 熱水は海底面上に噴出する. しかしながら, 実際には熱水上昇時に, まわりの母岩と反応し, シリカは母岩から熱水に溶けてくると考えられている (Wells and Ghiorso, 1991).

次に，熱水が上昇していく間での熱水からの石英の沈殿について考える．石英の沈殿速度が以下で表されるとする．

$$\frac{dm}{dt} = -k\frac{A}{M}a_{H_4SiO_4} + v\frac{dm}{dx} \tag{4-53}$$

ここで，$m$ は $H_4SiO_4$ 濃度，$k$ は沈殿速度定数，$a_{H_4SiO_4}$ は $H_4SiO_4$ の活動度，$v$ は流速，$A/M$ は鉱物の表面積／流体の質量比．

定常状態では，

$$-k\frac{A}{M}a_{H_4SiO_4} + v\frac{dm}{dx} = 0 \tag{4-54}$$

であり，$a_{H_4SiO_4} = m$ として上式を解くと，

$$\ln m = \ln m_i - \frac{kA}{vM}x \tag{4-55}$$

ここで，$m_i$ は初期濃度．

$k = 10^{-6}$ mol Si m$^{-2}$s$^{-1}$ (200℃)，$A/M = 0.2$ m$^2$kg$^{-1}$H$_2$O（クラックの幅が1 cm に対応）(Rimstidt and Barnes, 1980)，$x = 10$ m，$v = 10^{-4}$m s$^{-1}$ であると，$m = m_i$ となり石英がほとんど沈殿しないことがわかる．このように流速が大きいと沈殿しにくいといえる．また，$A/M$ が小さいと沈殿しにくい．温度が下がり $k$ が小さくなっても，沈殿しにくくなる．

以上では，反応（沈殿）として $H_4SiO_4 \rightarrow SiO_2 + 2H_2O$ という非可逆反応を考えている．しかしながら，実際には $SiO_2$-$H_2O$ 系ではもっと複雑な反応となり，それぞれの間での反応速度を考慮しないといけない．すなわち，$SiO_2$-$H_2O$ 系には相として，非結晶質シリカ，オパール，石英，水溶液があり，4つの間の反応を考えないといけない．

## (4) 海底熱水性鉱床生成プロセス

熱水-海水の混合によって鉱床構成鉱物（硫化鉱物，硫酸塩鉱物，シリカなど）が沈殿し，これが成長した煙突状の形態をもつものをチムニーという（図4-15）．これは海底面上に熱水が噴出し，熱水と冷たい海水が混合することにより，硫化鉱物，硫酸塩鉱物，シリカなどが沈殿し，これらが海底面上に積もり成長してできたものである．この沈殿プロセスとメカニズムにつ

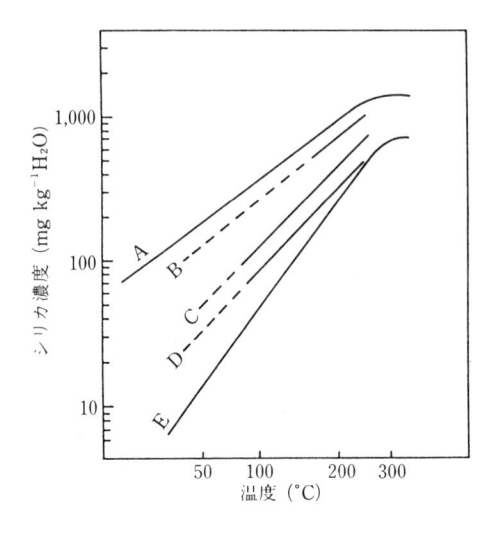

**図4-21** 水におけるシリカ鉱物の溶解度 (Fournier, 1973)
A：非晶質シリカ，B：オパールCT，C：$\alpha$-クリストバライト，D：カルセドニー，E：石英．

いて，これまでに多くの研究がなされてきた．

たとえば，部分化学平衡モデルによる鉱物の沈澱の説明はすでに行った (2-6-1)．しかし，この化学平衡モデルを適用するには，以下の問題点がある．

1) ウルツァイト (ZnS)，非晶質シリカ ($SiO_2$)，硫黄 (S) などの準安定相がみられる．

2) 石英の溶解度は温度低下で小さくなる (図4-21)．したがって海水と熱水が混合したときに温度降下が起こると，石英は沈澱するであろう．重晶石の溶解度は，$1\ mol\ kg^{-1}H_2O$ 以上の NaCl 濃度の水溶液中では温度上昇とともに大きくなる (図4-22)．海水と熱水の混合が進むと混合液中の $SO_4^{2-}$ 濃度は増え，温度が次第に低下する．したがって，温度降下によって，重晶石が沈澱する．すなわち，重晶石と石英の沈澱量で正の関係がみられてよいはずである．ところが，この関係がみられていない．また，黒鉱鉱床内部での重晶石と石英の分布は一致していない．

3) 硬石膏と熱水・海水混合溶液間で Sr，Ca の分配平衡が成り立っていない．

したがって，以上より部分化学平衡モデルに基づき鉱物の沈澱現象を説明することができないといえる．以上の1)〜3) から，熱水と海水との混合は急激に進み，過飽和混合液から鉱物の沈澱が非平衡で急速に起こっていると

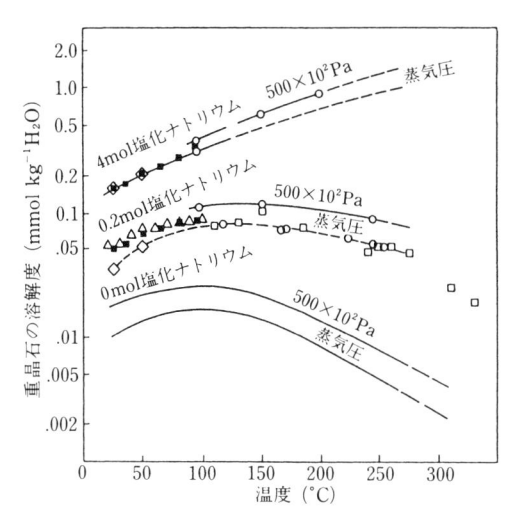

**図4-22** 重晶石の純粋および塩化ナトリウム溶液における溶解度(mmol kg$^{-1}$H$_2$O)
(Holland and Malinin, 1979)

いえる．実際に，海水と混合する前の熱水のH$_4$SiO$_4$濃度を測定すると，これは石英に関し過飽和になっている．なお，以上の1) については 4-3-2(9)，2) については 4-3-2(5)，3) については 4-3-2(11) でもっと詳しく考える．

(5) **沈澱 - 流動モデル**

　海底から熱水が噴出すると，熱水と低温の海水の混合が急速に起こる．そして，この混合液から硫化鉱物，硫酸塩鉱物が急速に沈澱をする．この混合プロセスにおける鉱物の沈澱に関する熱力学計算はこれまでにいくつかなされている（たとえば，Ohmoto et al., 1983）．この計算によると，重晶石と石英の沈澱量には正の関係があるはずである．すなわち，初期熱水中にはSO$_4^{2-}$は含まれていないが，海水と混合することでSO$_4^{2-}$濃度が上昇する．初期熱水中にはBa$^{2+}$は多く含まれているので，Ba$^{2+}$+SO$_4^{2-}$→BaSO$_4$（重晶石）の反応により重晶石が沈澱をする．重晶石の溶解度はNaCl濃度によるが（Blount, 1977），黒鉱鉱床をもたらした熱水溶液のNaCl濃度は流体包有物の研究により0.5〜1 mol濃度と推定されており，この位の塩濃度では温度が下がるとともに重晶石の溶解度は下がるので，このことによっても重晶

石は沈澱をする．石英の溶解度は塩濃度に依存せず，温度の上昇とともに増す．したがって，初期熱水溶液が石英に飽和しているか過飽和であると，海水との混合で温度が下がるので石英が沈澱をすると予想される．ところが，黒鉱鉱石中の重晶石と石英の含有量に正の関係はみられない．黒鉱鉱床中の石英と重晶石の分布は異なる．すなわち，重晶石は，黒鉱，重晶石鉱，鉄石英中に多い．石英は，ケイ鉱，鉄石英中に多い．したがって，重晶石と石英は異なる条件で生成したと考えられる．過飽和条件から急速に沈澱したと思われるので，これらの鉱物の沈澱カイネティックス，それも流動する熱水からの沈澱を考慮し，これらの鉱物の沈澱量を求める必要がある．そこで，石英の沈澱量は以下の式より求める．

$$\frac{dm}{dt} = -k\frac{A}{M}(m - m_{eq}) + \frac{q}{V}(m_i - m) \tag{4-56}$$

ここで，$m$ は熱水中の $H_4SiO_4$ 濃度，$m_{eq}$ は $H_4SiO_4$ 平衡濃度．

濃度が定常状態であると，

$$m = \frac{k(A/M) + (q/V)m_i}{k(A/M) + q/V} \tag{4-57}$$

$H_2O$ 1 kg あたりの石英の沈澱量は $m_i - m = m_i - [k(A/M) + (q/V)m_i]/[k(A/M) + q/V]$ である．したがって，これを求めるには，$k$, $A/M$, $m_{eq}$, $m_i$, $V$, $q$ の値を入れないといけない．

$k$ は，Rimstidt and Barnes (1980) の値 ($k = 10^{-6}$ mol Si m$^{-2}$ s$^{-1}$) を用いる．$A/M$ は，チムニーの半径 ($r$) を与えると求まる．ここで $r = 0.01 \sim 0.1$ m，流速 $v$ を $1 \sim 10$ m s$^{-1}$ とし，求めた石英沈澱量と $v$ の関係を図4-23に示した．

重晶石の沈澱に対しては，以下の式を用いる．

$$\frac{dm_{Ba^{2+}}}{dt} = -k\frac{A}{M}\left[(m_{Ba^{2+}} \cdot m_{SO_4^{2-}})^{1/2} - \left(\frac{K_{sp}}{\gamma^2}\right)^{1/2}\right] + \frac{q}{V}(m_{Ba^{2+}i} - m_{Ba^{2+}}) \tag{4-58}$$

ここで，$m_{Ba^{2+}}$ は $Ba^{2+}$ 濃度，$m_{SO_4^{2-}}$ は $SO_4^{2-}$ 濃度，$K_{sp}$ は $BaSO_4$ の溶解度積，$\gamma$ は平均活動度係数，$m_{Ba^{2+}i}$ は流入 $Ba^{2+}$ 濃度．

流入 $Ba^{2+}$ 濃度 ($m_{Ba^{2+}i}$) と流入 $SO_4^{2-}$ 濃度 ($m_{SO_4^{2-}}$) は以下で表される．

$$m_{Ba^{2+}i} = m_{Ba^{2+}prec} + m_{Ba^{2+}} \tag{4-59}$$

ここで，$m_{Ba^{2+}prec}$ は沈澱 Ba(重晶石)(mol kg$^{-1}$H$_2$O)．

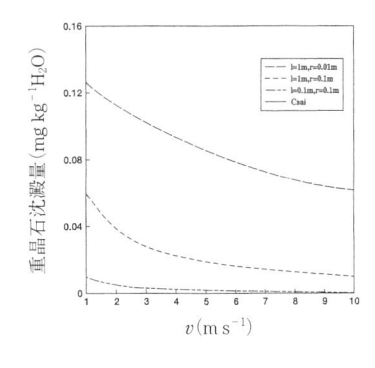

**図4-23** 重晶石の沈澱量と流体の流速との関係 (Shikazono, 2003)
200℃, $v$：流速 (m/s).

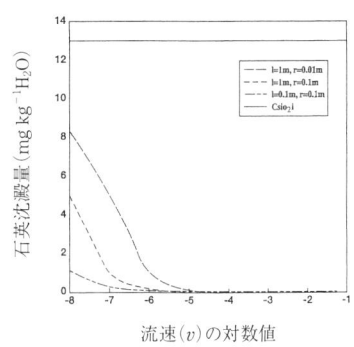

**図4-24** 石英の沈澱量と流体の流速との関係 (Shikazono, 2003)
200℃, $v$：流速 (m/s).

$$m_{SO_4^{2-},i} = m_{SO_4^{2-},prec} + m_{SO_4^{2-}} \tag{4-60}$$

ここで，$m_{SO_4^{2-},prec}$ は沈澱 $SO_4^{2-}$（重晶石）(mol kg$^{-1}$H$_2$O)

以上より，

$$dm_{Ba^{2+}}dt = -k\frac{A}{M}\left[m_{Ba^{2+}}\left(m_{Ba^{2+}}m_{SO_4^{2-}}\right)^{1/2} - \left(\frac{K_{SP}}{\gamma^2}\right)^{1/2}\right]^2$$
$$+ \frac{q}{V}\left(m_{Ba^{2+},i} - m_{Ba^{2+}}\right) \tag{4-61}$$

ここで，定常状態として，重晶石の沈澱量を求めた（図4-24）．図4-24にはこの重晶石の沈澱量と，流体の流速の関係を示した．これらの石英と重晶石の沈澱量の計算より，石英は，重晶石に比べて比較的高温，大きい $A/M$，遅い流速条件で沈澱量が多いといえる．この結果は，黒鉱鉱床や海嶺熱水性鉱床のこれらの鉱物の産状と一致している．すなわち，重晶石は海底面上でできたと思われる黒鉱鉱石中に多い．また，石英は海底面下のゆっくりとし

た流れの熱水からできたと思われる鉱体中に多い．石英はチムニーの内側で重晶石の結晶の上にみられており，これは，チムニーが生成した後に上昇してきた熱水が，チムニー内を横に遅い流速で移動し，その熱水からできたことを示している．重晶石はチムニー外側にみられ，これは熱水と海水の急速な混合によりできたのであろう．

### (6) 沈降－分散モデル

次に熱水が海水に流入し，鉱物の沈澱が起こった後の状態について考える．熱水と海水が急速に混合すると細かい鉱物粒子が沈澱する．粒子サイズが小さいと水平方向へ流されるものもある．いま，垂直方向での鉱物粒子の沈降，上昇を考えると，これは以下のストークス則によって表される．

$$v_S = 2\alpha g(\rho_S - \rho)\frac{r^2}{9\eta} \tag{4-62}$$

ここで，$v_S$ は沈降速度，$\alpha$ は形状因子，$\rho_S$ は鉱物粒子の密度，$\rho$ は流体（熱水－海水混合流体）密度，$r$ は粒子サイズ，$\eta$ は粘性率．

したがって，上の式に各パラメター値を入れ計算をすると，$10^{-4}$m（$100\,\mu$m）より大きい粒子は熱水プルームから沈降するが，それ以下のサイズの粒子は沈降しないことがわかる．ところが，黒鉱鉱床や海嶺熱水性鉱床のチムニーのサンプルを電子顕微鏡によって観察してみると，$10^{-4}$m（$100\,\mu$m）以下の細かい粒子が多く観察される．また，硫酸塩鉱物粒子は大きく，硫化鉱物粒子は小さいことがわかる．以上の事実をもとにすると，チムニーの生成は以下のように起こったのであろう．まず，熱水系の初期段階では，サイズの大きい硫酸塩鉱物粒子が海底面上に沈降し，マウンドをつくる．このマウンドは成長し，チムニーの外からは海水と熱水がゆっくり侵入し，チムニー内部の硫酸塩鉱物の上に硫化鉱物，シリカが生成する．こういう不均一核生成と結晶成長は，溶液からの均一核生成と結晶成長よりも起こりやすい．

(4-62) 式では粒子の垂直降下だけを考えているが，Feeley et al.（1987）は粒子の沈降以外に分散の効果も考え，以下の式をもとに，熱水孔付近に沈積する鉱物粒子のサイズ分布を求めた．

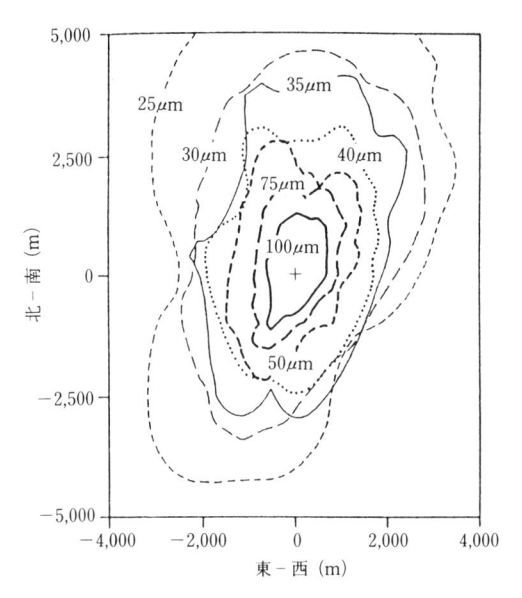

**図4-25** 南ファンデフカ海嶺の熱水噴出孔のまわりに沈降した黄鉄鉱粒子サイズの分布パターンの計算結果（Feeley et al., 1987）

$$\frac{\partial m}{\partial t} + u(t)\frac{\partial m}{\partial x} + v(t)\frac{\partial m}{\partial y} + A_H\left(\frac{\partial^2 m}{\partial x^2} + \frac{\partial^2 m}{\partial y^2}\right) - W_S\frac{\partial m}{\partial z} = 0 \quad (4\text{-}63)$$

ここで，$m$ は粒子の濃度（単位水体積あたりの粒子数），$u(t)$ は $x$ 方向の流速，$v(t)$ は $y$ 方向の流速，$A_H$ は乱流拡散定数，$W_S$ は $z$ 方向の流速．

なお，ここで上下方向の拡散は沈降速度に比べて遅いために無視してある．(4-63) 式をもとにした計算の結果，小さなサイズ（$10^{-6}$m 以下）の鉱物粒子は熱水噴出孔付近に沈積していないことがわかった（図4-25）．この結果は，簡単なストークス則（4-62式）をもとに求めた結果と矛盾していない．

(7) **拡散-流動モデル**

シリカは，粒子サイズの大きい重晶石とともにみられる．しかしながら，シリカの粒子サイズは非常に小さい．したがって，シリカが熱水から熱水噴出孔付近で沈降することは考えにくい．沈降しないで分散するであろう（Feeley et al., 1987）．図 4-26 には，熱水と海水との混合，および熱伝導冷却

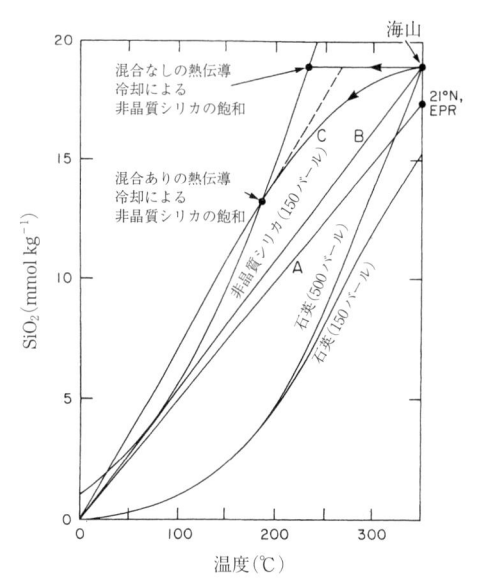

**図4-26** 熱水の冷却によるシリカの沈殿（Scott, 1997）

グラフ内ラベル：
- 海山
- 21°N, EPR
- 混合なしの熱伝導冷却による非晶質シリカの飽和
- 混合ありの熱伝導冷却による非晶質シリカの飽和
- 非晶質シリカ (150 バール)
- 石英 (500 バール)
- 石英 (150 バール)
- A, B, C
- 縦軸：SiO$_2$ (mmol kg$^{-1}$)
- 横軸：温度（℃）

による熱水の温度変化が示されている．これによりシリカは混合では沈殿せず，冷却によって沈殿することがわかる（Scott, 1997）．熱水がチムニー内部を通過しているとき，熱水中ではシリカの拡散が起こり，熱伝導によって冷却する．この拡散-流動モデルによってシリカの沈殿が説明される．Tivey and McDuff (1990) は，この拡散-流動モデルによって，ほかの鉱物の沈殿についても説明し，チムニー内部の鉱物の累帯構造の説明を行った．空隙率，屈曲度を考慮し，自由水中の拡散定数をもとに，各溶存種のチムニー内での拡散定数を求めた．チムニー内部での溶液内の濃度分布がこの拡散，流動より求まると，各鉱物がチムニーのどこに沈殿をするのかが求められる．流動速度に関してはダルシー則より求められる．透水係数は与えることができる．動水勾配については以下の式（乱流パイプフローに対する修正ベルヌイ式）から求められる．

$$P_i = P_o + \left(\frac{\rho_i}{2}\right)(W_r^2 - W_i^2) + (\rho_i - \rho_o)g(Z_r - Z_i) \\ + \rho_i \Sigma \left(\frac{1}{2}W^2 Lf/R_h\right)_i + \rho_i \Sigma \left(\frac{1}{2}W^2 e_v\right)_i \quad (4\text{-}64)$$

ここで，$P$は圧力，oはパイプの外面，$\rho$は流体密度，$f$はファニング摩擦

ファクター（レイノルズ数と表面の粗さに関係した無次元数），$R_h$ は断面積/周囲の長さの比，$W$ はパイプ中の流速，$Z$ は深さ，$L$ はパイプ断面の長さ，$e_v$ はパイプ断面での急激な変化による摩擦損失ファクター，$r$ は円筒チャンネルの半径，$i$ はパイプの内部．

### (8) 溶解‐再結晶モデル

　海底付近で鉱物が沈殿し，熱水性鉱床は以上のプロセスで生成される．しかし，その後に上昇してきた熱水は熱水性鉱床と反応し，鉱物を溶解したりして，再結晶化が起こる．

　熱水と海水の混合溶液は過飽和溶液であり，この過飽和溶液から沈殿する鉱物の粒子サイズは非常に小さい．鉱物の溶解度は粒子サイズが小さい方が大きいものより大きい．したがって，小さい粒子の鉱物は溶解し，大きい粒子の鉱物へと変化していく．これをオストワルドライプニング（熟成）という．

　サイズ $r^*$ の粒子に飽和した水溶液では，以下の Gibbs‐Kelvin 式が成り立つ（Nielsen, 1964）．

$$r^* = 2\sigma \frac{V_o}{RT} \ln\left(\frac{m}{m_{eq}}\right) \tag{4-65}$$

ここで，$\sigma$ は表面張力自由エネルギー，$V_o$ は鉱物のモル体積，$m$ は水溶液中の濃度，$m_{eq}$ は非常にサイズの大きい粒子の平衡濃度．

　上式より半径 $r$ の粒子の濃度（$m_r$）と平衡濃度（$m_{eq}$）の比は，

$$\frac{m_r}{m_{eq}} = \exp\left[2\sigma \frac{V_o}{RT}\left(\frac{1}{r} - \frac{1}{r^*}\right)\right] \tag{4-66}$$

これよりオストワルドライプニングの駆動力は，鉱物の表面張力自由エネルギーであることがわかる．この種の鉱物の表面張力自由エネルギーを表 4-2 にまとめた．

　このオストワルドライプニングによって，熱水と海水の混合のとき，および鉱床が生成された後も粒子サイズが変化する．したがって，黒鉱鉱床や海嶺の鉱床内にはさまざまな粒子サイズを持つ鉱物がみられるのである．

　この粒子サイズは温度や過飽和度にもよっている．過飽和度が大きいと粒

**表4-2** 鉱物と水の表面自由エネルギー($\sigma$)(Lasaga, 1997)

| 鉱物 | 化学式 | $\sigma(\mathrm{mJ\ m^{-2}})$ |
|---|---|---|
| 螢石 | $CaF_2$ | 120 |
| 方解石 | $CaCO_3$ | 97 |
| 石膏 | $CaSO_4 \cdot 2H_2O$ | 26 |
| 重晶石 | $BaSO_4$ | 135 |
| F-アパタイト | $Ca_5(PO_4)_3F$ | 289 |
| OH-アパタイト | $Ca_5(PO_4)_3OH$ | 87 |
| ポートランダイト | $Ca(OH)_2$ | 66 |
| ブルーサイト | $Mg(OH)_2$ | 123 |
| ゲーサイト | $FeOOH$ | 1600 |
| ヘマタイト | $Fe_2O_3$ | 1200 |
| ギブサイト(001) | $Al(OH)_3$ | 140 |
| ギブサイト(100) |  | 483 |
| 石英 | $SiO_2$ | 350 |
| 非晶質シリカ | $SiO_2$ | 46 |
| カオリナイト | $Al_2Si_2O_5(OH)_4$ | >200 |
| 水−大気 | $H_2O$ | 71.96 |
| 黄鉄鉱(100) | $FeS_2$ | 3155 |
| 黄鉄鉱(111) | $FeS_2$ | 4733 |

子サイズが小さくなり，温度が高ければ粒子サイズが小さくなる．黒鉱鉱床では鉱体の上部ほど構成鉱物の粒子サイズが小さい．これはおそらく海底面上で急激に熱水と海水が混合したために，粒子サイズの小さいものができ，鉱体内部ではゆっくりと混合するために成長速度が遅く，粒子サイズが大きくなったからであろう．このほかに鉱体内部ではオストワルドライプニングにより粒子サイズが大きくなったことも考えられる．黒鉱鉱床では重晶石，硬石膏など溶解度の大きい鉱物は，粒子サイズが大きく，硫化鉱物，石英などの溶解度の小さい鉱物は粒子サイズが小さく，傾向は合っている．過飽和度に関して考えてみると，核生成速度が遅ければ熱水−海水の混合が進み，過飽和度が大きくても核生成があまり起こらない．この場合は粒子サイズが小さくなる．したがって核生成速度が重要であるが，この核生成速度は以下の式で表される（Steefel and Van Cappellen, 1990）．

$$\frac{dN}{dt} = J = J_0 \exp\left(-\frac{\Delta G^*}{k_b T}\right) \qquad (4\text{-}67)$$

ここで，$\Delta G^* = 16\pi\sigma^3 V/(k_b \ln\Omega^2)$，単位体積あたり $N$ は核の数，$\Delta G^*$ は核

生成バリアの高さ，$V$ は体積，$J_0$ は一定（25℃で $10^{20} \sim 10^{37} \mathrm{m}^{-3}\mathrm{sec}^{-1}$）(Nielsen, 1964; Van Cappellen, 1990), $k_b$ は定数. それゆえ，過飽和度 $\Omega$ が大きいと粒子サイズが小さくなる.

### (9) 準安定相の生成

海嶺の熱水性鉱床では石英（$SiO_2$）の代わりに非晶質シリカ（$SiO_2$），閃亜鉛鉱（$ZnS$）の代わりにウルツァイト（$ZnS$）がみられる．これらは準安定相である．この準安定相は熱水と海水が急激に混合し，過飽和度の大きい条件から沈澱し，生成する．準安定相は安定相よりも溶解度が大きい．したがって粒子サイズの小さい鉱物粒子と同じように準安定相は溶解し，安定相が生成していく．海嶺熱水性鉱床の活動的なチムニーでは，ウルツァイトがみられるが，非活動的チムニーではウルツァイトの代わりに閃亜鉛鉱がみられる．これはウルツァイトが溶解し，閃亜鉛鉱として沈澱生成したと思われる．また活動的なチムニーでは硬石膏が多くみられるが，非活動的なチムニーではみられない．硬石膏の溶解度は高温に比べ低温の方が大きいので，後期になり低温の海水にさらされて硬石膏が溶解したと考えられる．

以上のダイナミックスによって，海底熱水系にみられる鉱床の特徴の説明がはじめて可能であるが，化学平衡論では説明ができない．たとえば，化学平衡論では黒鉱鉱床の累帯構造（下位から上位にかけて石膏帯，ケイ鉱帯，黄鉱帯，黒鉱帯，重晶石帯，鉄石英帯が分布する；図4-27）の解釈ができない．化学平衡論では鉱物の分離を説明できないので，沈降−分散モデルによってチムニー内の累帯構造を説明することは可能であるが，鉱床中のバルク組成を説明することは難しい．それは，Ba, Ca, Sr など硫酸塩鉱物をつくる元素が，Zn, Pb, Cu などの硫化鉱物をつくる元素に比べて鉱体にむしろ濃集していないからである．

熱水活動は熱水噴出孔付近だけでなく，海洋全体の生物活動に対しても大きな影響を与える．たとえば，海底から噴出した熱水から鉄，マンガン鉱物が沈澱する．これらの鉱物に海水中に溶存しているリン，希土類元素などの元素が吸着し，海洋からこれらの元素が除去される．この除去フラックスは河川フラックスとあまりかわりがない．リンは，生物体を構成する重要な元

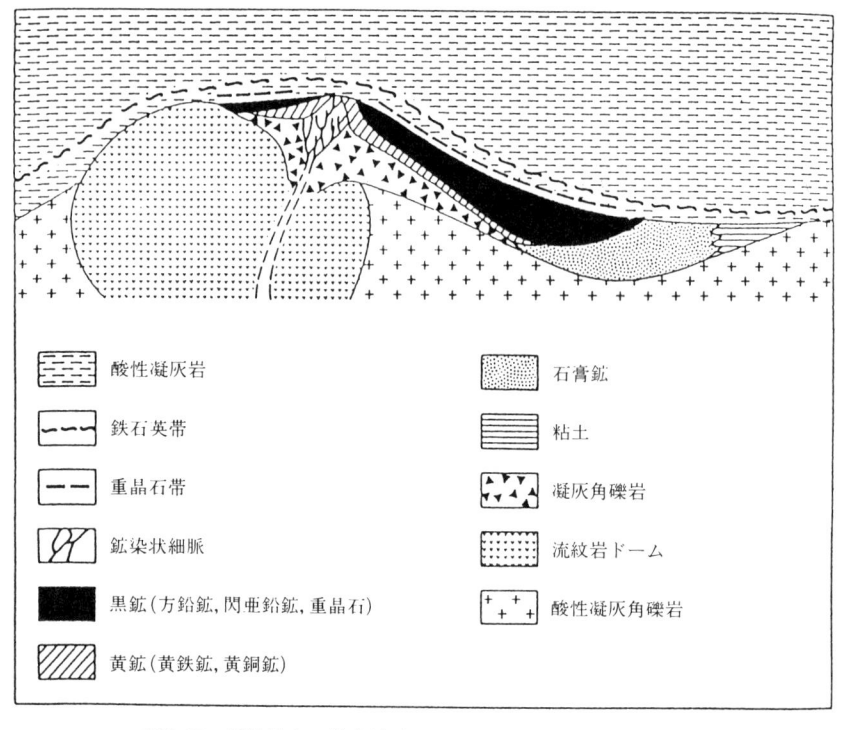

**図4-27** 黒鉱鉱床の模式断面図 (Sato, 1977；エヴァンス, 1989)

凡例：
- 酸性凝灰岩
- 鉄石英帯
- 重晶石帯
- 鉱染状細脈
- 黒鉱(方鉛鉱,閃亜鉛鉱,重晶石)
- 黄鉱(黄鉄鉱,黄銅鉱)
- 石膏鉱
- 粘土
- 凝灰角礫岩
- 流紋岩ドーム
- 酸性凝灰角礫岩

素であり，リンの存在なしには生きていけない生物も多い．したがって，熱水活動の仕方によって海洋の生態系は大きな影響を受けるといえる．同様なことはシリカについてもいえる．熱水から多量のシリカが海水へ供給される．このシリカは生物体を保護する殻に使われる．たとえば，放散虫やケイ藻の殻はシリカによってできている．したがって，これらの生物活動は熱水活動と大いに関わりがあるといえる．

熱水噴出孔から噴出した熱水中には $Fe^{2+}$，$Mn^{2+}$ などの元素が含まれている．これらは水酸化物として沈澱するのであるが，この酸化作用の速度は条件によってはバクテリアによって，$Mn^{2+}$ が熱水から除去されていることが報告されている (Cowen et al., 1986)．

⑽ 熱水変質帯

　地熱地帯や鉱床地域の岩石は熱水変質作用を受け，熱水変質帯がみられる．以下ではこの熱水変質帯の解釈（Giggenbach, 1981 ; Shikazono, 1988 ; Takeno, 1989）を部分化学平衡に基づき行う．

　地下に天水が浸透していく間の天水の化学組成の変化を考える．まず天水と岩石が反応をし，天水中に岩石（長石など）からアルカリ土類元素，アルカリ元素が溶けてくる．さらに高温になるとNa長石が生じ，熱水はNa長石と化学平衡に達する．Na長石の生成とK長石の溶解により，熱水中の$m_{K^+}/m_{Na^+}$比が上昇する（図4-12）．流入帯ではNa長石やCa鉱物，Mg鉱物が生成される．一方，流出帯ではK長石ができる．このように変質作用により長石の分布に違いがみられる．元素組成からみると，流入帯でK長石がみられるのは，長石と化学平衡にある水溶液の$m_{K^+}/m_{Na^+}$比の大きい高温の熱水がまわりの岩石とあまり反応せずに断熱的に上昇するためである．流出帯で$SiO_2$が濃集するのは，石英（$SiO_2$）の溶解度が高温になると増すためである．$SiO_2$に富む高温の熱水が上昇し，低温になると$SiO_2$が熱水から沈澱をする．ほかの変質鉱物の分布についても，このような熱力学計算により説明することが可能である．

⑾ 水溶液の混合による鉱物の沈澱と鉱床の生成

　陸および海底の熱水系にはさまざまな種類の水が存在し，これらの混合が起こっている．この混合として，海底熱水系では熱水と酸性水の混合，海水と地下水の混合など多くの混合がある．これらの混合により，いろいろな場で鉱物が生成されている．

　以下では，熱水と海水の混合の例をあげる（Shikazono et al., 1983）．この混合にもいくつかの過程が考えられるが，ここでは，部分化学平衡モデルに基づいて考える．すなわち，ある量，組成，温度の水溶液に，これとは異なる組成，温度の水溶液を少量加える．この混合液の組成がある鉱物に関して過飽和になったら，この鉱物が沈澱し，この鉱物と水溶液が化学平衡に達する．ほかの鉱物に関しても同様の計算を行う．この混合液と鉱物が全体として化学平衡になったら，次に同じ水溶液を少量加える．そして，過飽和にな

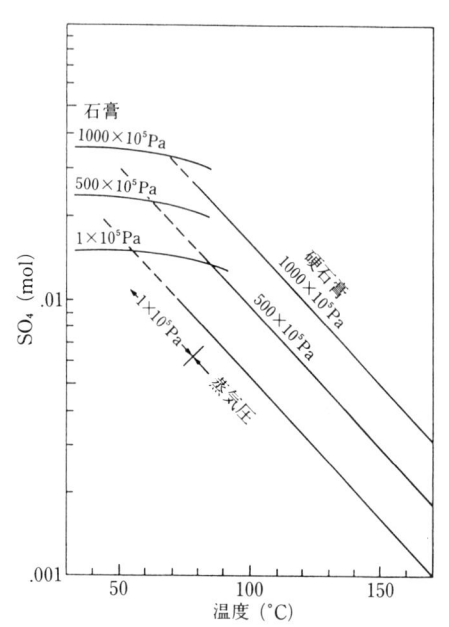

**図4-28** 硬石膏の溶解度の温度依存性
(Holland and Malinin, 1979)

り,鉱物が沈澱する.このようなステップを次々に行う.

黒鉱鉱床(図4-27)では硬石膏($CaSO_4$)と石膏($CaSO_4 \cdot 2H_2O$)から主に構成される石膏体が下部にみられる.石膏は黒鉱鉱床がつくられた後に,硬石膏の水和により生成されたと考えられている.硬石膏の溶解度は温度の増加とともに減少する.たとえば,海水を高温に熱すると硬石膏が120℃くらい(1気圧のとき)で沈澱をはじめる(図4-28).硬石膏の硫黄同位体組成($\delta^{34}S$)は+21‰くらいであり,これは現在の海水の値(+20‰)に非常に近い.したがって,この同位体の研究と硬石膏の溶解度の温度依存性より,硬石膏は海底下に貫入したデイサイト溶岩丘により熱せられた海水からできたと考えられていた.しかしながら,もしも海水が熱せられることにより硬石膏が沈澱したとしたら,この硬石膏中のSr含有量は,Srに関する硬石膏と海水間の分配定数($=(X_{Sr}/X_{Ca})_{硬石膏}/(m_{Sr^{2+}}/m_{Ca^{2+}})_{海水}$;$X$はモル分率)をもとにすると高い値になり,黒鉱鉱床の硬石膏のSr含有量を説明することができない(Shikazono et al., 1983).

図4-29には海水の温度を上げていったときの硬石膏中のSr含有量を示す.

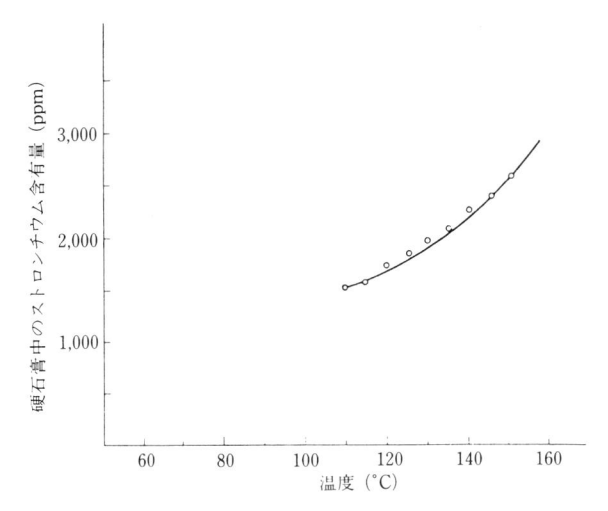

**図4-29** 海水を熱したときに沈殿する硬石膏中の Sr 含有量の温度依存性
(Shikazono and Holland, 1983)

これの求め方は以下の通りである．まず，海水を熱して，硬石膏が $\Delta_0$ モルだけ沈殿し，水溶液と化学平衡に達したとすると，以下の式が成り立つ．

$$K_{sp0} = (m_{Ca^{2+}0} - \Delta_0)(m_{SO_4^{2-}0} - \Delta_0) \tag{4-68}$$

ここで，$K_{sp0}$ は $CaSO_4$ の溶解度積．

いま，温度を与え，$m_{Ca^{2+}0}$, $m_{SO_4^{2-}0}$ を海水の値にとると，$K_{sp0}$ がわかっているので，$\Delta_0$ が求められている．次にさらに温度を上げていく．

$$m_{Ca^{2+}0} - \Delta_0 = m_{Ca^{2+}1}, \quad m_{SO_4^{2-}0} - \Delta_0 = m_{SO_4^{2-}1} \tag{4-69}$$

として温度を与え，これを次の式に入れる．

$$K_{sp1} = (m_{Ca^{2+}1} - \Delta_1)(m_{SO_4^{2-}1} - \Delta_1) \tag{4-70}$$

これより $\Delta_1$ が求められる．このような操作を次々に行えば，硬石膏の各ステップでの沈殿量（$\Delta_0, \Delta_1, \Delta_2, \cdots$），溶液中の $Ca^{2+}$ 濃度，$SO_4^{2-}$ 濃度，硬石膏中の Sr 含有量は，以下の式より求められる．

$$K_i = \frac{X_{Ca}/X_{Sr}}{m_{Ca^{2+}i}/m_{Sr^{2+}i}} = \frac{(1-X_{Sr})/X_{Sr}}{m_{Ca^{2+}i}/m_{Sr^{2+}i}} \tag{4-71}$$

ここで，$X_{Ca}$ は硬石膏中の $CaSO_4$ のモル分率，$X_{Sr}$ は硬石膏中の $SrSO_4$ のモル分率．

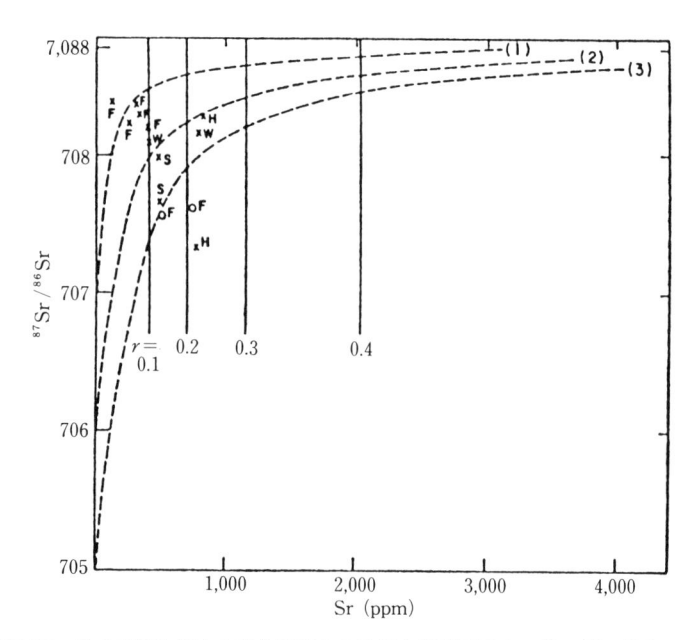

**図4-30** 熱水溶液と海水の混合溶液から沈澱する硬石膏中の $^{87}Sr/^{86}Sr$ 比と Sr 含有量の変化（破線）(Shikazono *et al.*, 1983)

混合する前の熱水溶液と海水の温度，Ca 濃度，Sr 濃度を 350℃，1000 ppm，1 ppm，および 100℃，412 ppm，8 ppm と仮定．(1), (2), (3) ははじめの熱水溶液の $^{87}Sr/^{86}Sr$ を 0.7070, 0.7060, 0.7050 とし，海水の $^{87}Sr/^{86}Sr$ を 0.7088 としたとき．$r$ は海水 (S.W.) と熱水溶液 (H.S.) の混合重量比（$r =$ (S.W./(S.W.+H.S.))). F, H, W, S は深沢，花輪，鰐淵，釈迦内鉱山産硬石膏をさす．x：塊状硬石膏，o：脈状硬石膏．

　以上から $X_{Sr}$ が求まるが（図4-29），この $X_{Sr}$ は黒鉱鉱床の硬石膏の Sr 含有量を説明することができない．

　次に Ca に富み Sr の少ない熱水と海水との混合が起こったときの硬石膏の Sr 含有量と $^{87}Sr/^{86}Sr$ の変化を求めた（図4-30）．この場合は熱水中の Ca 濃度，Sr 濃度をパラメターにとる．図4-30 より，黒鉱鉱床の硬石膏の Sr 含有量と $^{87}Sr/^{86}Sr$ 比をこの混合によって説明できることがわかる．

## 4-4 海水系

### 4-4-1 化学平衡と定常状態

海水組成は多くの因子によって定められている.海水は,河川水,熱水,蒸発などの流入と流出のある開放システムである.また,海水は海洋地殻と反応し,化学組成を変える.

このシステムでは流入,流出とともにさまざまな化学反応が起こっている.以下は,こういうシステムの物質移動の基本として,海洋における化学平衡と定常状態の問題を考える.海水は容積が大きく,流速の小さいシステムである.このようなシステムでは,化学平衡に達しやすいことを以下に示す(スタム・モーガン,1974).

いま,問題を簡単化するために,以下の可逆1次反応を考える.

$$A \underset{k'}{\overset{k}{\rightleftarrows}} B \tag{4-72}$$

ここで,$k$, $k'$ はAからB,BからAへの反応に対する速度定数である.

この化学反応が体積 $V$ の完全混合システム(図4-31)で起こるとする.AとBが $m_{A_0}$, $m_{B_0}$ という濃度でシステムに流入し,$m_A$, $m_B$ という濃度で流出するとする.流速(体積流量速度)$q$ で流入し,同じ $q$ で流出する.このときのAとBの質量バランスの式は以下で表される.

$$\frac{dm_A}{dt} = \frac{q}{V}m_{A_0} - \frac{q}{V}m_A - km_A + k'm_B \tag{4-73}$$

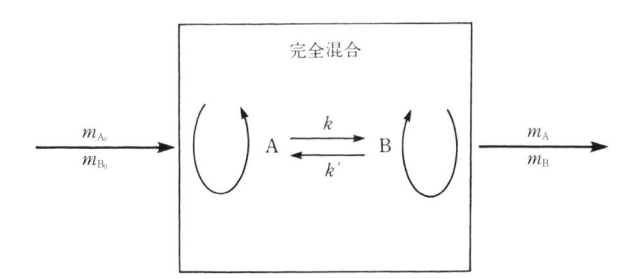

**図4-31** 完全混合システム内で可逆1次反応が起こり,濃度 $m_{A_0}$, $m_{B_0}$ をもつ水溶液が流入し,濃度 $m_A$, $m_B$ をもつ水溶液が流出する場合

$$\frac{dm_B}{dt} = \frac{q}{V}m_{B_0} - \frac{q}{V}m_B + km_A - k'm_B \tag{4-74}$$

$m_A$, $m_B$ が時間的変化のない定常状態では，$dm_A/dt = dm_B/dt = 0$ なので，このとき，

$$\frac{m_B}{m_A} = \frac{kV/q(m_{A_0}+m_{B_0})+m_{B_0}}{k'V/q(m_{A_0}+m_{B_0})+m_{A_0}} \tag{4-75}$$

平衡定数 $K_{4-72}$ と反応速度定数 $k$, $k'$ との関係は，以下で表される．

$$K_{4-72} = k/k' \tag{4-76}$$

したがって，以上より，

$$\frac{m_A}{m_B} = \frac{1}{K_{4-72}} + \frac{1}{k(V/q)} = \frac{1}{K_{4-72}} + \left(\frac{1}{k}\right)\tau \tag{4-77}$$

ここで，$(1/k)\tau$ は化学平衡からのずれを表す．$\tau(=V/q)$ は滞留時間である．

　したがって，滞留時間が十分大きいときには化学平衡に近づくといえる．反応速度（$k$）が非常に大きいときも化学平衡に達しやすいといえる．海水のように $V$ が大きく $q$ が小さいと，化学平衡に達しやすい．ところが $\tau$ が

表4-3　元素の海洋中の滞留時間（$\log \tau_{R,O}$ 年）（ホランド，1979）

| H 4.5 | | | | | | | | | | | | | | | | | He |
|---|---|---|---|---|---|---|---|---|---|---|---|---|---|---|---|---|---|
| Li 6.3 | Be (2) | | | | | | | | | | | B 7.0 | C 4.9 | N 6.3 | O 4.5 | F 5.7 | Ne |
| Na 7.7 | Mg 7.0 | | | | | | | | | | | Al 2 | Si 3.8 | P 4 | S 6.9 | Cl 7.9 | Ar |
| K 6.7 | Ca 5.9 | Sc 4.6 | Ti 4 | V 5 | Cr 3 | Mn 4 | Fe 2 | Co 4.5 | Ni 4 | Cu 4 | Zn 4 | Ga 4 | Ge | As 5 | Se 4 | Br 8 | Kr |
| Rb 6.4 | Sr 6.6 | Y | Zr 5 | Nb | Mo 5 | Tc | Ru | Rh | Pd | Ag 5 | Cd 4.7 | In | Sn | Sb 4 | Te | I 6 | Xe |
| Cs 5.8 | Ba 4.5 | La 6.3 | Hf | Ta | W | Re | Os | Ir | Pt | Au 5 | Hg 5 | Tl | Pb (2.6) | Bi | Po | At | Rn |
| Fr | Ra 6.6 | Ac | | | | | | | | | | | | | | | |

| Ce | Pr | Nd | Pm | Sm | Eu | Gd | Tb | Dy | Ho | Er | Tm | Yb | Lu |
|---|---|---|---|---|---|---|---|---|---|---|---|---|---|
| Th (2) | Pa | U 6.4 | | | | | | | | | | | |

小さく混合が不十分である陸水や河口部では，上の条件を満たしにくい．上の化学平衡の達しやすさはτによる．このτは元素によってかなり異なる（表4-3）．τの大きい物質（ナトリウム，カリウム，マンガン，炭酸塩，塩化物，硫酸塩，フッ化物など）については，長い滞留時間で化学平衡に達する．また，反応速度の大きい物質についても，化学平衡を考えることができる．前に考えた熱水系の貯留層システム（4-3-2(2)）では化学平衡に達しやすい．しかし，流速の速い流出帯では達しにくい．また，システムのなかでも化学平衡から大きくはずれているところもある．たとえば，光合成の盛んな海水，湖沼の表面水，生物活動の盛んな土壌–水システムでは化学平衡からかなりはずれている．

### 4-4-2　化学平衡モデル

海底堆積物と海水間の化学平衡を考える（Sillen, 1961, 1967a,b; Kramer, 1965; Stumm and Morgan, 1970; Sayles and Margelsdorf, 1977）．海底堆積物を構成する鉱物として，以下のケイ酸塩，炭酸塩，リン酸塩，硫酸塩鉱物を考える．

Naモンモリロナイト，Hモンモリロナイト，Kイライト，Hイライト，灰十字石（フィリップサイト；$(K, Na, Ca)_{2\sim4}(Al, Si)_{16}O_{32}\cdot 12H_2O$），ストロンチウム鉱（$SrCO_3$），セレスタイト（$SrSO_4$），クロライト，カオリナイト，OHアパタイト，方解石，アラゴナイト，石膏，Mgイライト．

これらの鉱物と海水中の溶存種間の化学平衡を与える（表4-4）．この化学平衡式（質量作用の式），ある元素の質量バランス式，および電気的中性の条件より，海水組成を導くことができる．これよりKramer（1965）は，海水組成は海底堆積物と化学平衡にあると考え，海水組成を計算により求め，実際の海水組成に近いことを示した．しかし，Kramer（1965）の計算結果と海水組成は大まかには一致しているというものの，以下の不一致がみられる．1) Ca濃度の計算値は海水の60％である．2) Mg濃度の計算値は120％である．3) 炭酸アルカリ度は190％である．4) $P_{CO_2}$は大気の400％である．5) F濃度の計算値は35％である．これらの不一致は，現在では，化学平衡に達していないことによると考えられている．

海底の堆積物中には多くの粘土鉱物が含まれている．この粘土鉱物–海水

**表4-4** Kramer (1965) により用いられた化学平衡と熱力学データ
( ) は活動度, [ ] は濃度 (モル分率), lは液相を表す.

| 反 応 | 平衡定数 |
|---|---|
| H モンモリロナイト(C サイト)+Na$^+$=Na モンモリロナイト(C サイト)+H$^+$ | $10^{-3.2}=\dfrac{[NaC](H^+)}{[HC](Na^+)}$ |
| H モンモリロナイト(E サイト)+Na$^+$=Na モンモリロナイト(E サイト)+H$^+$ | $10^{-7.4}=\dfrac{[NaE](H^+)}{[HE](Na)}$ |
| H イライト(C サイト)=K イライト(C サイト) | $10^{-2.4}=\dfrac{[KC](H^+)}{[HC](K^+)}$ |
| H イライト(E サイト)+K$^+$=K イライト(E サイト)+H$^+$ | $10^{-5.7}=\dfrac{[KE](H^+)}{[HE](K^+)}$ |
| $CaSO_4 \cdot 2 H_2O = Ca^{2+}+SO_4^{2-}+2 H_2O(l)$ | $10^{-4.60}=(Ca^{2+})(SO_4^{2-})$ |
| $Ca^{2+}+H$ イライト$=Ca$ イライト$+2 H^+$ | $10^{-3.8}=(Ca^{2+})(H^+)^{0.08}$ |
| $Ca_2Al_4Si_3O_{24}\cdot 9 H_2O$(フィリップサイト)$+4 H^+ = 4 SiO_2$(石英)$+2 Al_2Si_2O_7\cdot 2 H_2O$(カオリナイト)$+2 Ca^{2+}+7 H_2O(l)$ | $10^{13}=(Ca^{2+})/(H^+)^2$ |
| $Mg^{2+}+H$ イライト$=Mg$ イライト$+2 H^+$ | $10^{-4.4}=(Mg^{2+})/(H^+)^{-0.1}$ |
| $Mg_5Al_2SiO_3O_{24}\cdot 4 H_2O$(クロライト)$+10 H^+ = SiO_2$(石英)$+Al_2SiO_2\cdot 2 H_2O$(カオリナイト)$+7 H_2O(l)+5 Mg^{2+}$ | $10^{14.2}=(Mg^{2+})/(H^+)^2$ |
| $Ca_{10}(PO_4)_4(OH)_2$(アパタイト)$=10 Ca^{2+}+6 PO_4^{3-}+2 OH^-$ | $10^{-112}=(Ca^{2+})^{10}(PO_4^{3-})^6(OH^-)^2$ |
| $CaCO_3$(方解石)$=Ca^{2+}+CO_3^{2-}$ | $10^{-8.09}=(Ca^{2+})(CO_3^{2-})$ |
| $CaCO_3$(アラゴナイト)$=Ca^{2+}+CO_3^{2-}$ | $10^{-7.92}=(Ca^{2+})(CO_3^{2-})$ |
| $CaMg(CO_3)_2$(ドロマイト)$=Ca^{2+}+Mg^{2+}+2 CO_3^{2-}$ | $10^{-18.21}=(Ca^{2+})(Mg^{2+})(CO_3^{2-})^2$ |
| $MgCO_3\cdot 3 H_2O=Mg^{2+}+CO_3^{2-}+3 H_2O(l)$ | $10^{-5}=(Mg^{2+})(CO_3^{2-})$ |
| $H_2CO_3=H^++HCO_3^-$ | $10^{-0.32}=(H^+)(HCO_3^-)/(H_2CO_3)$ |
| $HCO_3^-=H^++CO_3^{2-}$ | $10^{-10.6}=(H^+)(CO_3^{2-})/(HCO_3^-)$ |
| $CO_2(g)+H_2O(l)=H_2CO_3$ | $10^{+1.19}=P_{CO_2}/(H_2CO_3)$ |
| $CaHCO_3^+=Ca^{2+}+HCO_3^-$ | $10^{-1.28}=(Ca^{2+})(HCO_3^-)/(CaHCO_3^+)$ |
| $NaCO_3^-=Na^++CO_3^{2-}$ | $10^{-1.27}=(Na^+)(CO_3^{2-})/(NaCO_3^-)$ |
| $CaCO_3^0=Ca^{2+}+CO_3^{2-}$ | $10^{-3.2}=(Ca^{2+})(CO_3^{2-})/(CaCO_3^0)$ |
| $NaHCO_3^0=Na^++HCO_3^-$ | $10^{+0.25}=(Na^+)(HCO_3^-)/(NaHCO_3^0)$ |
| $CaSO_4^0=Ca^{2+}+SO_4^{2-}$ | $10^{-2.31}=(Ca^{2+})(SO_4^{2-})/(CaSO_4^0)$ |
| $KSO_4^-=K^++SO_4^{2-}$ | $10^{-0.94}=(K^+)(SO_4^{2-})/(KSO_4^-)$ |
| $NaSO_4^-=Na^++SO_4^{2-}$ | $10^{-0.72}=(Na^+)(SO_4^{2-})/(NaSO_4^-)$ |
| $MgHCO_3^+=Mg^{2+}+HCO_3^-$ | $10^{-1.18}=(Mg^{2+})(HCO_3^-)/(MgHCO_3^+)$ |
| $MgCO_3^0=Mg^{2+}+CO_3^{2-}$ | $10^{-3.4}=(Mg^{2+})(CO_3^{2-})/(MgCO_3^0)$ |
| $MgSO_4^0=Mg^{2+}+SO_4^{2-}$ | $10^{-2.36}=(Mg^{2+})(SO_4^{2-})/(MgSO_4^0)$ |

間ではイオン交換反応が起こる．したがって，このイオン交換反応は海水組成を定める要因として重要である．一般的にイオン交換反応は海水組成を定める要因として以下が考えられる．

$$A_{固相} + B_{水溶液} = B_{固相} + A_{水溶液} \tag{4-78}$$

(4-78) 式の平衡定数は，

$$K_{4-78} = \frac{a_{A(aq)} a_{B(s)}}{a_{A(s)} a_{B(aq)}} \tag{4-79}$$

である．

粘土鉱物-水溶液間のイオン交換反応速度は一般的に速い．したがって海底下の堆積物中の海水の化学組成は，イオン交換平衡によって決定されやす

表4-5 粘土鉱物-水溶液間のイオン交換反応と平衡定数 (Lerman, 1979)

| 陽イオン交換反応 | 鉱物(X) | 平衡定数($\log K$) |
|---|---|---|
| $Na_2X_2 \to H_2X_2$ | モンモリロナイト | 6.452 |
| $Na_2X_2 \to Li_2X_2$ | モンモリロナイト | $-0.059$ |
|  | ベントナイト | $-0.035$ |
|  | バーミキュライト | $-1.059$ |
| $Na_2X_2 \to K_2X_2$ | ベントナイト | 0.449 |
|  | バイデライト | 1.598 |
| $Na_2X_2 \to Rb_2X_2$ | ベントナイト | 0.930 |
|  | ベントナイト | 3.400 |
| $Na_2X_2 \to Cs_2X_2$ | モンモリロナイト | 3.16-3.34 |
|  | ベントナイト | 1.585 |
| $Na_2X_2 \to MgX_2$ | バーミキュライト | $-0.194$ |
| $Na_2X_2 \to CaX_2$ | バーミキュライト | 0.009 |
| $Na_2X_2 \to SrX_2$ | モンモリロナイト | 0.243 |
|  | バーミキュライト | $-0.009$ |
| $Na_2X_2 \to BaX_2$ | モンモリロナイト | 0.040 |
| $K_2X_2 \to Li_2X_2$ | モンモリロナイト | $-1.796$ |
| $CaX_2 \to K_2X_2$ | モンモリロナイト | 1.06-1.82 |
|  | バーミキュライト | 1.51-1.58 |
| $CaX_2 \to SrX_2$ | ベントナイト | 0.113 |
|  | バーミキュライト | 0.119 |
| $BaX_2 \to MgX_2$ | バーミキュライト | $-0.271$ |
| $BaX_2 \to CaX_2$ | バーミキュライト | $-0.053$ |
| $BaX_2 \to SrX_2$ | バーミキュライト | $-0.006$ |

い (Kramer, 1965；スタム・モーガン，1974；Sayles and Margelsdorf, 1977; Lerman, 1979).

上のイオン交換平衡定数は一種の分配係数である．この分配係数は実験的にいままでに多く求められている．この例を表4-5にまとめた．

### 4-4-3 海水の化学組成の支配要因

海水の化学組成はさまざまなプロセスによって支配される．従来は河川水からの海水への流入と海水から海底堆積物への流出が，海水組成を支配する要因として重要視されてきた．しかしながら，近年では，これら以外に図4-32に示すさまざまな支配要因があると考えられている．以下では，これら各々の支配要因に関する説明を行う (Wolery and Sleep, 1976; Holland, 1978).

#### (1) 河川水

海水組成の支配要因のなかでも河川水の海水への流入は一般的に最も重要である．それは，海洋に入り込む河川水の流量が $4.6 \times 10^{19} \mathrm{g\,y^{-1}}$ と大きいからである．河川水の組成は，それぞれの河川水でかなり違う．たとえば，大陸の大河川水の組成と日本などの島弧の河川水の組成には違いがみられる（表4-6）．また同じ河川水であっても季節や場所により変化するので，その河川水の平均組成を決めることは難しい．しかし，全世界の河川水の平均組成は，大陸の大河川水（ミシシッピー川，ナイル川，揚子江など）の平均組成にほぼ等しいとみなしてよい．この大河川水の化学組成は，後背地の岩石と水との反応や流入水（地下水，表面水）の量比，蒸発作用，生物活動，大

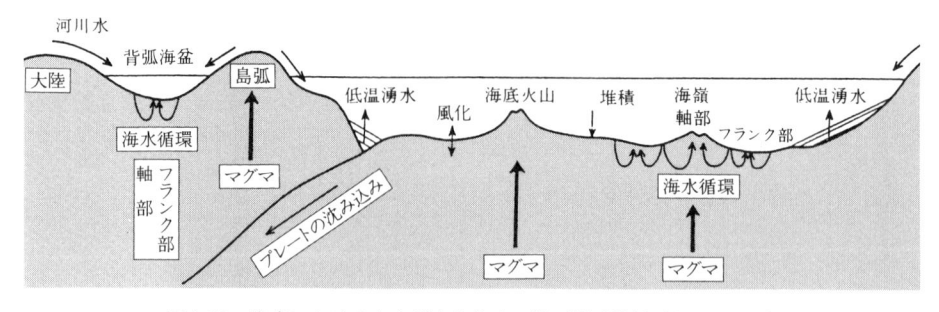

**図4-32** 海底におけるさまざまな海水-岩石相互作用（鹿園，1995a）

**表4-6** 河川水の成分 (mg $l^{-1}$) (西村, 1991)

| 成分 | 日本225河川平均 小林 (1960) | 日本42河川平均 Sugawara (1967) | 世界平均 Livingstone (1963) | 世界平均 Martin et al. (1979) | 懸濁物として Martin et al. (1979) |
|---|---|---|---|---|---|
| 蒸気残留物 | 74.8 | | | | |
| 懸濁物 | 29.2 | | | | 400 |
| 塩素イオン($Cl^-$) | 5.8 | 5.2 | 7.9 | | |
| 炭酸水素イオン($HCO_3^-$) | 31.0 | | 58.4 | | |
| 硫酸イオン($SO_4^{2-}$) | 10.6 | 10 | 11.2 | | |
| ナトリウムイオン($Na^+$) | 6.7 | 5.1 | 6.3 | 5.1 | 2.8 |
| カリウムイオン($K^+$) | 1.19 | 1.0 | 2.3 | 1.35 | 8.0 |
| カルシウムイオン($Ca^{2+}$) | 8.8 | 6.3 | 15 | 14.6 | 8.6 |
| マグネシウムイオン($Mg^{2+}$) | 1.9 | 2.4 | 4.1 | 3.8 | 4.7 |
| 鉄 | 0.24 | 0.48 | 0.67 | 0.04 | 19 |
| 硝酸態窒素(N) | 0.26 | | 0.2 | | |
| アンモニア態窒素(N) | 0.05 | | | | |
| リン酸態リン(P) | 0.02 | | | | |
| 溶存珪酸($SiO_2$) | 19.0 | 17 | 13.1 | 11.6 | 244 |

気からの降塵などによって決められる．河川水は，地下水と表面流水（雨水など）の混合物である．深層地下水の影響が大きい場合，地下水組成は岩石との化学平衡に近い組成となる．たとえば，図4-33では，世界の主要な河川水の$HCO_3^-$濃度とCa濃度との関係，および$P_{CO_2}$をパラメターとしたときの方解石の飽和濃度が示されてある．この図より，世界の平均河川水の濃度が大気の$CO_2$と化学平衡にある濃度の近くにプロットされ，方解石との化学平衡によって決められているといえる．この方解石と水との化学反応は比較的速い．しかし，ケイ酸塩鉱物と水との反応は遅く，化学平衡に達しにくい．

河川水では陽イオン濃度に関し$Ca^{2+}>Mg^{2+}>Na^+$，陰イオン濃度に関し$Cl^->SO_4^{2-}>HCO_3^-$であるので，河川水と海水では組成がまったく異なることがわかる．この相違は，主として次に述べる海水からの鉱物の沈澱，生物活動，海水と堆積物との反応によって生じる．このほかに海嶺などにおける海水・熱水循環により組成が決められる元素もある．

河川水が海水に入り込む場合を考えると，河川水は河口域で海水と混合を

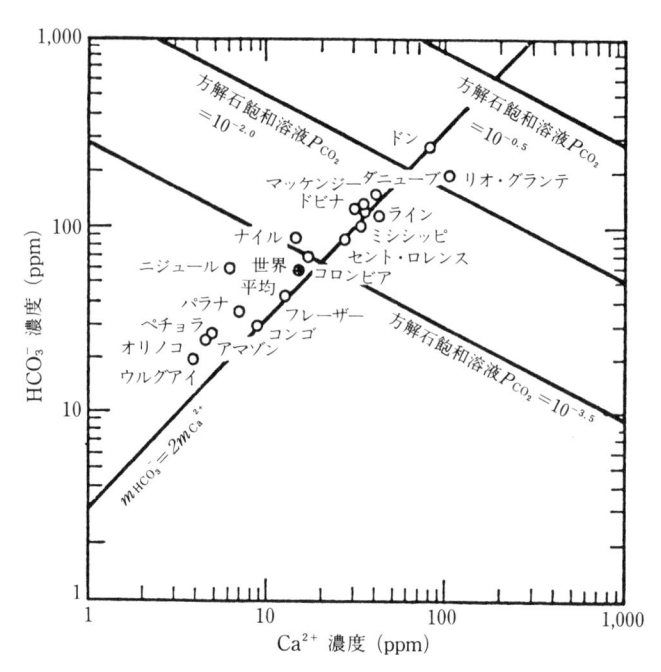

**図4-33** 世界の主要河川水中の $HCO_3^-$ 濃度とカルシウム濃度との関係
(ホランド，1979)

する．このときに，多くの重金属元素は，混合液から取り除かれ，堆積物へと移行する．たとえば，東京湾には河川水から汚染物質が流れ込むが，その重金属元素の多くは堆積物へと移行し，残りの部分は湾内から湾外へと出ていく(北野，1984)．重金属元素だけでなくほかの元素や物質(たとえば，フミン酸)も取り除かれる．この除去のされ方は，閉鎖性海域と外洋域では大きく異なる．この除去プロセスは元素によっては海水組成に大きく影響を与えると思われる．

(2) **鉱物の生成**

　河川水からは，細かい懸濁物が海水へ運搬される．懸濁物は溶解したり，異なる鉱物へと変わり，沈澱し，堆積物へ移行する．この反応における質量バランスを Mackenzie and Garrels (1966) が求めている (表4-7)．多くの元素は鉱物の生成によって海水から取り除かれる．生成される主要鉱物は以

**表4-7** 河川水により海水へ運搬される成分と海水からの除去過程 (Mackenzie and Garrels, 1966)

$FeAl_6Si_6O_{20}(OH)_4 + SO_4^{2-} + CO_2 + C_6H_{12}O_6 + H_2O$
(Fe クロライト)
$\rightarrow Al_2Si_2O_5(OH)_4 + FeS_2 + HCO_3^-$
(カオリナイト)
$Ca_{0.17}Al_{2.33}Si_{3.67}O_{10}(OH)_2 + Na^+$
(Ca モンモリロナイト)
$\rightarrow Na_{0.33}Al_{2.33}Si_{3.67}O_{10}(OH)_2 + Ca^{2+}$
(Na モンモリロナイト)
$Ca^{2+} + 2HCO_3^- \rightarrow CaCO_3 + CO_2 + H_2O$
$Mg^{2+} + 2HCO_3^- \rightarrow MgCO_3 + CO_2 + H_2O$
$Al_2Si_{2.4}O_{5.8}(OH)_4 + Ca^{2+} + SiO_2 + HCO_3^-$
$\rightarrow Ca_{0.17}Al_{2.33}Si_{3.67}O_{10}(OH)_2 + CO_2 + H_2O$
$H_4SiO_4 \rightarrow SiO_2 + 2H_2O$
$Al_2Si_{2.4}O_{5.6}(OH)_4 + Na^+ + SiO_2 + HCO_3^-$
$\rightarrow Na_{0.33}Al_{2.33}Si_{3.67}O_{10}(OH)_2 + CO_2 + H_2O$
$Al_2Si_{2.4}O_{5.8}(OH)_4 + Mg^{2+} + SiO_2 + HCO_3^-$
$\rightarrow Mg_5Al_2Si_3O_{10}(OH)_8 + CO_2 + H_2O$
(Mg クロライト)
$Al_2Si_{2.4}O_{5.8}(OH)_4 + K^+ + SiO_2 + HCO_3^-$
$\rightarrow K_{0.5}Al_{2.5}Si_{3.5}O_{10}(OH)_2 + CO_2 + H_2O$
(K イライト)

左辺と右辺の係数はあわせてない．

下の通りである．岩塩 (NaCl), Na モンモリロナイト ($Na_{0.33}Al_{2.33}Si_{3.67}O_{10}(OH)_2$), Mg クロライト ($Mg_5Al_2Si_3O_{10}(OH)_2$), K イライト ($KAl_3Si_3O_{10}(OH)_2$), 方解石 ($CaCO_3$), マグネシアン方解石 ($(Ca, Mg)CO_3$), 硬石膏 ($CaSO_4$), 石膏 ($CaSO_4 \cdot 2H_2O$), 非晶質シリカ ($SiO_2$), 重晶石 ($BaSO_4$). これらの鉱物はさまざまなプロセスで生成される．たとえば，岩塩，方解石，石膏，Mg 硫酸塩は次に述べる蒸発岩となり，海水から除去される．モンモリロナイト，イライトなどの粘土鉱物は海底風化作用により生成される．方解石，アラゴナイト，マグネシアン方解石，非晶質シリカの生成には生物作用が重要である．重晶石は，海底堆積物中で生成される．ある種の放散虫には Ba が濃集し，これが死んで分解すると Ba を放出し，これと海水中の $SO_4^{2-}$ が反応し，重晶石が生成する．このほかの Ba の起源としては，堆積物中のガラスや長

石の分解が考えられる．$SO_4^{2-}$ は海底面の近くの間隙水は重晶石に飽和しているが，海水は重晶石に不飽和である．

(3) 蒸発岩の生成

海水の蒸発がかなり進むと海水中に溶存している塩類が沈殿し，蒸発岩が生成される (Holland, 1978; Harvie et al., 1980; Harolit, 1991)．

この蒸発岩というのは1気圧，100℃以下の条件で主として蒸発作用により物理化学的に Na, Ca, Mg, K の炭酸塩，硫酸塩，塩化物などが沈殿してできた堆積物をいう．

この蒸発岩は水溶液の違いによって3つに分けられる．

1) 淡水+海水，Na-K-$CO_2$-Cl-$SO_4$ タイプ，鉱物：$Na_2CO_3$
2) 淡水+海水，Na-K-Mg-Cl-$SO_4$ タイプ，鉱物：$MgSO_4$, $Na_2SO_4$
3) 熱水+塩水，Na-K-Mg-Ca-Cl タイプ，鉱物：KCl±$CaCl_2$, $Na_2SO_4$, $MgSO_4$ なし

海水が蒸発したとき，組成，溶解度に応じて塩類が沈殿する．この沈殿順序と沈殿量は海水組成，塩類と溶存種の熱力学データがあれば，計算によって求めることができる（図4-34，表4-8）(Hardie, 1991)．

(4) 生物作用

海洋生物によって海水から元素が取り除かれ，海洋生物の分解により元素が海水へと戻っていく．海水中の元素組成はこの生物作用により大きな影響を受ける．この作用として，たとえば，生物による $SiO_2$, $CaCO_3$ の生成，マリンスノーによる各種元素の吸着，脱着，硫酸還元バクテリアによる $SO_4^{2-}$ の $H_2S$ への還元などがあげられる．

河川水中の Si 濃度は $5400\,\mu g\,kg^{-1}H_2O$ であり，海水の平均は $2900\,\mu g\,kg^{-1}H_2O$ と低い．このような低下は生物の活動による $SiO_2$ の生成によると思われている．Wollast (1974) によると，海水中の $SiO_2$ 濃度は場所によりかなり変動する．表面水中の $SiO_2$ 濃度は非常に低く，これは生物作用（ケイ酸殻をつくる生物）により，$SiO_2$ が海水から取られるからである．深海底付近では一般に $SiO_2$ 濃度が高くなっている．これはケイ酸殻の溶解によるもので

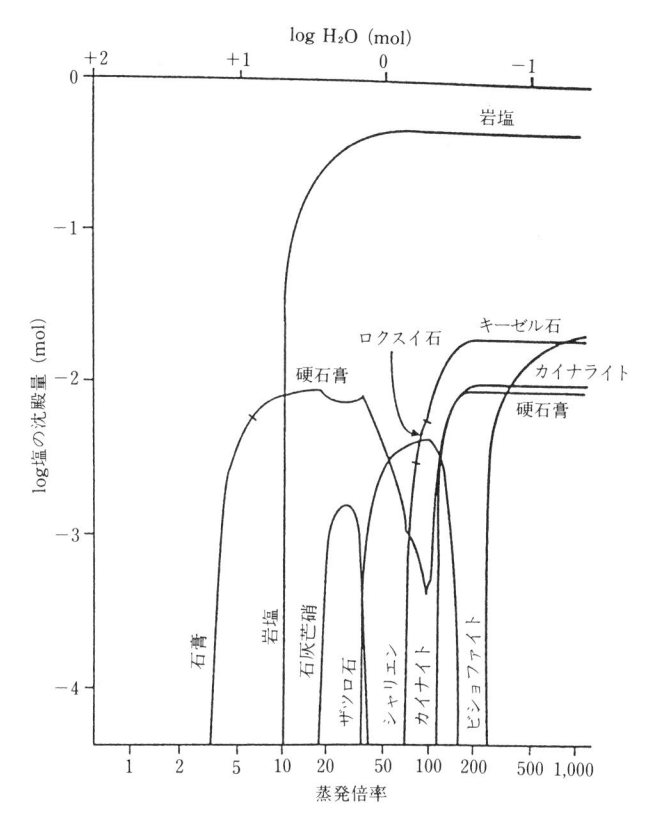

図4-34 海水が蒸発したときに沈澱する鉱物（塩類）の量（Hardie, 1991）

あろう．この生物作用は，粘土鉱物の溶解による海水中への $SiO_2$ の供給の影響より大きいといわれている．

海洋中の $CaCO_3$ の生成のほとんどは生物によって行われる．表面海水は，$CaCO_3$（方解石，アラゴナイト）に過飽和になり，これらの多くは表面近くで生成する．$CaCO_3$ の溶解度は圧力依存性があり，ある深度（CCD）以深では $CaCO_3$ は溶解する．

海水中の $SO_4^{2-}$ は海底堆積物中の硫酸還元バクテリアの働きで $H_2S$ へと還元される．これはバクテリアが乳酸などの有機化合物や $H_2$ を用いて $SO_4^{2-}$ を $H_2S$ に還元するプロセスである．生成した $H_2S$ は堆積物中で硫化鉄（FeS, $FeS_2$）として固定される．この硫化鉄ははじめは，FeS（非晶質 FeS, マッ

**表4-8** 海水が蒸発したときに沈澱する塩類の順序（Hardie, 1991）
フラックス比：海嶺熱水と河川水のフラックス比

| フラックス比 | 沈殿順序 |
|---|---|
| 0.96 | 方解石―石膏―硬石膏―石灰芒硝($Na_2Ca(SO_4)_2$)―岩塩(NaCl)―ザツロ石($K_2Ca_2Mg(SO_4)_4 \cdot 2H_2O$)―シャリエン($MgSO_4 \cdot 7H_2O$)―ロクスイ石($MgSO_4 \cdot 6H_2O$)―キーゼル石($MgSO_4 \cdot H_2O$)―カイナイト($MgSO_4 \cdot KCl \cdot 11/4H_2O$)―コウロ石($Mg_2Cl_2 \cdot KCl \cdot 6H_2O$)―ビショファイト($MgCl_2 \cdot 6H_2O$) |
| 1.05 | 方解石―石膏―硬石膏―岩塩―ザツロ石―カリ岩塩(KCl)―カイナイト―キーゼル石 |
| 1.25 | 方解石―石膏―硬石膏―岩塩―カリ岩塩―コウロ石―南極石($CaCl_2 \cdot 6H_2O$)―タクハイドライト($CaCl_2 \cdot 2MgCl_2 \cdot 12H_2O$) |

キノ鉱）が前駆物質として生成し，その後，黄鉄鉱へと変化すると一般的に考えられている．しかしながら，ケイ藻の体内中の還元性物質（炭水化物，酸化・還元酵素など），または鉄硫黄タンパク質フェドキシンが，ケイ藻の死後の分解過程で硫黄を還元して黄鉄鉱が生成するという考えもある（中嶋，1995）．いずれにせよ，この黄鉄鉱の生成は，昔から議論されているにもかかわらず，はっきりしていない問題である．

海嶺や背弧海盆の熱水噴出孔生物群集といわれる特異な生物群がいる．これらの生物は太陽放射エネルギーをエネルギー源としていない．その代わりに，以下のような反応のときに出るエネルギーを得て生きているバクテリアである．

$$CO_2 + H_2S + O_2 + H_2O \rightarrow CH_2O + H_2SO_4 \tag{4-80}$$

$$2CO_2 + 6H_2 \rightarrow CH_2O + CH_4 + 3H_2O \tag{4-81}$$

このほかにも，さまざまな酸化還元反応のとき出されるエネルギーを利用しているバクテリアがいる（硫黄酸化バクテリア，水素酸化バクテリアなど；Jannasch and Mottl, 1985）．これらのバクテリアの作用で，ある種の鉱物（Fe, Mn鉱物）が生成されると考えられている．

## (5) 間隙水

堆積物とともに堆積物に取り込まれた海水が地下深所へ埋没していく．この間に堆積物と海水との反応，間隙水中の溶存種の拡散，間隙水の流動が生じ，間隙水の組成が変化する．この間隙水が海底から出てくることもある．海底下の間隙水中の拡散によって海水－間隙水間で物質移動が行われる（Lasaga and Holland, 1976; Berner, 1980）．

この海水から間隙水への組成変化の主な特徴として$SO_4^{2-}$の還元，$CO_2$濃度と$H_2S$濃度の増加があげられる（図4-35）．これらは堆積物中の有機物がバクテリアによって分解されることによる．

圧密化を受けていない堆積物中の分解によって生じるイオンや溶存種の濃度の時間変化は，以下の式で表せる（Berner, 1980）．

$$\frac{\partial m(x, t)}{\partial t} = D_S \frac{\partial^2 m(x, t)}{\partial x^2} - w \frac{\partial m(x, t)}{\partial x} + \frac{\partial m(x, t)}{\partial t_{org}} \tag{4-82}$$

ここで，$m$はイオンまたは溶存種の濃度，$x$は堆積物－海水境界（$x=0$）からの深さ，$D_S$は拡散係数，$w$は堆積速度，orgは有機物．

有機物の分解速度が1次反応であると，

$$\frac{dN(x, t)}{dt} = -kN(x, t) \tag{4-83}$$

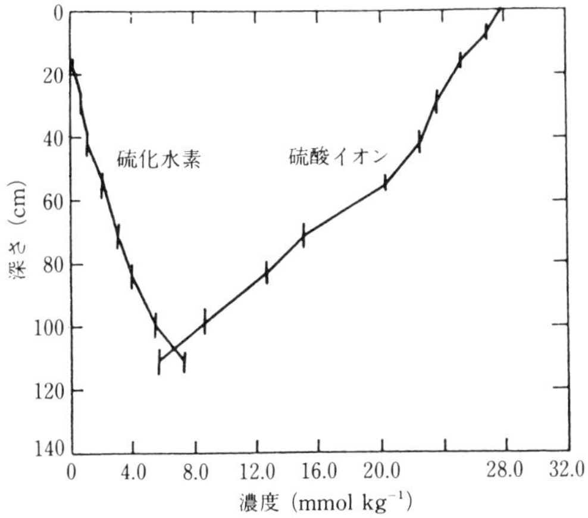

**図4-35** 間隙水（カリフォルニア湾中央部）中の$SO_4^{2-}$，$H_2S$濃度の深さによる変化（Berner, 1964）

ここで，$N(x, t)$ は有機炭素量．

したがって，

$$\frac{dm(x, t)}{dt_{\text{org}}} = \beta LkN(x, t) \tag{4-84}$$

ここで，$L$ は酸化された有機炭素1モルに対する生産，または消費されたあるイオンのモル数の比，$\beta$ は $N$ という単位を $m$ という単位に変換する因子．

定常状態であると，以下の式が成り立つ．

$$0 = D_S \frac{\partial^2 m}{\partial x^2} - w\frac{\partial m}{\partial x} + \beta LkN_o \exp\left(-k\frac{x}{w}\right) \tag{4-85}$$

$SO_4^{2-}$ に対して，境界条件は $m(0, t) = m_o$ であるので，

$$m(x) = m_o + \beta LN_o \frac{w^2}{D_S k} + w^2[1 - \exp(-kw)x] \tag{4-86}$$

(6) 低温湧水

近年，プレート収束境界（日本海溝，南海トラフ付近，オレゴン沖，ペルー沖など）の海底において，低温湧水が発見された．この低温湧水は $CH_4$，$H_2S$ を多く含み，$SO_4^{2-}$ の少ない還元的な水である．海水および陸水起源の水であり，これらが生物起源の有機物を分解し，$CH_4$ が多くなり，海水中の $SO_4^{2-}$ はバクテリアの作用で $H_2S$ へ還元されている．$Cl^-$ 濃度は海水よりも低い．このほかに，続成作用・変成作用に伴う脱水反応による水，含水鉱物（雲母，角閃石など）の分解により発生した水も関与しているかもしれない（Tarney *et al.*, 1991; Kastner *et al.*, 1991）．

低温湧水が海底から噴出すると炭酸塩鉱物が沈澱し，チムニーをつくっている．この沈澱原因はおそらく低温湧水と海水の混合による pH の上昇とメタンの酸化による $HCO_3^-$ の生成である．

この低温湧水中には比較的多くの Mn が含まれている（Mn/Fe モル比 = 1：1）．これは，海底面上で生成した Mn 酸化物が海底面下にいき，還元的条件下で溶解し，Mn/Fe 比の大きい水溶液ができるためであろう．炭酸塩チムニー内の黄鉄鉱中の Mn 含有量は高く，この原因は，以上のメカニズムによると考えられている（Shikazono *et al.*, 1994）．

Kastner et al.（1991）は，この低温湧水のなかで内部起源の水（間隙水，続成作用，変成作用，含水鉱物の分解による水）が，グローバル地球化学サイクルに対する影響は少ないとしているが，この低温湧水が海水組成に対して影響を与えるという研究もある（Han and Suess, 1989）．

(7) 海底風化

海底下の玄武岩は海水と低温（0～60℃）で反応をする．この海底風化を受けた玄武岩層は平均数 100 m の厚さを持っている．この風化玄武岩は，もとの化学組成や同位体組成とは異なっている．たとえば，風化玄武岩中ではKが多くなり，酸素同位体組成（$\delta^{18}O$）が大きくなる（Hart, 1973; Muehlenbachs, 1977）．Kが増えるのは，パラゴナイト（玄武岩質ガラスが変質して生じた黄色のゲル状物質）などの生成による．この風化を受けた玄武岩の厚さを200～800 mとし，海底拡大速度を 2.94 $km^2 y^{-1}$（Chase, 1972）とすると，この風化玄武岩の量は，$(1.8～7.0)×10^{15} g y^{-1}$ となる（Wolery, 1978）．この作用による元素のフラックスを表4-9にまとめた．

海水と玄武岩との反応により海水中に溶け出す元素があるが，これらがすべて海底面上の海水へと移動するのではない．この一部は玄武岩中の脈として沈澱するであろう．Mn, $SiO_2$, Ca は脈として沈澱する可能性がある．

(8) 熱水

近年，海嶺や背弧海盆において熱水が噴出し，熱水性鉱床が生成されている現象が次々と発見されている（図4-36）．この熱水の起源は，熱水の酸素同位体，水素同位体の研究などから，海水であると考えられている．すなわ

表4-9 海底風化による海洋へのフラックス（$10^{12} g y^{-1}$）(Wolery, 1978)

| | |
|---|---|
| $Na^+$ | $-1.3～-7.7$ |
| $K^+$ | $-4～-20$ |
| $Ca^{2+}$ | $10～50$ |
| $Mg^{2+}$ | $7～46$ |
| $SiO_2$ | $5～28$ |
| Mn | $3～16$ |

200～800m 玄武岩の10%が風化変質すると仮定．

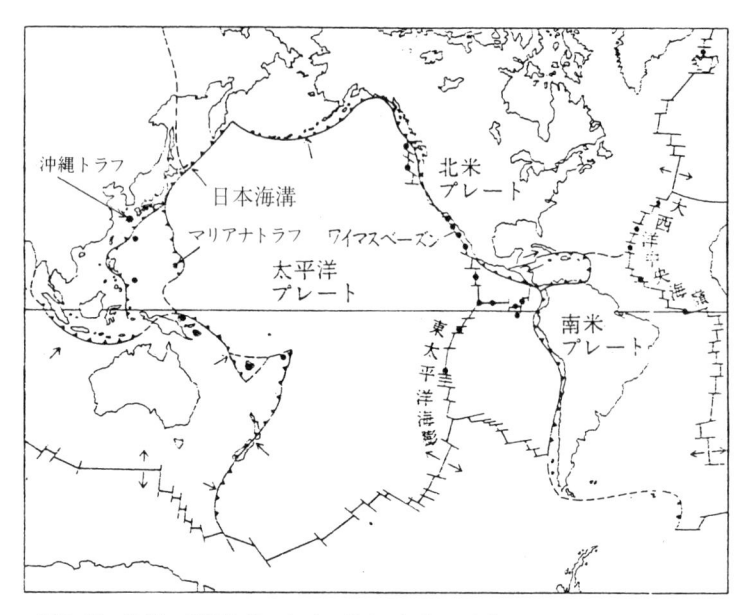

**図4-36** 海嶺, 背弧海盆における鉱床 (・) の分布 (Hannington *et al.*, 1994)

ち, 熱水の $\delta^{18}$O は $-0.1 \sim +1.9$ ‰, $\delta$D は $-0.9 \sim +1.8$‰であり, これらは海水の値 ($\delta^{18}$O$=0$ ‰, $\delta$D$=0$ ‰) に近い. $\delta^{18}$O が海水の値より少し大きいのは海水と岩石との反応による. 海水が地下に潜り, 海水と岩石との反応が起こると, 海水から岩石へ移行する元素もあるが, 岩石から取られ, 熱水へ移行する元素もある. この熱水が海底下から噴出するのであるから, この熱水は海水組成に対して影響を与える. 熱水の組成と, 熱水噴出量, 海水・熱水循環速度がわかれば, このフラックスを推定することができる. 熱水の組成は, 熱水の分析, 海水-岩石反応実験, 海水-岩石反応に関するコンピュータシミュレーション, 陸上の温泉水の分析, 海水・熱水循環速度に関しては, 海嶺での熱流量, 熱水の $^{3}$He/$^{4}$He 比より求めることができる. しかしながら, 実際の熱水の噴出はかなり長期間連続的に起こっているのではなく, 間欠的であると思われるので, これらをもとに求めることは難しい.

熱水の噴出が発見された 1980 年代前半においては, この熱水による海水組成に対する影響が非常に大きいといわれた (Edmond *et al.*, 1979a). しかし,

その後の研究で，この見積りのほぼ 1/6 であろうといわれ，海嶺の軸部からの海水の組成に対する熱水の影響は，それほど大きいものではないといわれるようになった（Mottl, 1983）．しかしながら，この海水・熱水循環は海嶺の軸部付近だけで行われているのではない．海嶺から離れた山腹（フランク）部でも行われている．たとえば，山腹部での熱水による Ca フラックスは $(0.15\sim0.30)\times10^{19}$ mol my$^{-1}$（my は 100 万年の意味）であり，これは海嶺軸部からのフラックス $(0.15\times10^{17}$ mol my$^{-1})$ より大きい．なお，河川水による Ca フラックスは $0.30\times10^{18}$ mol my$^{-1}$ であるから，海底下での海水・熱水循環の影響が大きいことがわかる．

海水の組成に対する熱水の影響がいわれる以前は，海水の組成は主に河川フラックスと堆積フラックスによって決められると考えられてきた．多くの元素について，これらのバランスがとられていると考えられたが，Mg に関しては河川水によるフラックスと堆積物へ移行するフラックスのバランスが合わなかった．これをマグネシウム問題という（表 4-10）．しかし，海嶺の山腹部や軸部での熱水の影響を考えると，この問題は解決されると思われる（表 4-11）．岩石と海水が高温で反応すると，Mg は岩石の方へとられ，熱水中の Mg 濃度は低くなる．このとき，以下の反応が起こる．

$$\text{Mg}^{2+}(\text{海水}) + \text{CaO}(\text{岩石}) \rightarrow \text{MgO}(\text{スメクタイトまたはクロライト}) + \text{Ca}^{2+}(\text{変質海水}) \quad (4-87)$$

高温での海水-岩石反応によって岩石にとられていくものとして，Mg 以外に $SO_4^{2-}$ が考えられる．これがとられるのは，硬石膏（$CaSO_4$）の溶解度が高温で小さくなるので，海水が海底下で暖められ硬石膏が沈澱するためで

表4-10　海洋からの Mg 除去プロセス（Drever, 1974）

| プロセス | Mg 除去推定値 ($\times 10^{13}$ g y$^{-1}$) | 河川フラックスに対する% |
|---|---|---|
| 炭酸塩の生成 | 0.75 | 6 |
| イオン交換 | 0.97 | 8 |
| グロコナイトの生成 | 0.39 （最大値） | 3 |
| Mg-Fe 交換 | 2.9 （最大値） | 24 |
| 間隙水の埋没 | 1.1 | 9 |
|  | 6.1 | 50 |

表4-11 第三紀中新世の海洋中のMgバランス（鹿園，1995b）

| | Mgフラックス（$\times 10^{13}$ g y$^{-1}$） |
|---|---|
| インプット： | |
| 河川水 | 12.9 |
| アウトプット： | |
| 海嶺 | 2.4〜1.2 |
| 背弧海盆 | 2.6 |
| 堆積 | 6.1 |
| 計 | 11.1〜9.8 |

ある．この反応でCa濃度が減少するが，その後は（4-87）式の反応で熱水中のCa濃度は上昇する．SrもCaと同様の挙動をする．K, Rb, Ba, 重金属元素（Fe, Mn, Zn, Cu, Pbほか）などは岩石から熱水へ移行する．それは，熱水中でこれらの元素を含む鉱物の溶解度が高温で大きくなり，重金属元素のクロロ錯体が高温で安定化するためである．

　海嶺以外でも海底では熱水が噴出する．たとえば，最近，背弧海盆（沖縄，マリアナ，フィジーほか）で熱水の噴出と熱水性鉱床が生成している現象が見出されている（図4-34）．しかし，現在までに見出された背弧海盆での熱水噴出量は，海嶺からの全熱水噴出量に比べると小さい（おそらく10〜30％）．この熱水の噴出量は，第1近似的には火山岩の噴出量と比例関係にあると思われる．島弧や背弧海盆地域での熱水量は，島弧や縁海での火山岩噴出量と比例関係にあるであろう．したがって，現在の背弧海盆での熱水噴出量は海嶺からの噴出量に比べて小さいと推定される．

　ところが，過去において，この背弧海盆で海水・熱水循環が現在よりも盛んであった時期がある．第三紀のグリーンタフ活動によって多量の熱水が噴出し，多くの黒鉱鉱床が日本列島近くの海底で生成した．この時期の海水の組成に対する熱水の影響の見積りは，変質した岩石の組成をもとに推定することができる．図4-17にグリーンタフ地域の変質火山岩のCaO含量とMgO含量の関係が示されている．海水-岩石反応により，岩石中のMg含量は増加するので，このMgO含量は，変質の度合（または海水／岩石比）を表すといえる．Caは変質が進むとともに岩石から熱水へ移行する．ほか

の元素に関してもMgO含量との関係を求めることにより，海水-岩石反応による海水からの流出量または海水への流入量を求めることができる．

海嶺や背弧海盆から熱水が噴出すると，熱水と海水の混合が起こり，FeやMnの水酸化物が沈澱する．これらは細かい粒子となり，熱水噴出孔付近およびそこからかなりはなれたところでも海底に沈降していく．このとき，これらの鉱物は海水から元素を吸着し，除去する．たとえば，希土類元素は吸着されやすい．この熱水付近の海水中の希土類元素濃度がほかのところよりも低いが，これはFe鉱物，Mn鉱物による吸着によるといわれている．すなわち海水中の希土類元素濃度は熱水の影響を受けているといえる．

# 5

# 地球化学サイクル

## 5-1 一般式

 ここでは,ある元素に注目し,その地球表層環境システム内における物質循環と地球化学サイクルの問題を考える.地球表層環境システムは,大気圏,水圏,岩石圏(地圏),生物圏,人間社会システムに分けられるから,それぞれの間でのフラックスを求める必要がある.岩石圏は地殻,マントル,コアからなり,地殻は大陸地殻と海洋地殻に分割できる.ほかのサブシステムについても同様に分割し,考えることもできる.ここでは各々のサブシステムをリザーバーと呼ぶことにする.

 地球化学サイクルではグローバルな物質収支の問題を扱う.ローカルな物質収支に対しては地球化学サイクルとは普通いわない.ここでは,リザーバー間のフラックスを考えるが,4章で考えた物質移動のメカニズムについては問わない.

 $i$ 番目のリザーバーの質量バランスは以下の式で表される(Lerman, 1979).

$$\frac{dM_i}{dt} = \sum_j F_{ji} - \sum_i F_{ij} \pm \sum_k F_{ki} \quad (質量/時間) \tag{5-1}$$

ここで,$i, j=1, \cdots, n$ はリザーバーの番号($i \neq j$),$M_i$ はリザーバー中の質量,$t$ は時間,$F_{ji}$ はほかのリザーバー $j$ から $i$ リザーバーへのフラックス(流入),$F_{ij}$ は $i$ リザーバーからほかのリザーバーへのフラックス(流出),$F_{ki}$ は $i$ リザーバー内での反応による生産または消費.(5-1)式を解くことは,リザーバーが多いと複雑となり,一般的には難しい.そこで,まず簡単化を行う.すなわち,リザーバーの数を減らし,フラックスがリザーバーの質量

または濃度に比例すると仮定する．そこで，以下の式が成り立つとする．

$$F_{ij} = k_{ij} M_i \quad （質量／時間） \tag{5-2}$$

ここで，$k_{ij}$ は移行速度定数（質量／時間）．

この移行速度定数は滞留時間の逆数となる．また，リザーバー中の質量が時間とともに変わらないという定常状態を仮定すると，解を得ることがたやすくなる．

$$\sum_j F_{ji} - \sum_i F_{ij} \pm \sum_k F_{ki} = 0 \tag{5-3}$$

以上の式をもとに，$k_{ij}$ を与えると $M_i$ を求めることができる．

この定常状態に達する時間はリザーバー内の流動状態による．すなわち完全混合状態，混合されていない状態（たとえば，押し出し流れ）によって異なる（Lerman, 1979）．完全混合の場合のリザーバー内の平均濃度は以下の式で表される．

$$m = m_{\mathrm{in}}[1 - \exp(-1/\tau)] \tag{5-4}$$

ここで，$m$ はリザーバー内の平均濃度，$m_{\mathrm{in}}$ は流入濃度，$\tau$ は滞留時間．この場合，混合がなされていない場合に比べて定常状態に達する時間が長いといえる．

実際のシステムは（5-2）式で表される線形システムではないことが多い．そこで以下では，流入量が時間に対して振動する複雑なシステムについて考える．

ある1つのリザーバーへの流入量が，以下の式で表されるとする（Lasaga, 1981a）．

$$\left(\frac{dM}{dt}\right)_{\text{インプット}} = a + b\sin(\omega t) \tag{5-5}$$

ここで，$M$ はリザーバー内の元素量，$a$，$b$，$\omega$ は定数．

このような例として，光合成反応の季節的変動があげられる．（5-5）式より，リザーバー内のある元素量 $M$ の時間的変化は，

$$\frac{dM}{dt} = a + b\sin(\omega t) - kM \tag{5-6}$$

である．$t = 0$ のとき，$M = M_0$ とすると（5-6）式の解は，以下となる（Holland, 1978）．

$$M(t) = \left(M_0 - \frac{a}{k} + \frac{b\omega}{k^2} + \omega^2\right)\exp(-kt)$$
$$+ \frac{a}{k} + \left(\frac{b}{k^2} + \omega^2\right)[b\sin(\omega t) - \omega\cos\omega t] \qquad (5\text{-}7)$$

これは,

$$M(t) = \frac{a}{k}\frac{b}{(k^2+\omega^2)^{1/2}}\sin(\omega t - \delta) \qquad (5\text{-}8)$$

である.ここで,$\delta = \cos^{-1}\dfrac{k}{(k^2+\omega^2)^{1/2}}\,(0 \leq \delta < \pi/2)$.よって,$M$ は (5-8) 式にしたがって時間とともに振動することがわかる.

次に,リザーバーが 2 つあり(図 5-1),以下の式にしたがう場合(線形サイクル)を考える(Lasaga, 1981a).

$$\frac{dM_1}{dt} = -k_{12}M_1 + k_{21}M_2 \qquad (5\text{-}9)$$

$$\frac{dM_2}{dt} = k_{12}M_1 - k_{21}M_2 \qquad (5\text{-}10)$$

(5-9) 式,(5-10) 式の解は以下の通りである.

$$M_1 = M_{10} - \frac{k_{21}M}{k_{12}+k_{21}}\exp[-(k_{21}+k_{12})t] + \frac{k_{21}M}{k_{12}+k_{21}} \qquad (5\text{-}11)$$

$$M_2 = M_{20} - \frac{k_{12}M}{k_{12}+k_{21}}\exp[-(k_{12}+k_{21})t] + \frac{k_{12}M}{k_{12}+k_{21}} \qquad (5\text{-}12)$$

ここで,$M_{10}$, $M_{20}$ は $M_1$, $M_2$ の初期値,$M = M_1 + M_2$ で一定値.

定常状態の場合のリザーバー 1 とリザーバー 2 の滞留時間は以下の式で表せる.

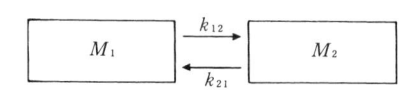

**図5-1** 2 つのリザーバーの場合の地球化学サイクル(Lasaga, 1981a)
M1:リザーバー 1 中の元素の量,M2:リザーバー 2 中の元素の量.

$$\tau_1 = \frac{M_{1定常}}{(dM_1/dt)_{インプット}} = \frac{M_{1定常}}{k_{12}M_{1定常}} = \frac{1}{k_{12}} \tag{5-13}$$

$$\tau_2 = \frac{1}{k_{21}} \tag{5-14}$$

同様にして，リザーバーが3，4，…，$n$ 個の場合も連立微分方程式を解いて，解を得ることができる．

　上では，$k$ を一定としているが，実際には $k$ は時間の関数である．そこで，$k$ を時間の関数として表し，過去の大気中の $CO_2$ 濃度の変化を求め，これと実際のデータとの比較検討もなされている．このモデルを擬非線形モデルという (Chameides and Perdue, 1997)．ところで，線形モデル，擬非線形モデルでは $F=kM$ としている．しかしながら，$F$ と $M$ の関係は $F=kM^n$ という $n$ 次の関係にあるかもしれない．たとえば，固相の溶解，沈澱反応を表す一般式として以下がある．

$$\frac{dm}{dt} = k(\Omega^n - 1)^p \tag{5-15}$$

ここで，$m$ は濃度，$\Omega$ は過飽和度 $= I.A.P./K_{eq}$（ここで，I.A.P. はイオン活動度積，$K_{eq}$ は平衡定数），$k$ は見かけの反応速度定数，$n$, $p$ は一定値．

　したがって，反応速度は濃度に対して単純に比例関係にはないといえる．1成分系，沈澱反応の場合は，$dm/dt = -k(m - m_{eq})$ で表され，$m \gg m_{eq}$ の場合，

$$\frac{dm}{dt} = -km \tag{5-16}$$

となるので，フラックスが $m$ に対して線形関係にある．すなわち，平衡からかなり離れている場合は，線形式が成り立つ．しかし，平衡に近い場合は線形式が成り立たない．これまでの地球化学サイクルに関する研究では，この平衡に近い状態でのシミュレーションがなされていない点が問題である．

## 5-2　炭素(C)サイクル

　以上の一般論をもとに各元素の地球化学サイクルの問題を考えることができる．そのためには，まずCの地球における存在状態，存在量を知る必要

**表5-1** 主なリザーバー中に含まれる炭素の存在量（単位 $10^{15}$ kg）（ホランド，1979）

| | | |
|---|---|---|
| 1 | 大気圏 | 690 |
| 2 | 陸の生物圏 | 450 |
| 3 | 陸の死んだ有機物 | 700 |
| 4 | 海の生物圏 | 7 |
| 5 | 海の死んだ有機物 | 3,000 |
| 6 | 海水中に溶解 | 40,000 |
| 7 | 岩石圏の再循環した元素状炭素 | 20,000,000 |
| 8 | 岩石圏の再循環した炭酸塩中の炭素 | 70,000,000 |
| 9 | 初生炭素 | 90,000,000 |

がある．

存在状態としては，大気圏では二酸化炭素，生物圏では有機化合物，炭酸カルシウム，海洋では炭酸水素イオン，岩石圏では炭酸カルシウム（石灰岩），炭素が主なものである．大気，海洋中の存在量は非常に少なく，岩石中で圧倒的に存在量が大きいことが特徴である（表5-1）．

Cサイクルには短期的サイクル（生物化学サイクル）と長期的サイクル（地球化学サイクル）がある．短期的サイクルは生物圏－他圏（生物圏以外の圏）間，人間社会－他圏（人間社会以外の圏）サイクルである．岩石圏－水圏－大気圏間のサイクルは長期的サイクルと呼ばれる．ここでは，地殻－水圏－大気圏間の地球化学サイクルと，マントル－地殻－水圏－大気圏間のサイクルについて考える．後者は前者よりも空間スケールが広く，時間スケールが長いのでこれをグローバル地球化学サイクルという．

### 5-2-1 短期的サイクル

まず，短期的サイクルの例として，大気圏－生物圏のCサイクルについて考える（図5-2）．この場合は以下の生物による光合成反応，呼吸反応が特に重要である．

$$CO_2 + H_2O = CH_2O + O_2 \tag{5-17}$$

図5-2より $k_{12}$ は $30/690 = 0.04348 \text{ y}^{-1}$，$k_{21}$ は $30/450 = 0.06667 \text{ y}^{-1}$ と求められる．滞留時間は $\tau_1 = 1/0.04348 \text{ y}^{-1} = 23$ 年，$\tau_2 = 1/0.06667 \text{ y}^{-1} = 15$ 年となる．この場合は，リザーバー1中の量は，$M_1 = 690 + 50 \exp(-0.11015t)$（$t$ は時

```
  1  大気圏
     690
   30↑ ↓30      図5-2  2つのリザーバー（大気圏，生物圏）間の短期的C
  2  生物圏           サイクル（Lasaga, 1981a）
     450                炭素量の単位は $10^{15}$gC，フラックスの単位は $10^{15}$gC y$^{-1}$．
```

間），リザーバー2中の量は，$M_2 = 450 - 50 \exp(-0.11015t)$ となる．これより，将来の $M_1$ と $M_2$ が推定できる．たとえば，10年で大気中のCは $707 \times 10^{15}$g へと減少する．また，生物圏中のCは $433 \times 10^{15}$g へと増加する．20年後にははじめと同じくらいの値（大気中で $696 \times 10^{15}$g，生物圏で $444 \times 10^{15}$g）となる．

化石燃料から50単位（単位は $10^{15}$g）のCが大気に付け加わると，$M_{10} = 740$，$M_{20} = 450$ で，

$$\left.\begin{array}{l} M_1(t) = 720.3 + 19.7 \exp(-0.11015t) \\ M_2(t) = 469.7 - 19.7 \exp(-0.11015t) \end{array}\right\} \quad (5\text{-}18)$$

となる．$t \to \infty$ の定常状態では $M_1 = 720.3$，$M_2 = 469.7$ となる．両リザーバーともにC量が増える．

この短期的Cサイクルの反応は（5-17）式だけでなく次の反応を考える必要がある．

$$Ca^{2+} + 2HCO_3^- \to CaCO_3 + CO_2 \qquad (5\text{-}19)$$

たとえば，海洋においてサンゴの炭酸塩殻が形成される場合を考える．この場合，上の2つの反応，すなわち（5-17）式，（5-19）式が生じる．したがって，上の反応より大気から $CO_2$ がサンゴの生成でとられる場合もあるが，$CO_2$ が大気へ放出される場合があることがわかる．どちらの反応が卓越するかは，その環境条件（生物生産性，pHなど）による．（5-19）式で $CO_2$ が放出され，これが大気へいけば，大気中の $CO_2$ 濃度は増加する．しかし，海水中で $CO_2 + H_2O \to 2HCO_3^- + 2H^+$ という反応が進めば，大気中の $CO_2$ 濃度は増加しない．このような反応が海洋の表層水中で起こっただけでは，海水は大気から大量の $CO_2$ を吸収することはできない．サンゴだけでなく，有孔虫などによっても（5-19）式の反応によって海水の $HCO_3^-$ が生物の殻（$CaCO_3$）として固定される．生物が死ぬと，これは海の下へ沈降していく．深くなり，圧力が上がると $CaCO_3$ の溶解度は上昇するので，$CaCO_3$ の溶

反応が起こり，$CO_2$ が次の反応で海水からとられる．
$$CaCO_3 + CO_2 + H_2O \rightarrow Ca^{2+} + 2HCO_3^- \qquad (5\text{-}20)$$
この反応により $P_{CO_2}$ の低くなった深層水が湧昇するところでは，大気から海水へ $CO_2$ が吸収される．

次に生物圏を2つに分け，生物が死んでできた有機物を2つに分けた5つのリザーバーからなる炭素の生物化学的サイクルについて考える（図5-3）（ホランド，1979）．植物の光合成率と $P_{CO_2}$ との関係は次式で表される．
$$\frac{dM_{12}}{dt} = a\left[1 - \exp(-bP_{CO_2})\right] - c \qquad (5\text{-}21)$$
ここで，$dM_{12}/dt$ は図5-3の①から②への炭素の移行率，$a$ は定数，$c$ は $CO_2$ がないときの呼吸率．

補償点（光合成率=0のとき）の $P_{CO_2}$（$CO_2$ 分圧）は，
$$(P_{CO_2})_{\text{comp}} = -\frac{1}{b}\ln\left(1 - \frac{c}{a}\right) \qquad (5\text{-}22)$$
最大光合成率は，
$$\left(\frac{dM_{12}}{dt}\right)_{\max} = a - c \qquad (5\text{-}23)$$

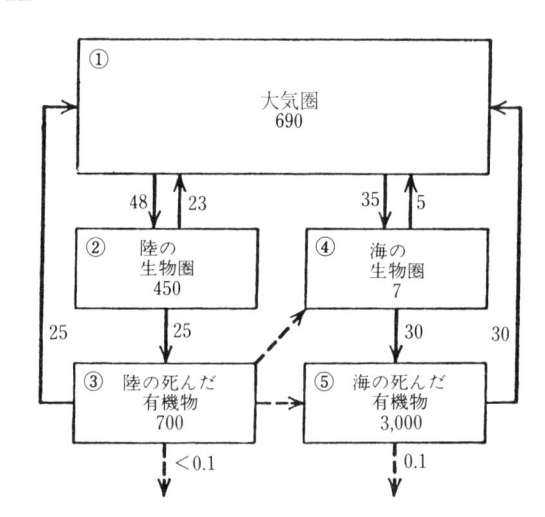

**図5-3** 炭素の生物化学サイクル（ホランド，1979）
炭素量の単位は $10^{15}$gC，フラックスの単位は $10^{15}$gC y$^{-1}$．

となる．

　生きている生物圏が大気から取り込む $CO_2$ の移行率と生物が死んでできた有機物の分解で大気に戻される $CO_2$ の移行率が，以下のように各リザーバーの質量の1次関数とする（$e, f, g$ は一定）．

$$\frac{dM_{21}}{dt} = eM_2 \tag{5-24}$$

$$\frac{dM_{23}}{dt} = fM_2 \tag{5-25}$$

$$\frac{dM_{31}}{dt} = gM_3 \tag{5-26}$$

$$\frac{dM_{12}}{dt} - \frac{dM_{21}}{dt} - \frac{dM_{23}}{dt} = 0 \tag{5-27}$$

$$\frac{dM_{23}}{dt} - \frac{dM_{31}}{dt} = 0 \tag{5-28}$$

$$\frac{dM_{31}}{dt} - \frac{dM_{12}}{dt} + \frac{dM_{21}}{dt} = 0 \tag{5-29}$$

したがって，

$$a(1 - e^{-bP_{CO_2}}) - c - eM_2 - fM_2 = 0 \tag{5-30}$$

$$fM_2 - gM_3 = 0 \tag{5-31}$$

$$gM_3 - a(1 - e^{-bP_{CO_2}}) + c + eM_2 = 0 \tag{5-32}$$

$P_{CO_2}$ は大気中の $CO_2$ 含量に比例するので，

$$bP_{CO_2} = b'M_1 \tag{5-33}$$

とおく．したがって，

$$M_2 = \frac{a[1 - \exp(-b'M_1) - c]}{e + f} \tag{5-34}$$

$$M_3 = \frac{g}{f}M_2 = \frac{f}{g}\frac{a[1 - \exp(-b'M_1) - c]}{e + f} \tag{5-35}$$

また，3つのリザーバーの炭素の総量（$M$）を一定とすると，

$$M_1 + M_2 + M_3 = M = \text{一定} \tag{5-36}$$

となる．上の3つの式より，$M_1, M_2, M_3$ を求めることができる．したがっ

て，それぞれの移行率と $P_{CO_2}$ が求められる．$M$ が一定ならば，このことがいえるが，ほかのリザーバーからの流入やほかのリザーバーからの流出があり，これらが大きいと上のことはいえない．

### 5-2-2　長期的サイクル

　長期的サイクルというのは，岩石，大気，水間のサイクルをいう．図5-4, 5-5に炭素（C）の長期的サイクルを示した．長期的サイクルの場合は，岩石圏（炭酸塩鉱物）がからみ，この岩石圏と他圏間のCサイクルが重要である．

　リザーバー間の炭素移行の例として，以下の反応で表される風化作用に伴う炭酸塩鉱物やケイ酸塩鉱物の溶解と沈澱があげられる．

$$CaCO_3 + CO_2 + H_2O = Ca^{2+} + 2HCO_3^- \tag{5-37}$$

$$MgCO_3 + CO_2 + H_2O = Mg^{2+} + 2HCO_3^- \tag{5-38}$$

$$CaSiO_3 + 3H_2O + 2CO_2 = Ca^{2+} + H_4SiO_4 + 2HCO_3^- \tag{5-39}$$

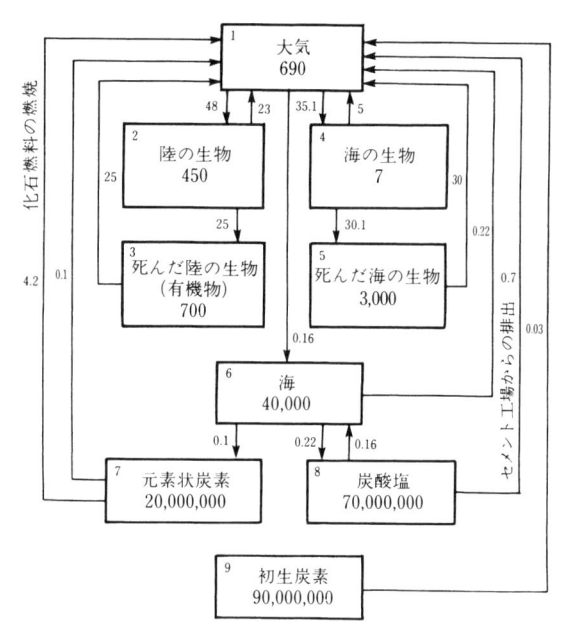

**図5-4**　長期的炭素サイクル（Holland, 1978; Lasaga, 1981a）
　　　　リザーバー中の量の単位は $10^{15}$gC，フラックスの単位は $10^{15}$gC y$^{-1}$．

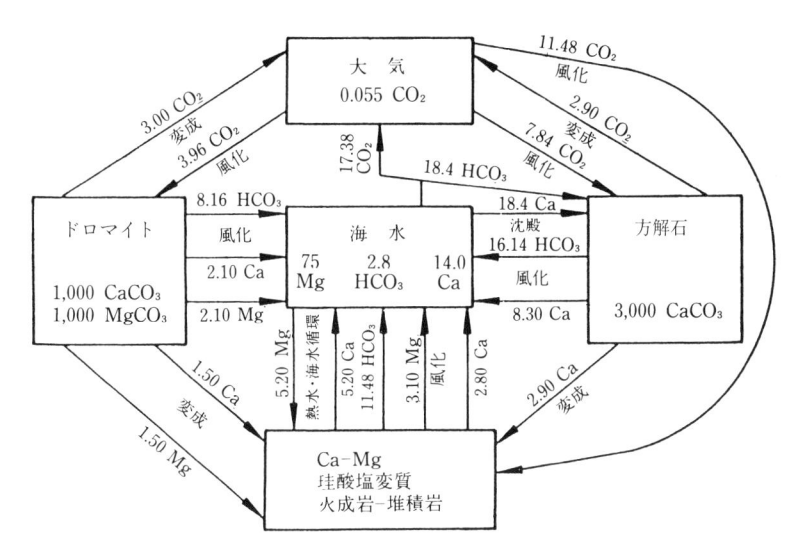

**図5-5** 現在の炭酸塩−ケイ酸塩サイクル（Berner *et al.*, 1983）
リザーバーの大きさの単位は $10^{18}$ mol，フラックスの単位は $10^{18}$ mol my$^{-1}$．

$$MgSiO_3 + 3H_2O + 2CO_2 = Mg^{2+} + H_4SiO_4 + 2HCO_3^- \tag{5-40}$$

上の (5-37) 式〜(5-40) 式により風化作用が起こり，海洋で炭酸塩鉱物が生成すると，$CO_2$ が大気から海洋にとられるといえる．

次に Berner, Lasaga and Garrels (1983) によって提唱された長期的（過去1億年間）C サイクルに関するブラッグ（BLAG）モデル（ケイ酸塩−炭酸塩モデル）を以下で説明する．

このモデルで受け入れた基本的な C の地球化学サイクルを図5-5に示す．ここでの基本的な反応は，Ca 鉱物（方解石，$CaCO_3$），ドロマイト（$CaMg(CO_3)_2$），Ca ケイ酸塩鉱物，Mg 鉱物（マグネサイト（$MgCO_3$），ドロマイト，Mg ケイ酸塩鉱物）と $CO_2$ との化学反応（ヘグボム・ユーリーの反応という）である．

$$CO_2 + CaSiO_3 \underset{\substack{\text{変成作用}\\\text{火成作用}}}{\overset{\substack{\text{風化作用}\\\text{炭酸塩化作用}}}{\rightleftarrows}} CaCO_3 + SiO_2 \tag{5-41}$$

$$CO_2 + MgSiO_3 \underset{\substack{\text{変成作用}\\\text{火成作用}}}{\overset{\substack{\text{風化作用}\\\text{炭酸塩化作用}}}{\rightleftarrows}} MgCO_3 + SiO_2 \tag{5-42}$$

また，海水中での以下の反応も重要である．

$$CO_2 + CaCO_3 + H_2O \underset{沈殿}{\overset{溶解}{\rightleftarrows}} Ca^{2+} + 2HCO_3^- \qquad (5\text{-}43)$$

$$2CO_2 + CaMg(CO_3)_2 + 2H_2O \underset{沈殿}{\overset{溶解}{\rightleftarrows}} Ca^{2+} + Mg^{2+} + 4HCO_3^- \qquad (5\text{-}44)$$

実際にはマグネサイト（$MgCO_3$），ドロマイト（$CaMg(CO_3)_2$）の沈殿速度は非常に遅く，ふつうの海水からこれらの沈殿は起こらない．これらの生成は続成作用により起こる．$Mg^{2+}$の海水からの除去は，マグネシアン方解石（$(Ca, Mg)CO_3$）の沈殿によって行われる．

以上の反応以外に海嶺での熱水による海水からの Mg の除去も重要である．このことにより海水中の Mg 濃度が低くなれば，海底堆積物の埋没時，続成時でドロマイトが生成されにくくなる．また，以下のドロマイトから Mg ケイ酸塩鉱物への反応が起こる．

$$CaMg(CO_3)_2 + CaSiO_3 \rightarrow 2CaCO_3 + MgSiO_3 \qquad (5\text{-}45)$$

海嶺での海水・熱水循環は，プレート運動，すなわち，テクトニクスと大いに関係がある．また，このプレート運動は沈み込み帯での火成活動による $CO_2$ の脱ガス速度とも関係がある．テクトニクスは大陸の面積，隆起速度，岩石組成とも関係する．これらが変化すれば，風化速度も変化する．過去1億年間において，海洋底拡大速度，ドロマイトの生成量，気温が変化してきたということがわかっている．これらの変化を時間の関数として表し，各リザーバーにおける濃度，質量（$CO_2$, Ca, Mg, pH，各種鉱物）の変動を求めることができる．現在に比べての海洋底拡大速度の変化と大陸面積の変化を仮定し，各鉱物，Ca，$HCO_3^-$，$CO_2$量の時間的変化が質量バランスの式をもとにして，数百年のステップで定常状態を仮定し求められている（図5-6）．海洋底拡大速度と大陸面積の変化の仮定の取り方で時間的変動は異なる．しかし，1億年前から $CO_2$ 濃度，温度ともに低下したといえる．温度変化に関しては古植生，有孔虫の炭酸塩殻の酸素同位体の研究結果と傾向がおおまかには一致しているといえる（図5-7）．

以上のことから，地球表層環境（気温，$CO_2$濃度）の長期的変動はプレート運動により大きな影響を受けているといえる．しかしながら，このブラグモデルは，海洋底拡大速度と火成作用，変質作用，変成作用に伴う $CO_2$

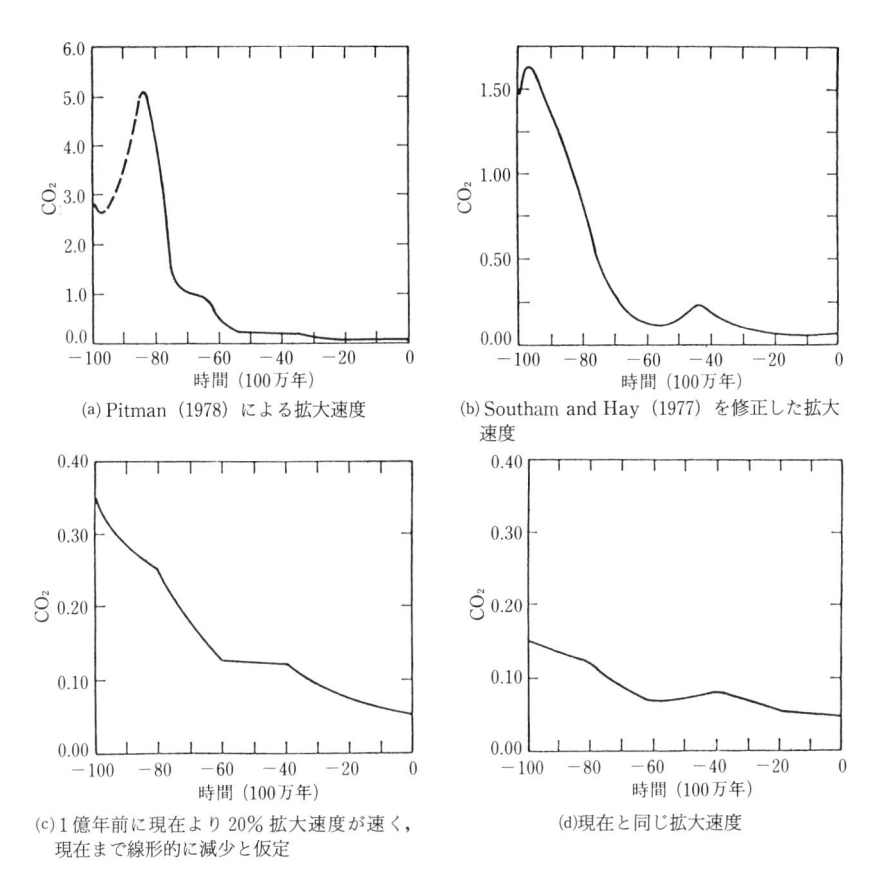

(a) Pitman (1978) による拡大速度

(b) Southam and Hay (1977) を修正した拡大速度

(c) 1 億年前に現在より 20% 拡大速度が速く，現在まで線形的に減少と仮定

(d) 現在と同じ拡大速度

**図5-6** 計算によって求められた $CO_2$ 量（$10^{18}$mol）の時間的変化（Berner et al., 1983; Barron et al., 1978）を陸地面積の変化および海洋底拡大速度をもとにもとめたもの

の脱ガス速度を一義的に結びつけている点など近似が粗い．熱水，海水循環は海嶺だけでなく，背弧海盆，島弧でも起こる．また，拡大軸部だけでなく，軸部から離れた山頂部における海水－岩石相互作用も重要である．今後は，これらも考慮したより緻密なモデルが構築されねばならないが，このブラッグモデルが，大気の $CO_2$，気温変化を大気圏，岩石圏，水圏の多圏間相互作用によってもたらされたこと，特に岩石圏のテクトニクスの影響が大きいことを示した点は意義深い．これ以前の研究では，各リザーバー間の相互作用

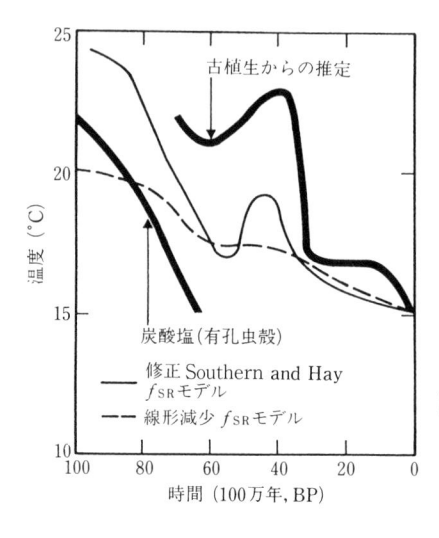

**図5-7** ブラッグモデルに基づく温度変化とほかの方法（古植生，炭酸塩（有孔虫殻））による温度変化の比較（Berner et al., 1983）

を考え，その長期的変動は考えられていなかったのである．

このブラッグモデルでは無機的炭素循環のみを取り扱っている．しかし，有機炭素循環もグローバル炭素循環にとって重要である．そこで，Bernerらはその後，有機炭素循環も考慮したGEOCARBモデルを提唱した（Berner, 1991, 1994; Berner and Kothavala, 2001）．このGEOCARBモデル（図5-8）は以下の式で表される．

$$F_{wc} + F_{mc} + F_{wg} + F_{mg} = F_{bc} + F_{bg} \tag{5-46}$$

$$\delta_c(F_{wc} + F_{mc}) + \delta_g(F_{wg} + F_{mg}) = \delta_o F_{bc} + (\delta_o - \alpha_c) F_{bg} \tag{5-47}$$

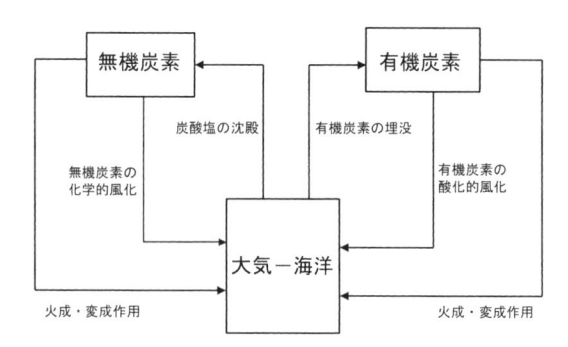

**図5-8** GEOCARBモデル（Berner, 1991, 1994; Berner and Kothavala, 2001）で想定される炭素循環（柏木ほか，2008）

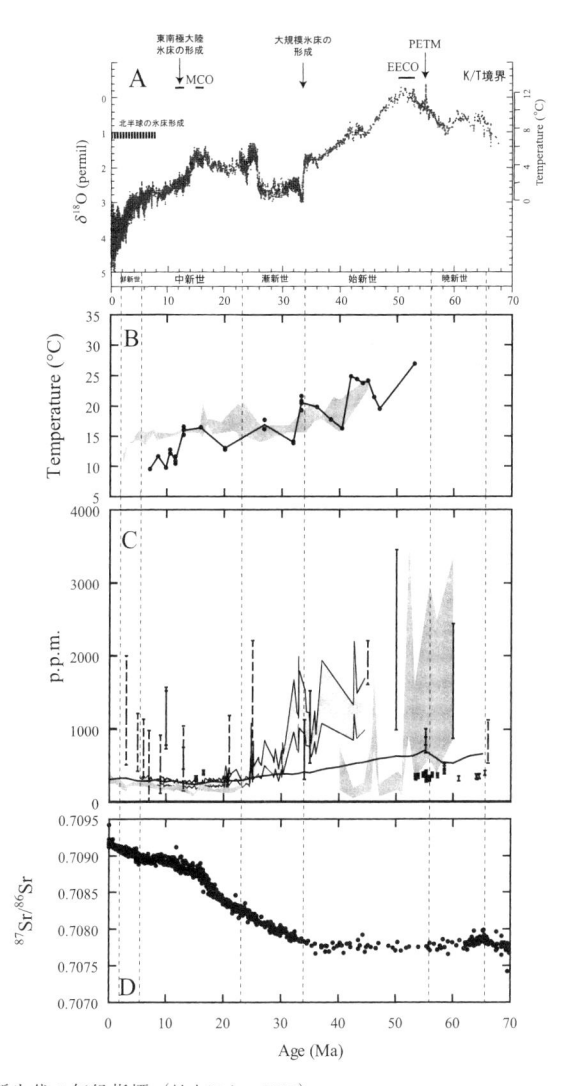

**図5-9** 新生代の気候指標（柏木ほか，2008）
　A：酸素同位体比（Zachos et al., 2001），B：LMA（折れ線：Wolfe, 1995）および共存アプローチ（網領域：Mosbrugger et al., 2005）による陸上気温，C：光合成プランクトン（枠付き網領域：Pagani et al., 2005），土壌炭酸塩（破線：Ekart et al., 1999），気孔密度（縦線：Retallack, 2001; Royer et al., 2001），ホウ素同位体比と炭酸塩平衡（枠なし網領域：Demicco et al., 2003），シミュレーション（曲線：Kashiwagi et al., 2008）による大気二酸化炭素濃度，D：ストロンチウム同位体比（Veizer et al., 1999）．

$$\left.\begin{aligned}\frac{dC}{dt} &= F_{bc} - (F_{wc} + F_{mc}) \\ \frac{dG}{dt} &= F_{bg} - (F_{wg} + F_{mg}) \\ \frac{d}{dt}\delta_c C &= \delta_o F_{bc} - \delta_c(F_{wc} + F_{mc}) \\ \frac{d}{dt}\delta_g G &= (\delta_o - \alpha_c)F_{bg} - \delta_g(F_{wg} + F_{mg})\end{aligned}\right\} \quad (5\text{-}48)$$

ここで，$F$ は炭素フラックス，$c$, $g$ はそれぞれ無機炭素リザーバー，有機炭素リザーバー，$\delta$ は炭素同位体比（$\delta^{13}C$），w は風化，m は火成・変成作用，b は埋没作用，$\alpha$ は炭素同位体分別．100 万年単位では，炭素は大気海洋リザーバーにおいて定常状態にあるとみることができる．これに対して有機炭素，岩石リザーバーは定常状態にはない．$F$ はリザーバーの量，河川流量，気温，海洋底拡大速度，大陸の隆起などに依存するため，それらをパラメーター化して求められる．この GEOCARB モデルの改良モデルがいくつか出されている（Tajika, 1998; Wallmann, 2001; Berner, 2006; Kashiwagi et al., 2008）．

Kashiwagi et al.（2008）による大気 $CO_2$，気温変化の推定結果を図 5-9 に示す．この手法は，さまざまな地球化学的プロセスを同時に考慮することを必須とすること（柏木ほか，2008）から，気候変動の結果の再現だけでなくその原因を追究することが可能な点に特徴がある．

## 5-3 硫黄（S）サイクル

S は蒸発岩（$5 \times 10^{21}$g），堆積物（主に頁岩，$2.7 \times 10^{21}$g），変成岩（$7 \times 10^{21}$g）中に多い（図 5-10）．海水（$1.3 \times 10^{21}$g）や大気（$3.6 \times 10^{12}$g）などの流体中の S 量は，これら岩石中の S 量より圧倒的に少ない．海水中の S 量は，淡水や大気中の S 量に比べると多い．S は蒸発岩中では硫酸塩（$CaSO_4$，$CaSO_4 \cdot 2H_2O$ など），堆積物中では黄鉄鉱（$FeS_2$），石膏（$CaSO_4 \cdot 2H_2O$），有機硫黄化合物，海水では硫酸イオン（$SO_4^{2-}$，$NaSO_4^-$，$KSO_4^-$），大気中では $SO_2$，$H_2S$ などとして存在している．

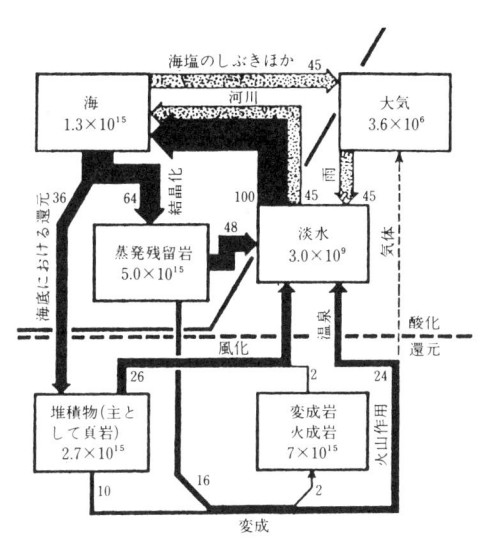

**図5-10** 硫黄の地球化学サイクル (Holser and Kaplan, 1966；ホランド，1979)
　質量の単位はトン．破線より上の物質の多くは硫酸塩に酸化されており，破線より下の多くは硫化物に還元されている．実線以上では重い硫黄が優勢 ($\delta^{34}S > +5$ ‰)．リザーバー間の硫黄の長期にわたる流量（黒い線）と短期の流量は河川水による硫黄の海への流量の長期にわたる成分を100として相対的に示してある．

## 5-3-1　短期的サイクル

　大気中ではS ($SO_2$, $H_2S$)，有機硫黄化合物（硫化ジメチル DMS$(CH_3)_2S$，二硫化炭素 $CS_2$，硫化カルボニル COS) はすぐ酸化したり，雨水により除かれるので，大気中でのSの滞留時間は短い．$SO_2$は$H_2SO_3$さらに$H_2SO_4$や硫酸ミストとなり，酸性雨として大気から除かれる．このSの短期的サイクルに対しては微生物の働きが特に重要である．たとえば，植物プランクトンにより生成される DMS が海洋から大気へ移行する (Lovelock et al., 1972)．このSの移行率は $(6〜19) \times 10^{11}$ mol y$^{-1}$ である．土壌中ではバクテリア活動が酸化還元反応を促進し，土壌-水間のSの移行速度に大きく影響を与える．たとえば，硫酸還元バクテリアと酸化硫黄バクテリアは以下の反応の促進をする．

$$SO_4^{2-} + 2H^+ \rightarrow H_2S + 2O_2 \tag{5-49}$$
$$H_2S + 2O_2 \rightarrow SO_4^{2-} + 2H^+ \tag{5-50}$$

(5-50) 式の反応によって，pH が小さくなると，岩石，土壌からほかの元素の溶解が促進される．

### 5-3-2 長期的サイクル

S サイクルの各リザーバー間の移行を図 5-10 に示す．S の長期的サイクル（Holser and Kaplan, 1966; Holland, 1978 ; Lasaga, 1981a）を支配するプロセスとして重要なのは，海洋からの S 化合物（黄鉄鉱，蒸発岩中の硫酸塩）の生成，陸上での硫化物の酸化，硫酸塩の溶解生成，プレートの沈み込み，マントル，地殻からの火山ガス，熱水の噴出，海洋地殻の熱水変質などの岩石

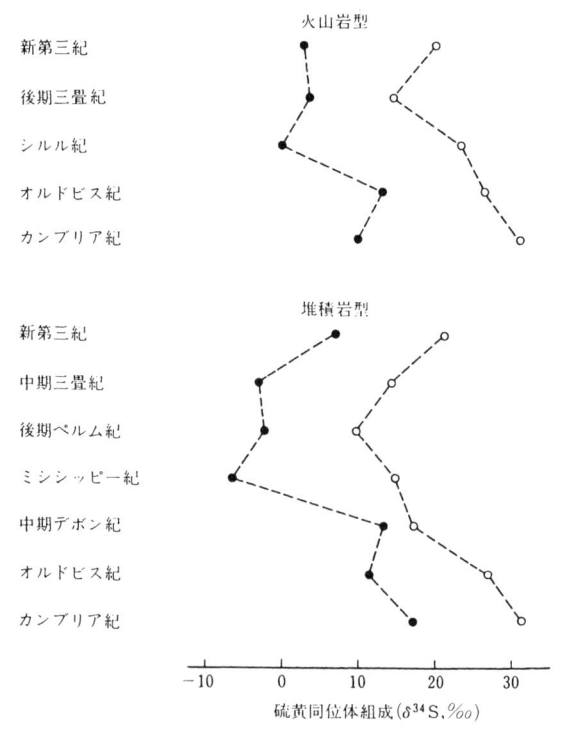

**図5-11** 層準規制型硫化物鉱床と地質時代の海洋硫酸塩との間にみられる硫黄同位体組成の平行性（佐々木，1979）

図中の火山岩型，堆積岩型は，鉱床の母岩が火山岩，堆積岩である鉱床を示す．●鉱床の硫化物硫黄の平均同位体組成，○蒸発岩から推定された地質時代の海洋の硫黄同位体組成．

- 流体間のSの移行である．この際にSの同位体分別が生じる．また，各リザーバー中のS量も変化する．

　以上のフラックスの変化により，過去の地質時代において，海水や鉱床の硫黄同位体組成（$\delta^{34}S$）が変化してきた（図5-11）．この海水の$\delta^{34}S$の変化は各時代の蒸発岩の$\delta^{34}S$より求めることができる．この海水の$\delta^{34}S$は主に海水からの黄鉄鉱の生成，蒸発岩の生成，熱水の噴出，河川水の流入によって決められる．たとえば，バクテリアの働きで黄鉄鉱が生成され，軽い硫黄が取られると海水の$\delta^{34}S$は大きくなる．熱水の噴出で軽いS（$\delta^{34}S = +$数‰）が海水に供給されると海水の$\delta^{34}S$は小さい値になる．

## 5-4　リン(P)サイクル

　図5-12，表5-2に主なリザーバー，リザーバー間のPのフラックス，リザーバー中の量，および滞留時間が示されている（Lerman *et al.*, 1975;

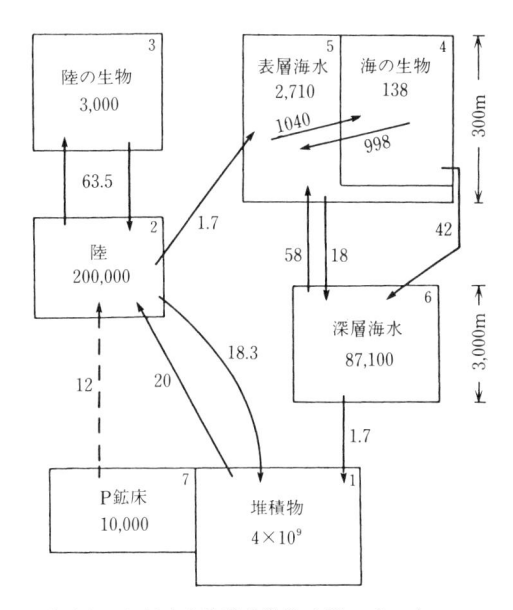

**図5-12**　Pサイクルに対する地球化学的リザーバー（Lerman *et al.*, 1975）
リザーバー中のP量の単位$10^6$tP，フラックスの単位$10^6$tP y$^{-1}$．リン鉱床から陸へのPの移動以外，サイクルは定常状態と仮定．

表5-2 リンサイクル,リザーバー中のリン量,フラックス,滞留時間 (Lerman et al., 1975)

| | リザーバー ($i$ または $j$) | 質量 $M_i$ (トン P) | フラックス $F_{ij}$ ($10^6$ トン P y$^{-1}$) | 滞留時間 ($\tau_i = M_i/F_{ij}$(y)) |
|---|---|---|---|---|
| 1 | 堆積物 | $4 \times 10^{15}$ | $F_{12}=20$ | $\tau_{12}=2 \times 10^8$ |
| 2 | 陸 | $2 \times 10^{11}$ | $F_{21}=18.3$<br>$F_{23}=63.5$<br>$F_{25}=1.7$ | $\tau_{21}=1.09 \times 10^4$<br>$\tau_{23}=3.15 \times 10^3$<br>$\tau_{25}=1.18 \times 10^5$ |
| 3 | 陸の生物 | $3 \times 10^9$ | $F_{32}=63.5$ | $\tau_{32}=47$ |
| 4 | 海の生物 | $1.38 \times 10^8$ | $F_{45}=998$<br>$F_{46}=42$ | $\tau_{45}=0.14$<br>$\tau_{46}=3.3$ |
| 5 | 表層海水 | $2.71 \times 10^9$ | $F_{54}=1040$<br>$F_{56}=18$ | $\tau_{54}=2.6$<br>$\tau_{56}=150$ |
| 6 | 深層海水 | $8.71 \times 10^{10}$ | $F_{61}=1.7$ | $\tau_{61}=5.12 \times 10^4$ |
| 7 | 採掘可能なリン鉱石 | $1 \times 10^{10}$ | $F_{72}=12$<br>または<br>$F_{72}=12 \times e^{0.07t}$ | $\tau_{72}=830$<br>または<br>$\tau_{72}=60$ |

Lerman, 1979). P は,堆積物中に含まれている量が圧倒的に多く,続いて陸,深層海水,表層海水,生物中に多く含まれている.この Lerman et al. (1975) のモデルでは,陸から海洋表面への流入量と深海から堆積物への流出量が等しいとしてある.また,ここでは下部海洋地殻,大陸地殻を通過する流れは考えていない.このほかに,海底からの熱水の影響も考えられていない.しかし,熱水から沈降する鉄水酸化物粒子によって海水から P が取られる.この除去量は河川からの流入量と同じ桁であると考えられている (Rudnicki and Elderfield, 1993).

過去にできた海底熱水性鉱床の上部には,鉄酸化物の層がある.ここでは,アパタイト ($Ca_5(PO_4)_3OH$) の層がみられる.また縞状鉄鉱層にも P が濃集する.この鉄酸化物やマンガン酸化物層の希土類元素含有量は高い.これらの P や希土類元素は鉄マンガン微粒子により,海底から除去されたものであろう.

## 5-5 硫黄-炭素-酸素(S-C-O)サイクル

以上述べてきた個々の元素の地球化学サイクルはお互いに関係をしている．たとえば，Sサイクル，Cサイクル，Oサイクルの関係があることは，以下の反応より明らかである．

$$CH_2O + O_2 = CO_2 + H_2O \tag{5-51}$$

$$H_2S + O_2 = SO_2 + H_2O \tag{5-52}$$

(5-51)式よりCサイクルはOサイクルと関係し，(5-52)式よりSサイクルはOサイクルと関係していることがわかる．以上より，Cサイクル，Sサイクル，Oサイクルがすべてお互いに関係したカップリングサイクルであることがわかる．このS-C-Oサイクルには気相-液相間の反応だけでなく，固相も反応に関与する．たとえば，以下の反応は重要である．

$$2FeS_2 + 3/2O_2 = Fe_2O_3 + 2S_2 \tag{5-53}$$

$$CaCO_3 + SO_2 + 1/2O_2 = CaSO_4 + CO_2 \tag{5-54}$$

$$CaMg(CO_3)_2 + SiO_2 = MgSiO_3 + CaCO_3 \tag{5-55}$$

以上の反応をまとめ，Sを含むリザーバーとCを含むリザーバー間のカップリングとして以下の反応を考えることができる (Garrels and Perry, 1974)．

$$\begin{aligned} 4FeS_2 + CaCO_3 + 7CaMg(CO_3)_2 + 7SiO_2 + 15H_2O \\ = 15CH_2O + 8CaSO_4 + 2Fe_2O_3 + 7MgSiO_3 \end{aligned} \tag{5-56}$$

次に各リザーバー間のC量，S量，SとCの安定同位体のフラックスの問題を考えてみる．現在のCとSの各リザーバーにおける量，SとCの安定同位体組成 ($\delta^{34}S$, $\delta^{13}C$)，および各リザーバー間のフラックスを図5-13に示した．Garrels and Lerman (1984) は以下の3つの仮定のもとに古生代の海水の $\delta^{34}S$, $\delta^{13}C$ の進化カーブを計算によって求めた．

1) 大気-海洋リザーバー中のS，C含量は一定である（すなわち，地球表層環境システムを閉鎖系と考える）．これは図5-13で，

$$F_{13} + F_{23} = F_{32} + F_{31}, \ F_{64} + F_{54} = F_{46} + F_{45} \tag{5-57}$$

と表せる．たとえば，Sに対しては，

$$S_1 + S_2 + S_3 = S_t \tag{5-58}$$

となる．ここで，$S_t$ は全硫黄量．

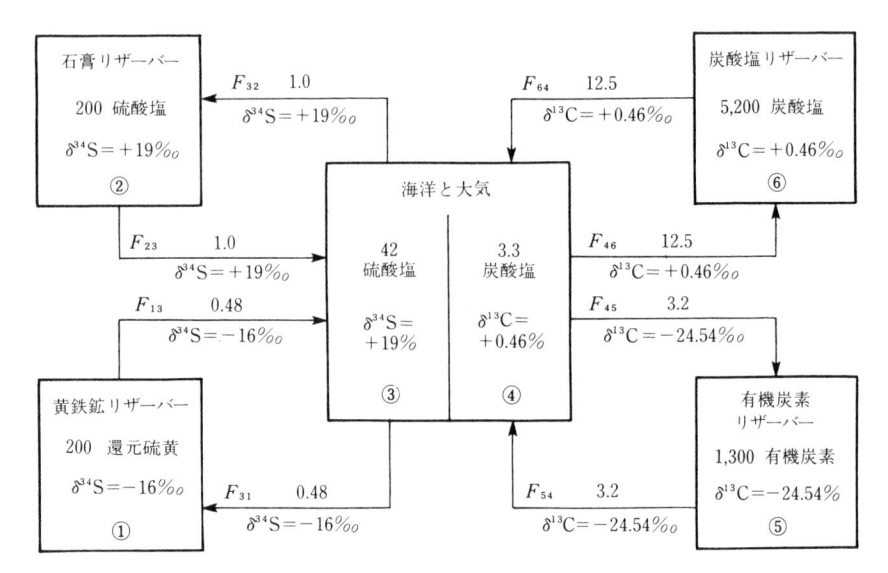

**図5-13** グローバル S-C サイクルの定常モデル（Garrels and Lerman, 1984）
リザーバー中の単位は $10^{18}$ mol, フラックス (F) の単位は $10^{18}$ mol my$^{-1}$.

2) 海洋への風化フラックス（$F_{13}$, $F_{23}$, $F_{54}$, $F_{64}$）は，以下の式のようにリザーバーの質量と1次関係にある．

$$F_{ij} = k_{ij} M_i \quad (\text{質量}/\text{時間}) \tag{5-59}$$

3) 古生代の平均硫黄同位体組成（$\delta S_t$）は一定である．たとえば，

$$\delta_1 S_1 + \delta_2 S_2 + \delta_3 S_3 = \delta S_t \tag{5-60}$$

Sに対して，

$$\frac{dS_2}{dt} = \frac{dS_1}{dt} \tag{5-61}$$

$$\frac{d\delta_3}{dt} = \frac{1}{S_3}\left[\delta_1 k_{13} S_1 + \delta_2 k_{23} S_2 - \delta_3 F_{32} - (\delta_3 - \alpha_S) F_{31}\right] \tag{5-62}$$

ここで，$\alpha_S$ はバクテリアによる硫酸イオンの硫化水素への還元反応の同位体分別係数で 35 ‰．

以上の式を解くために初期値（リザーバーサイズ，安定同位体組成，フラックス）を与え，$\delta_1 S_1$, $\delta_2 S_2$, $\delta_3 S_3$, $S_1$, $S_2$, $F_{31}$, $F_{32}$ を時間の関数として解くことができる．同様にしてCサイクルをもとに解くことができる．Sサイ

クルから求めた硫酸塩鉱物（石膏：$CaSO_4 \cdot 2H_2O$）リザーバーサイズの時間的変化と，Cサイクルから求めた硫酸塩リザーバーサイズの時間的変化が一致した．このことは炭酸塩炭素→有機炭素への還元と，硫化物硫黄→硫酸塩硫黄への酸化とは密接な関係にあることを示している．また，このことは海洋－大気リザーバーが，S，O，Cに関して堆積岩リザーバーに比べ小さく，これらの元素を蓄えるところではなく，通過リザーバーであることを示している．

　Berner（1987）は，以上のGarrels and Lerman（1984）の同位体質量バランスモデルを改良した．すなわち堆積岩リザーバーを2つに分け，1つはリサイクルの速いリザーバーともう1つは遅いリザーバーに分け計算をした．大気－海洋系から堆積物ができると，この新しい堆積物から大気－海洋系へ戻るC，Sもある．しかし，新しい時代の堆積物が堆積岩となる場合もあり，この堆積岩からのC，Sの脱ガスもある．

## 5-6　地球表層環境システム－地球内的システム間物質循環－グローバル地球化学サイクル

　Garrels and Lerman（1984）およびBerner（1987）はS-C-Oサイクルを閉鎖系表層システム内の循環（水圏－大気圏－地殻内物質循環）として解いた．しかし，S-C-Oサイクルに関しては地球表層環境システム（大気，水，地殻）－地球内的システム（マントル）の相互作用を考えなくてよいのであろうか．図5-14では地球表層環境システムと地球内的システムとの関係をわかりやすく示している．以下では，水圏－大気圏－地殻系とマントル間のグローバル物質循環（グローバル地球化学サイクル）について考える．

　まず，海嶺での熱水の影響を考える．海嶺での海水・熱水循環速度を$1.0 \times 10^{21}$ g my$^{-1}$とする（Holland, 1978）．海水から変化した熱水中の$H_2S$濃度は，熱水の温度にもよるが，$10^{-2} \sim 10^{-3}$ mol kg$^{-1}$ $H_2O$である．すなわち海嶺から熱水による$H_2S$のフラックスは$10^{17} \sim 10^{18}$ mol my$^{-1}$となる．

　海水－石膏（蒸発岩）リザーバー間，海水－黄鉄鉱（堆積作用，生物作用による）リザーバー間のフラックスは，それぞれ$1.0 \times 10^{18}$ mol my$^{-1}$，$0.48 \times 10^{18}$ mol my$^{-1}$である（Garrels and Lerman, 1984）．これらと熱水によるフラッ

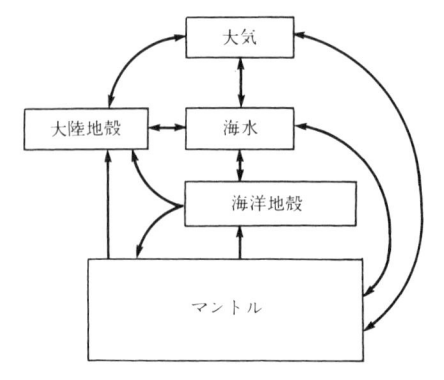

**図5-14** グローバル地球化学サイクル
地球表層環境システム（大気，海洋）と地球内的システム（マントル，海洋地殻，大陸地殻）との関係．

クスは違いがあるとはいえない．熱水によるフラックスの大部分はマントル起源のSと考えてよい．したがって，マントルからのSも海水，大気中へと入ってくることになる．すなわち，地球表層環境システム（大気−水−地殻）を閉鎖系と考えたGarrels and Lerman (1984) やBerner (1987) のモデルは再考を要するといえる．そこで，以下では地球表層環境システム−地球内的システム間のグローバル物質循環について考える．

### 5-6-1 グローバル炭素(C)サイクル

図5-15に，地球表層環境におけるCサイクルを示した．マントルから大気，海洋への$CO_2$の流入は島弧・背弧海盆でのマグマ活動に伴う熱水・火山ガスの流入，海嶺からの熱水・火山ガスの流入によって起こる．大気，海洋からマントルへの$CO_2$の流入は，海洋底堆積物がプレートとともに沈み込むことによって起こる．以下ではそれぞれのフラックスについて求める（鹿園，1995c）．

海水・大気−炭酸塩間，海水・大気−有機炭素間のフラックスは，それぞれ$12.5 \times 10^{18}$ mol my$^{-1}$，$3.2 \times 10^{18}$ mol my$^{-1}$である．ところで海嶺での熱水中の$CO_2$濃度と海水・熱水循環速度から，熱水による$CO_2$のフラックスを求めると$(1 \sim 2) \times 10^{18}$ mol my$^{-1}$となる．これは海水・大気−炭酸塩間のフラ

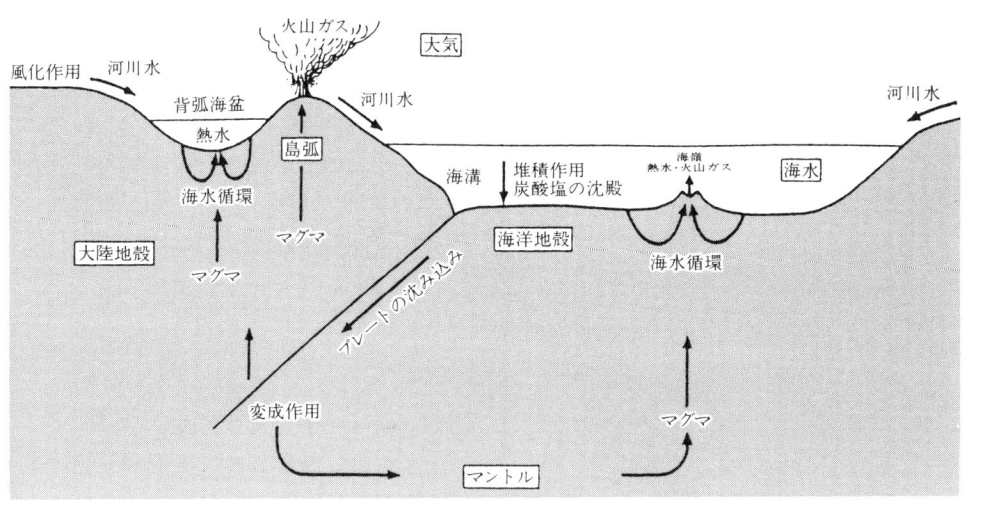

**図5-15** 地球表層環境システムにおける $CO_2$ 循環（鹿園，1995a）
$CO_2$ を含む堆積物は海洋からの炭酸塩の沈殿などによる．この沈殿は，河川水，熱水，火山ガス，大気からの $Ca^{2+}$，$Mg^{2+}$，$CO_2$ の流入と流出に関係している．

ックスよりは小さい．海嶺の熱水に比べて島弧や背弧海盆の熱水や火山ガス中の $CO_2$ 濃度は高い．したがって第三紀の黒鉱鉱床ができたときのように背弧海盆や島弧での熱水，火山活動がさかんであったときには，ここからの熱水によるフラックスは大きいものとなるであろう．さらに，こういう熱水によるフラックス，火山ガスによるフラックスが過去において小さかったという証拠は何もない．むしろこの種の活動が地球史において周期的に起こったと考えられる証拠がみられる．たとえば，マントルプルームは，周期的（数千万年〜1億年間隔）に，地球深部から地球表層部へもたらされ，これに伴う熱水・火山ガスにより $CO_2$ が大気・海洋系へ流入するであろう．このように C，S に関して，地球表層環境システムは決して閉じているのではなく，マントルの影響を受けていると考えられる．

そこで，次に熱水・火山ガスによる $CO_2$ のフラックスに対する影響をより詳しく考える．ここでは，現在の海嶺からの火山ガス，熱水によって，$2 \times 10^{18}$ mol my$^{-1}$（Gerlach, 1989）のフラックスがマントルから大気-海洋系に流入するとする．この大気-海洋系に取り込まれた C は炭酸塩，有機物炭

素となる．炭酸塩，有機物炭素のCの量は$5200 \times 10^{18}$mol，$1300 \times 10^{18}$mol であり，両方を合計すると$6500 \times 10^{18}$mol となる（Garrels and Lerman, 1984）．したがって，$6500 \times 10^{18}$mol を単純にマントルから大気－海洋系へのフラックス，$2 \times 10^{18}$mol my$^{-1}$ で割ると32.5億年という数値が出る．すなわち，地球表層環境システムのCは約32億年かけて，マントルから徐々に脱ガスをしたCであるという考えも成り立つ．この推定はルーベイの「徐々なる脱ガスモデル」を支持するようにもみえる．しかしながら，近年では，プレートの沈み込みにより，地球表層環境システムのCがマントルにいくものもあり，一部は続成作用，火成作用，変成作用によりプレートの沈み込み帯付近から大気－海洋系に再び戻ってくると考えられている．したがって，この戻ってくるCのフラックスとマントルにいくCのフラックスの量比が問題となる．もしもマントルにいくフラックスの方が圧倒的に多く，このフラックスとマントルから海洋－大気系へのフラックスが等しければ，地球表層環境システムのCは地球生成の初期における脱ガスによるものであり，後のマントルからの脱ガスを考えないでよいことになる．

次にプレートの沈み込みによる$CO_2$のフラックスを求める．変質海洋地殻，堆積物の沈み込みによる$CO_2$フラックスは，$1.7 \times 10^{18}$mol my$^{-1}$，$3.7 \times 10^{18}$mol my$^{-1}$である．

ところで，変質玄武岩の$\delta^{13}C$は$-7$‰くらいであり，これはマントルの値とほぼ等しい．したがって，ここでは堆積物のマントルへのフラックスを考え，変質玄武岩によるマントルへのフラックスは考えない．

現在の島弧火山からの$CO_2$の火山ガスフラックスは$1.5 \times 10^{17}$mol my$^{-1}$と小さい．島弧・背弧海盆熱水系の熱水によるフラックスも$(1\sim6) \times 10^{17}$mol my$^{-1}$と小さい（鹿園，1995c）．これらのフラックスは沈み込みによる$CO_2$フラックス（$3.7 \times 10^{18}$mol my$^{-1}$）より小さいので$CO_2$は再び大気－海洋系に戻るというより，沈み込んだ$CO_2$の大部分はマントルへいくと考えられる．この沈み込みフラックス$(3\sim4) \times 10^{18}$mol my$^{-1}$は海嶺からの海水へのフラックス$(1\sim2) \times 10^{18}$mol my$^{-1}$より大きい．沈み込みフラックスの方が大きいのでマントルにCが溜まっていく．しかし，これはスーパープルームにより引き起こされた火山活動に伴う火山ガス・熱水によって再び大気－海洋系

へ流入すると考えられる（鹿園，1995c）．すなわち長期間で考えれば，Cに関してはマントルから地球表層環境システム（海洋，大気，堆積岩）への供給量とマントルへの沈み込み量のバランスがとれていることになり，地球生成時から現在にかけて徐々なる脱ガスによって地球表層環境システムに蓄積されていったという考えは否定される．

　グローバルCサイクルに関する上の議論が正しいとすると，Berner（1987）の求めた$O_2$変動曲線も再考の余地がありそうである．すなわち，Berner（1987）のグローバルC，Sサイクルに関するモデル計算によると二畳紀–石炭紀（約3億年前）の大気中の$O_2$濃度は高くなっている．しかしながら，マントルからの火山活動に伴う大気への$CO_2$の流入を考慮するとBerner（1987）が求めた二畳紀–石炭紀（約3億年前）の大気中の高$O_2$濃度は正しくない可能性もある．Berner（1987）は有機炭素の埋没速度の違いで大気中の酸素濃度が変化すると考えた．すなわち埋没速度が速ければ，

$$CH_2O + O_2 \rightarrow CO_2 + H_2O \tag{5-63}$$

の反応により，$O_2$が消費されるが，埋没速度が小さいと上の反応はあまり起こらず，高$O_2$濃度となると考えられる．実際の反応は上の反応より複雑であり，たとえば，以下の反応を考慮しないといけない．

$$2Fe_2O_3 + 16Ca^{2+} + 16HCO_3^- + 8SO_4^{2-}$$
$$\rightarrow 4FeS_2 + 16CaCO_3 + 8H_2O + 15O_2 \tag{5-64}$$

上の反応が左から右へいくと$O_2$が放出される．具体的には埋没作用時の黄鉄鉱の生成があげられる．また風化作用で有機物や黄鉄鉱が分解すると，大気中の$O_2$濃度は低くなる．上の反応は大気中の$O_2$濃度はCサイクルだけでなく，Sサイクル，Caサイクル，Feサイクルとも関係していることを示している．また，炭酸カルシウムにはSrも取り込まれる．したがって，Srサイクルとも関係している．

## 5-6-2　グローバル硫黄（S）サイクル

　まず火山ガスによるフラックスが重要である．島弧の火山ガス中のSは$CO_2$に比べると少ない．ハワイなどのホットスポットの火山ガス中ではCとSの濃度は同じくらいであるが，ホットスポットの火山ガス噴出量は小さい

**表5-3** マントル−地殻間での揮発性物質循環速度 (日下部, 1990)

|  | 火山岩の生産・沈み込み速度 ($10^{15}$g y$^{-1}$) | 濃度 | | | 移動速度 | | |
|---|---|---|---|---|---|---|---|
|  |  | $H_2O$ (wt %) | $CO_2$ (wt %) | Cl (ppm) | $H_2O$ ($10^{14}$g y$^{-1}$) | $CO_2$ ($10^{14}$g y$^{-1}$) | Cl ($10^{12}$g y$^{-1}$) |
| 中央海嶺 | 56$^I$ | 0.2$^I$ | 0.04$^e$ | 48$^I$ | 1.1 | 0.2 | 2.7 |
| ホットスポット | 4$^I$ | 0.3$^I$ | 0.02$^e$ | 290$^I$ | 0.1 | 0.01 | 1.3 |
| 弧状火山岩 | 5$^I$ | 2$^I$ | — | 900$^I$ | 1.0 | — | 4.5 |
|  | 13$^P$ | 1$^P$ | 0.05$^P$ | — | 1.4 | 0.07 | — |
| 変質海洋地殻 | −60$^I$ | 1.5$^I$ | 0.1$^P$ | 50$^I$ | −8.8 | −0.6 | −2.9 |
| 堆積物 | −1.3$^P$ | 5$^P$ | 12$^P$ | 1200$^I$ | −0.7 | −1.6 | −1.6 |

$^e$Exley *et al*. (1986), $^I$Ito *et al*. (1983), $^P$Peacock (1990).
表中の負号は沈み込みによる地表からの除去を示す．

(表5-3)．海嶺の火山ガスではSとCの濃度は同じくらいであるが，深海で圧力が高いためガスとしてはあまり放出されない．しかし，海嶺などでの海水・熱水循環より，玄武岩からとられたSが熱水に移行し，これが海水へ流入する．高温での玄武岩−海水反応の結果をみると，$H_2S$濃度は$CO_2$濃度の1/10くらいとなっている．したがって，この熱水によるマントルから海洋への$H_2S$のフラックスは$CO_2$フラックスの1/10として$(1\sim2)\times10^{17}$mol my$^{-1}$くらいであろう．

次に沈み込みによるSフラックスの推定を行う．プレートとともに沈み込む変質玄武岩，堆積物のS含有量を0.1 wt % (Kawahata and Shikazono, 1988)とする．変質玄武岩，堆積物のマントルへの沈み込み速度は，$60\times10^{21}$g my$^{-1}$，$1.3\times10^{21}$g my$^{-1}$ (表5-3) であるから，沈み込みによるSのフラックスはそれぞれ$2\times10^{18}$mol my$^{-1}$，$0.04\times10^{18}$mol my$^{-1}$となる．変質玄武岩中のSの大部分はマントル起源である．しかし，この20％は海水からもたらされる(Kawahata and Shikazono, 1988)．すなわち，海水と玄武岩が反応をし，海水中で黄鉄鉱として固定される．玄武岩中のSも溶解し，$H_2S$となり，これが海水中にいく．そして，この$H_2S$が黄鉄鉱にいく．この海水からの玄武岩中で黄鉄鉱として固定され，沈み込みフラックスは$4\times10^{17}$mol my$^{-1}$と推定される．これと沈み込む堆積物中のSのフラックスを足すと$4.4\times10^{17}$mol my$^{-1}$となる．これが海水から堆積物，変質玄武岩にいき，プレートとともに沈み

込むSのフラックスである．ところで，島弧からのSの脱ガスフラックスは，$(1.5\sim5)\times10^{17}$ mol my$^{-1}$である（Wolery and Sleep, 1976）．すなわち，これは，沈み込みフラックスと等しいか，これよりも小さい．推定値の誤差が大きくはっきりしたことはいえないが，小さいとした場合は，Sは沈み込みによりマントルへ蓄積されていく．この一部は海嶺から放出される（$(1\sim2)\times10^{17}$ mol my$^{-1}$）．また，$CO_2$のようにスーパープルームに伴われ，マントルから大気－海洋系に流入する$SO_2$もあるであろう．以上のように考えると，長期的にはマントル－海水間でのSはバランスされているとみなすことができる．

以上より，Sに関しても$CO_2$と同様に地質時代における徐々なる脱ガスによる大気・海洋系へのSの蓄積は起こらなかったと考えられ，ルーベイの徐々なる脱ガスモデルは否定される．

次に以上の議論の検討を行うために，沈み込むSの$\delta^{34}S$を求めてみよう．変質玄武岩中の$\delta^{34}S$としていままでの分析値をもとに$+4$‰を採用する．一方，堆積物中の$\delta^{34}S$を$-20$‰とする．変質玄武岩中のSと堆積物中のSの量比は，約60：1.3である．したがって，沈み込むSの平均的な$\delta^{34}S$は$+1.5$‰となる．これはマントルの$\delta^{34}S(+1$‰$)$に近い．マントルのSは海水のSにより汚染されていると考えられ，このことは上の考えを支持する．

## 5-7 微量元素サイクル

### 5-7-1 ヒ素（As）

背弧海盆の海底で噴出する熱水中にはAsが非常に多く含まれている．たとえば，ラウ背弧海盆の熱水中のAs濃度は$6000\sim11000$ mmol kg$^{-1}$H$_2$Oである（Fouquet et al., 1991）．この熱水によるAsの海水へのフラックスを求めてみる（鹿園，1993）．中期中新世の黒鉱鉱床生成時の熱水中のAs濃度を$1\sim5$ ppmとし，グリーンタフ地域での海水・熱水循環量を$8\times10^{14}$ g y$^{-1}$とすると（Shikazono, 1994b），熱水によるAsのフラックスは$(1.1\sim5.3)\times10^{13}$ mol my$^{-1}$と求められる．これは日本周辺のグリーンタフ地域からのフラックスである．環太平洋地域全体からのフラックスを求めるために，この地域のグリーンタ

フの面積を日本周辺のグリーンタフ地域の20～30倍とし，フラックスが面積に比例するとし，フラックスを求めると，$(2～16)\times 10^{14}\mathrm{mol\ my^{-1}}$となる．これと現在の河川水によるフラックス（$1.0\times 10^{15}\mathrm{mol\ my^{-1}}$）と変わりがないか小さい．しかし，このフラックスを無視することはできない．

次に現在の背弧海盆の海水・熱水循環について考える．背弧海盆での火山岩噴出率は$2.5\times 10^{20}\mathrm{g\ my^{-1}}$である．循環する海水と火山岩との比は10～50が考えられるから，海水・熱水循環量は$(2.5～13)\times 10^{21}\mathrm{g\ my^{-1}}$である．循環海水・熱水中のAs濃度を1～5 ppmとすると，$(3.3～83)\times 10^{13}\mathrm{mol\ my^{-1}}$のフラックスでAsが海洋へ流入していると推定される．島弧の火山でも海底火山がある島弧の火山噴出量は，$0.75\times 10^9\mathrm{m^3}=0.75\times 10^{15}\mathrm{cm^3}\times 2.7\mathrm{g\ y^{-1}}=2.0\times 10^{21}\mathrm{g\ my^{-1}}$で背弧海盆からの噴出量の8倍ある．この噴出量の違いから，この島弧からの熱水によるAsのフラックスを求めると$(2.5～61)\times 10^{14}\mathrm{mol\ my^{-1}}$となる．

以上より，背弧海盆－島弧熱水系から海水に放出されるAsフラックスが莫大であることがわかる．大気から海水に入るAsのフラックスが$3.5\times 10^{13}\mathrm{mol\ my^{-1}}$（Walsh *et al.*, 1979）であるとすると，このフラックスは熱水から海水へいくフラックスに比べると，無視できるくらい小さいといえる．

次に，海嶺における熱水によるAsのフラックスを求める．海嶺熱水のAs濃度は0.01～0.02 ppmである．この濃度は背弧海盆から噴出する熱水のAs濃度に比べると非常に低い．この濃度と海嶺での海水・熱水循環速度（$8\times 10^{21}\mathrm{g\ my^{-1}}$）より，この熱水によるAsフラックスは$(1.1～2.1)\times 10^{13}\mathrm{mol\ my^{-1}}$と求められ，これは島弧－背弧海盆からの熱水によるAsフラックスの1/10～1/300である．

それでは，この海水中のAsはどういうプロセスで海水から除去されるのであろうか．海水からのAsシンクとして最も考えやすいのは，堆積物中での黄鉄鉱の生成である．この黄鉄鉱の生成量はSで$2.4\times 10^{17}\mathrm{mol\ my^{-1}}$と見積られている（Holland, 1978）．したがって，黄鉄鉱によるAsのシンクは$(1.7～3.9)\times 10^{15}\mathrm{mol\ my^{-1}}$となる．これはそれぞれのフラックスの誤差を考慮に入れれば，海水へのAsへの流入フラックス$(1.6～8.1)\times 10^{15}\mathrm{mol\ my^{-1}}$（表5-4）と変わりがないとみなしてよい．したがって，上の議論から黄鉄

表5-4 As の海水への流入,流出と沈み込みフラックス (mol my$^{-1}$)(鹿園,1993)

(a) 流入

| | |
|---|---|
| ①河川水 | $1.0 \times 10^{15}$ |
| ②熱水 | |
| 　島弧-背弧海盆 | $(2.7\sim69) \times 10^{14}$ |
| 　中央海嶺軸 | $(1.1\sim2.1) \times 10^{13}$ |
| ③火山ガス | $3.5 \times 10^{13}$(最大) |
| ④大気 | $3.5 \times 10^{13}$ |
| 海洋底玄武岩の風化 | $(3.6\sim12) \times 10^{12}$ |
| 計 | $(1.6\sim8.1) \times 10^{15}$ |

(b) 流出

| | |
|---|---|
| ⑥堆積 | $(1.7\sim3.9) \times 10^{15}$ |
| 　(黄鉄鉱の生成) | |
| ⑦大気 | $1.9 \times 10^{12}$ |
| 計 | $(1.7\sim3.9) \times 10^{15}$ |

(c) 沈み込みフラックス　　　　　$(5.3\sim11) \times 10^{14}$

鉱の生成により海水中の As がほとんど取られ,海水中の As は熱水の流入,河川水の流入,黄鉄鉱の生成で主として決められることがわかる.このほかの海水への流入,流出として,火山ガス,大気,海底玄武岩の風化があげられるが,これらのフラックスは小さい(表5-4).

海水中の As 量は $5.6 \times 10^{13}$mol であるので,これを As の流入 $(1.6\sim8.1) \times 10^{15}$mol my$^{-1}$ で割ると,$(0.6\sim3.5) \times 10^{4}$ 年と求められる.これはいままでの河川フラックスをもとにした滞留時間の推定値($10^5$ 年;ホランド,1979)より短い.

海水から堆積物へ移行した As は,海洋プレートの沈み込みとともに地殻深部へと移行する.このほかに変質玄武岩中の As も移行する.次にこの沈み込みによる As フラックスの推定を行う.

まず,沈み込みによるSフラックスは以下のように求められる.変質玄武岩および堆積物のS含有量を分析値をもとに 0.1 wt % とする(Kawahata and Shikazono, 1988).変質玄武岩,堆積物のマントルへの沈み込み速度は,$60 \times 10^{21}$g my$^{-1}$,$1.3 \times 10^{21}$g my$^{-1}$ である(日下部,1990).以上より沈み込み

によるSのフラックスは$0.19\times10^{19}$g my$^{-1}$と求められる．黄鉄鉱中のAs含有量より，As/S比を$(8.7\pm3)\times10^{-4}$とすると，沈み込みによるAsフラックスは$(0.07\sim0.15)\times10^{14}$mol my$^{-1}$と求められる．これは，この島弧-背弧海盆からの熱水によるAsフラックス（$(0.036\sim0.92)\times10^{14}$mol my$^{-1}$）と等しいか，これより小さいとみなせる．すなわち沈み込みにより深部に移行したAsの大部分は，熱水活動によりほとんどが海水に戻るという解釈が成り立つ．このほかに沈み込んでいくAsではなく，地殻から熱水や火山ガスによってAsが海水へ移行することもあるかもしれない．

以上のことより，堆積物中のAsは沈み込みに伴う火山ガス，熱水によって再び地球表層環境システムへ運ばれることがわかる．この火山ガス，熱水中のAsの一部は変質玄武岩中の黄鉄鉱からもたらされるであろう．変質玄武岩中の残りの部分はマントルへといく．そしておそらく海嶺から海水へと戻ってくるが，そのフラックスは小さい．

以上，推定したAsの海水への流入フラックス，海水からの流出フラックスを表5-4にまとめた．

大気中のAsに関してエアロゾルの分析から，いままでAsは人為的影響が大きいと思われていたが（この理由は，岩石の風化によって説明できないほどのPb，Hg，Cuなどがエアロゾルに含まれているということがわかったことによる），最近火山ガスにもこのような金属が含まれていることがわかってきたため，火山からの影響もけっこう大きいと考えられている．この考えは，熱水によるAs放出量が大きいという上で述べた考えと調和的である．

### 5-7-2 ホウ素（B）

上記のAsのフラックスと同様にして，島弧・背弧系からの熱水によるBのフラックスを求めることができる．背弧海盆であるラウ海盆の海底から噴出している熱水中のBの濃度は$770\sim870\,\mu$mol kg$^{-1}$H$_2$Oである（Fouquet et al., 1991）．ほかの背弧海盆・島弧から噴出している熱水中にも同様な濃度のBが含まれている（Gamo, 1995）．現在の背弧海盆での海水・熱水循環速度を$(1.3\sim2.5)\times10^{21}$g my$^{-1}$とすると，背弧海盆での熱水によるBのフラック

スは $(2.3 \sim 12) \times 10^{14}$ mol my$^{-1}$ と求められる．島弧熱水系からのBのフラックスの見積りは難しい．しかし，島弧の火山噴出率は 0.75 km$^3$y$^{-1}$ で背弧海盆の 0.1 km$^3$y$^{-1}$ より1桁くらい大きいことが予想される．河川水によるBのフラックスは $4.3 \times 10^{16}$ mol my$^{-1}$ であるので，これと比べ小さいであろうが決して無視できるとはいえない．プレートとともに沈み込むBはほとんどが火山ガスや熱水によって地殻，大気，海水へ運ばれ，マントルにいくBは小さいと推定される．

このことは，島弧火山岩中のB含量と $^{10}$Be 含量との正の関係からもいえる（Morris et al., 1990）．この $^{10}$Be は高層大気中の酸素，窒素に宇宙線があたることによって生成し，これが大気→海水→堆積物へいく．すなわち半減期約150万年の $^{10}$Be は海底堆積物中に含まれていて，これが島弧火山岩中に含まれていることは，島弧火山岩が海底堆積物の影響を受けていることを意味している．

### 5-7-3　そのほかの元素（鉱床構成元素）

以上，熱水の化学組成データを中心にいくつかの元素の熱水によるフラックスの見積りを行った．しかしながら，背弧海盆の熱水や島弧の熱水の詳しい分析値は少なく，多くの微量元素のデータはない．そこで第三紀の背弧海盆で生成した黒鉱鉱床の鉱石の分析値をもとにして，背弧海盆での熱水の地球化学的特徴から，これらのフラックスに関する定性的な考察を行う．

図5-16は，黒鉱鉱床の鉱石の平均組成と花崗岩の平均組成の関係をみたものである．花崗岩の平均組成は，近似的に大陸地殻の平均組成とみなしてもよいであろう．この鉱石には，Hg, Tl, Pb, Zn, Cu, As, Sb, Bi, Se, In, Ag, Cd など硫化鉱物をつくりやすい元素が大陸地殻に比べて濃集していることがわかる．また，この黒鉱鉱床と海嶺熱水性鉱床の鉱石組成を比較してみると，黒鉱鉱床には相対的に Ba, Hg, As, Cu, Pb, Si, Ag, Au, Bi, Ga, Ge, Sb, Sr, Tl が濃集している．すなわち，黒鉱鉱床をもたらした熱水溶液には親銅元素や Pearson (1968) のいうソフト元素や揮発性元素が濃集しているといえる．いままでの議論から，背弧海盆からの As, Hg, Ba の熱水によるフラックスが大きいことが予想される．

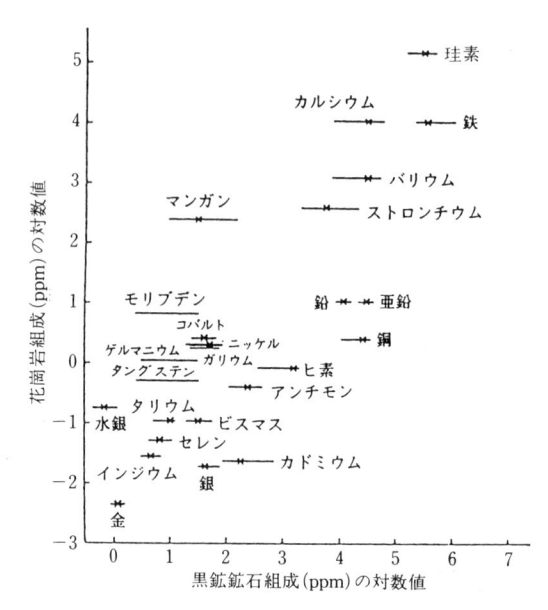

**図5-16** 黒鉱鉱石の平均化学組成と花崗岩の平均組成（梶原，1983；鹿園，1988）

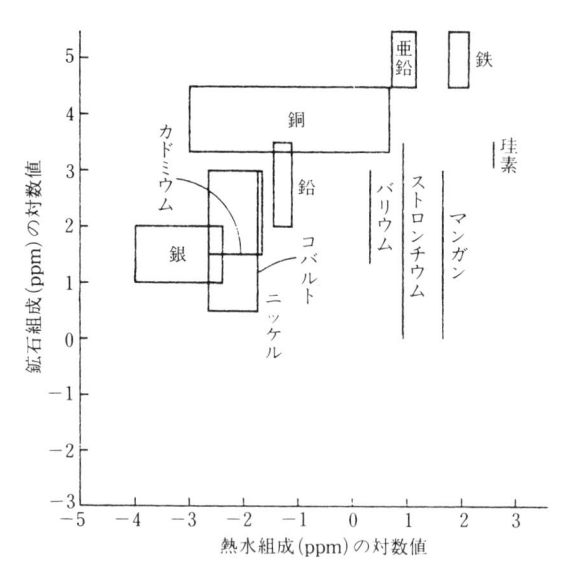

**図5-17** 海嶺の熱水溶液の組成と海嶺鉱床の鉱石組成の関係（鹿園，1988）

図 5-17 は海嶺の熱水溶液の組成と海嶺鉱床の鉱石組成の関係をみたものである．これより Fe, Mn, Ba などは，鉱床にあまり固定されないで海水中へと移行することがわかる．これに対して，Cu, Zn, Pb, Ag, Au, Bi, Hg, Sb, As などは硫化鉱物として鉱床に固定されやすい．この傾向は，図 5-16 の傾向と一致している．

## 5-8　島弧・背弧系における揮発性元素の濃集原因

　以上の議論から，As, B, Sb, Tl などの揮発性元素は，背弧海盆や島弧の熱水から海水へもたらされるフラックスがおそらく大きいといえる．そして沈み込みによるフラックスと，これが沈み込み帯から熱水・火山ガスとして放出されるフラックスがほぼ等しいか，またはこれより大きいと思われる．すなわち，これらの元素は沈み込み帯で海水－海洋地殻－大陸地殻間で循環をしていると考えられる．しかし，$CO_2$ は大部分マントルにいき，島弧・背弧系から熱水・火山ガスとして放出されるフラックスは少ないと思われる．このマントルからの $CO_2$ のフラックスと沈み込みによるフラックスは，長期間（数億年）を考えると大体バランスがとれている（鹿園，1995c）．すなわち，$CO_2$ は海洋地殻－沈み込み帯－マントル間で循環をしている．このように元素によって地球表層部付近での循環パターンは異なる．

　これらの元素や重金属元素が海嶺や背弧海盆の熱水から海水へもたらされたとしても，これらは鉱物（主として硫化物）として固定されるので，海水からすぐ取り除かれるであろう．しかし，海底風化によって，これがまた海水へ移動するものも多い．事実，海嶺においては，熱水性鉱床ができても，これはすぐに風化をするらしい．しかし，背弧海盆や陸に近い海嶺でできた鉱床の場合は，鉱床ができた後に堆積物がすぐに覆ってしまうので鉱床が保存されることになる．硫化物が風化を受け，海水中へと溶けていくが，その後は，マンガンノジュールなどへと水酸化物の形で海底で固定される．この固定されたものが堆積し，還元的環境になると間隙水中へ溶けていく．以上のように海底付近では常に元素の固定化・溶出が起こっていて，場の違いでこれらの固定化や溶出速度が異なっている．

プレートの沈み込み場での海底熱水系からの揮発性元素（As, B, Hg, Cl など）のフラックスがかなり大きい理由として，プレートの沈み込みによる堆積物や変質玄武岩からの供給をこれまでは考えた（5-7）．

　プレートの沈み込み物質が火山ガスや熱水により放出されるというプロセスがあることは，Be 同位体の研究から明らかにされている．すなわち，島弧火山中に $^{10}$Be が検出されている．このことは深海堆積物からの Be の供給があったことを示す．$^{206}$Pb/$^{204}$Pb，$^{3}$He/$^{4}$He，硫黄同位体組成（$\delta^{34}$S），水素同位体組成（$\delta$D）の研究もこの考えを支持する．たとえば，島弧の深部熱水の $\delta$D は $-15$ ‰～$-30$ ‰ くらいである．これはマントルの値（$-60$ ‰～$-90$ ‰）よりかなり大きく，堆積物の $\delta$D とほぼ一致する（Giggenbach, 1992）．島弧火山の $\delta^{34}$S は数‰である．これはマントル値（$0.3\pm0.5$ ‰）よりかなり大きく，海底変質玄武岩の値と一致する．この島弧火山岩の $\delta^{34}$S がマントルの値よりもかなり大きいことは，島弧火山岩が海水によって汚染されていることを示唆する．このほかの理由として以下も考えられる．

　1）島弧近くでは海底堆積物が厚く，これらがマグマの貫入などにより熱せられ，揮発性元素が堆積物から供給される．

　2）マグマ－流体間または岩石－流体間の元素分配によって，島弧・背弧系では，熱水や火山ガスにこれらの元素が多く濃集される．

　3）島弧でのマグマの発生，上昇，固結の過程で揮発性元素が次第にマグマに濃集していく．

　背弧海盆ではないが，堆積物の厚いファンデフカ海嶺の熱水の $CO_2$ が高いこと，pH が高いこと，Pb や As に富むことなどが，堆積物の影響によると考えられることから，1）のプロセスも考えられる．

　2）についても十分考えられる．島弧のマグマは海嶺玄武岩マグマに比べて酸素分圧が高い．このことである種の元素（たとえば，S, Au, Cu など）は流体に濃集する．これは以下の反応を考えれば明らかである．

$$Au + H^+ + 1/4 O_2 \rightarrow Au^+ + 1/2 H_2O \qquad (5\text{-}65)$$

$$HS^- + H^+ + 3/2 O_2 \rightarrow SO_2 + H_2O \qquad (5\text{-}66)$$

　このほかに S の挙動も重要である．Au, Hg, As, Sb, Te などは水溶液中で S と結びつきやすく，S 濃度に支配されやすい．しかし，すべての元素の

説明をすることは難しい．たとえば，BはSと結びつきやすいわけではない．Asは火山ガス中では$AsH_3$という還元種をとりやすいといわれているので，酸化的流体に濃集するとはいえない．

　マグマの発生の段階では，起源物質，温度・圧力条件，部分融解の程度，水の量が問題になる．上昇の過程では，結晶分化作用，分別結晶化作用，マグマの物理化学的性質（粘性，水の量，酸素分圧，温度，圧力など），マグマ同士の混合，まわりの岩石との反応（混成作用）が問題になる．これらは島弧のマグマの成因に関する問題であり，今後の重要な課題である．特に以上のプロセスにおける揮発性元素の挙動に関する基礎的な研究（たとえば，結晶－マグマ間，マグマ－気相間の分配など）が行われることが望まれる．

　以上，元素の地球表層環境システム内でのグローバル循環についてのボックスモデルと，この循環に対する熱水によるフラックスの影響について考えた．しかし，問題点は多く残っている．これらの主なものは，1）沈み込みによるフラックスが正確に求まっていない，2）プレートは沈み込まないで，島弧に付加される場合もあるが，この付加フラックスを考慮していない，3）沈み込み帯から脱ガスされるとき，大気－海洋系にいかないで，近くに蓄積されることもあり，この地殻から大気－海洋系に供給されることもあるであろう，4）As，Sb，Hgなどは海底堆積物中の有機物中にも含まれる．これらの役割についても短い時間スケールに対しては考慮する必要があろう，5）固体地球（地殻，マントル）はかなり不均一であり，もっと多くのボックスを考えたり，ボックスモデル以外のモデル（押し出し流れモデルなど）を考える必要があるであろう（Albarede, 1995）．

#  6
# 地球表層環境問題

　近年では人間社会システムから出される廃棄物，廃熱の量が増大し，これが地球表層環境内の相互作用に対して影響を与え，地球環境問題として人間社会システムへフィードバックされてきている．したがって，ほかのサブシステムに対する人間社会システムの影響を考慮しないことには，地球表層環境システム内の物質移動のメカニズム，フラックスについて論ずることができなくなってきている．以下では，いままで考えてきた地球表層環境システムにおける物質循環や地球化学サイクルに対する人間社会システムの影響について具体的に考えてみる．

　人間社会システムから放出される物質（廃棄物）は，大気，水，土壌，生物へと移行する．しかし，岩石（地殻，マントル，コア）へいく量は非常に少ない．すなわち，人間社会システムは，自然システムにおける短期的物質循環（生物化学サイクル）に対して影響を与えるが，長期的物質循環（地球化学サイクル，グローバル地球化学サイクル）に対しての影響はほとんどない．

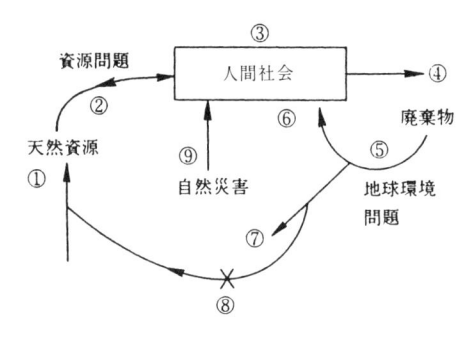

図6-1　自然－人間社会システムにおける物質の流れ

図6-1に自然－人間社会システム間の物質の流れを示した．この図に示すように，自然－人間社会システム間では多くの相互作用が起こっている．ここでは，これらのすべてを扱うわけにはいかないので，重要な環境問題に焦点をしぼりたい．環境問題のなかでも，人間社会システムから廃棄物が生み出されるまでのプロセス，廃棄物にはどういうものがあるのか，および廃棄物の影響を受けた自然システムが人間社会システムに与える影響についてはほとんど述べない．ここでは人間社会システムから出される廃棄物のフラックスと自然システム内における物質移動メカニズムに焦点をしぼる．この章では，いままでの議論の進め方と同様に基礎的扱い（プロセスの定量的解明）を中心に述べるが，人間社会システムが地球化学サイクルに与える影響の定量的見積りも行ってみたい．具体的には図6-1の④，⑤，⑥のプロセスについて考える．

## 6-1　人間社会システムから大気圏へのフラックス

　これは図6-1の④のプロセスにあたる．人間社会システムからさまざまな気体が大気に放出される．このフラックスと自然の作用によるフラックスを表6-1にまとめた（西村，1991）．
　これより明らかなように多くの気体で人為的作用によるフラックスが自然作用によるフラックスを上回っている．以下では主な成分のフラックスについて考える．

### 6-1-1　二酸化炭素（$CO_2$）

　人間社会システムから自然システム（大気）への $CO_2$ フラックスおよび自然システム内での $CO_2$ フラックスを表6-2にまとめた．
　この表より人間社会システムから自然システムへの $CO_2$ フラックスとして，化石燃料の燃焼とセメント工場からの放出が大きく，これは光合成反応による炭素固定や有機物の分解による放出の約7％であるといえる．この人間社会システムから放出されるフラックスは近年急激に増加している．人間が放出する $CO_2$ の総量を推定することはできる．このことから，この放出量す

表6-1 諸起源から大気へ放出される量の見積り ($10^8$ g y$^{-1}$) (西村, 1991)

| 元素 | 岩石の風化 | 火山噴火 | 火山ガス | 工業活動 | 石炭・石油の燃焼 | A 岩石の風化と火山の計 | B 工業活動と燃料の燃焼の計 | 人類活動の寄与(%) $\frac{B}{A+B}\times 100$ | 空経由によって動く量／河川によって動く量 |
|---|---|---|---|---|---|---|---|---|---|
| アルミニウム (Al) | 356,500 | 132,750 | 8.4 | 40,000 | 32,000 | 489,260 | 72,000 | 13 | 0.002 |
| チタン (Ti) | 23,000 | 12,000 | — | 3,600 | 1,600 | 35,000 | 5,200 | 13 | 0.003 |
| サマリウム (Sm) | 32 | 9 | — | 7 | 5 | 41 | 12 | 23 | 0.003 |
| 鉄 (Fe) | 190,000 | 87,750 | 3.7 | 75,000 | 32,000 | 277,750 | 107,000 | 28 | 0.005 |
| マンガン (Mn) | 4,250 | 1,800 | 2.1 | 3,000 | 160 | 6,050 | 3,160 | 34 | 0.019 |
| コバルト (Co) | 40 | 30 | 0.04 | 24 | 20 | 70 | 44 | 39 | 0.018 |
| クロム (Cr) | 500 | 84 | 0.005 | 650 | 290 | 584 | 940 | 62 | 0.042 |
| バナジウム (V) | 500 | 150 | 0.05 | 1,000 | 1,100 | 650 | 2,100 | 76 | 0.079 |
| ニッケル (Ni) | 200 | 83 | 0.0009 | 600 | 380 | 283 | 980 | 78 | 0.092 |
| 錫 (Sn) | 50 | 2.4 | 0.005 | 400 | 30 | 52 | 430 | 89 | — |
| 銅 (Cu) | 100 | 93 | 0.012 | 2,200 | 430 | 193 | 2,630 | 93 | 0.236 |
| カドミウム (Cd) | 2.5 | 0.4 | 0.001 | 40 | 15 | 2.9 | 55 | 95 | 0.425 |
| 亜鉛 (Zn) | 250 | 108 | 0.14 | 7,000 | 1,400 | 358 | 8,400 | 96 | 0.400 |
| ヒ素 (As) | 25 | 3 | 0.1 | 620 | 160 | 28 | 780 | 97 | 0.967 |
| セレン (Se) | 3 | 1 | 0.13 | 50 | 90 | 4 | 140 | 97 | 1.111 |
| アンチモン (Sb) | 9.5 | 0.3 | 0.013 | 200 | 180 | 19.8 | 380 | 97 | 0.340 |
| モリブデン (Mo) | 10 | 1.4 | 0.02 | 100 | 410 | 11 | 510 | 98 | 0.443 |
| 銀 (Ag) | 0.5 | 0.1 | 0.0006 | 40 | 10 | 0.6 | 50 | 99 | 0.077 |
| 水銀 (Hg) | 0.3 | 0.1 | 0.001 | 50 | 60 | 0.4 | 110 | 100 | 7.885 |
| 鉛 (Pb) | 50 | 8.7 | 0.012 | 16,000 | 4,300 | 59 | 20,300 | 100 | 1.213 |

**表6-2** $CO_2$ フラックス（Cのフラックス×$10^{15}$ g y$^{-1}$）(Holland, 1978)

| | |
|---|---|
| 化石燃料燃焼 | 4.2 |
| セメント工業 | 0.7 |
| 炭素の酸化 | $0.09 \pm 0.02$ |
| 炭素の沈澱 | $0.12 \pm 0.03$ |
| 炭酸塩への正味のフラックス | $0.06 \pm 0.04$ |
| 炭酸塩の風化 | $0.16 \pm 0.04$ |
| 炭酸塩の沈澱 | $0.22 \pm 0.04$ |
| 変成作用と火成作用による脱ガス | $0.09 \pm 0.03$ |

べてが大気中にとどまるとしたら，大気中の$CO_2$濃度の増加率がどのくらいであるのかがわかる．ところが，この実測値はこの増加率による推定値とは異なる．この実測値は推定値の約50％である．すなわち，人間活動より放出された$CO_2$量の半分が大気から除去されている．どこに除去されているのかがはっきりしないので，この問題を$CO_2$ミッシングシンク問題という．この$CO_2$ミッシングシンクについて多くの議論があるが，北方林による$CO_2$の吸収が考えやすいといわれている．しかし，海水による吸収，砂漠での炭酸塩の生成，化学的風化も影響を与えると思われ，主なシンクが何であるのかはいまのところ定かでない．

## 6-1-2 硫黄(S)

地球表層部でのSの循環に関する見積りの例を図6-2に示した．工業活動（化石燃料燃焼，製錬）による大気へのSの供給量は$113 \times 10^{12}$ g y$^{-1}$であり，これは火山活動による量（$14 \times 10^{12}$ g y$^{-1}$）に比べると8倍くらいある．また河川水から海水へいくSは$208 \times 10^{12}$ g y$^{-1}$であるが，人間活動によるものは，この半分近くもあると推定されている（Holland, 1978）．Sは，ほかの元素（C, N, Pなど）に比べて人間活動の影響が大きい元素である．

従来の見積りでは酸性雨中のSの多くが河川水へと移行すると考えられている．しかし，後で述べるように，酸性雨は土壌と反応し，また蒸発することで硫酸塩鉱物として固定されることもある．この土壌中に固定される硫酸塩鉱物を考慮に入れると，Holland（1978）などによる従来の見積りよりも，河川水中のSへの人間の寄与の割合は小さくなると思われる．このほかに，

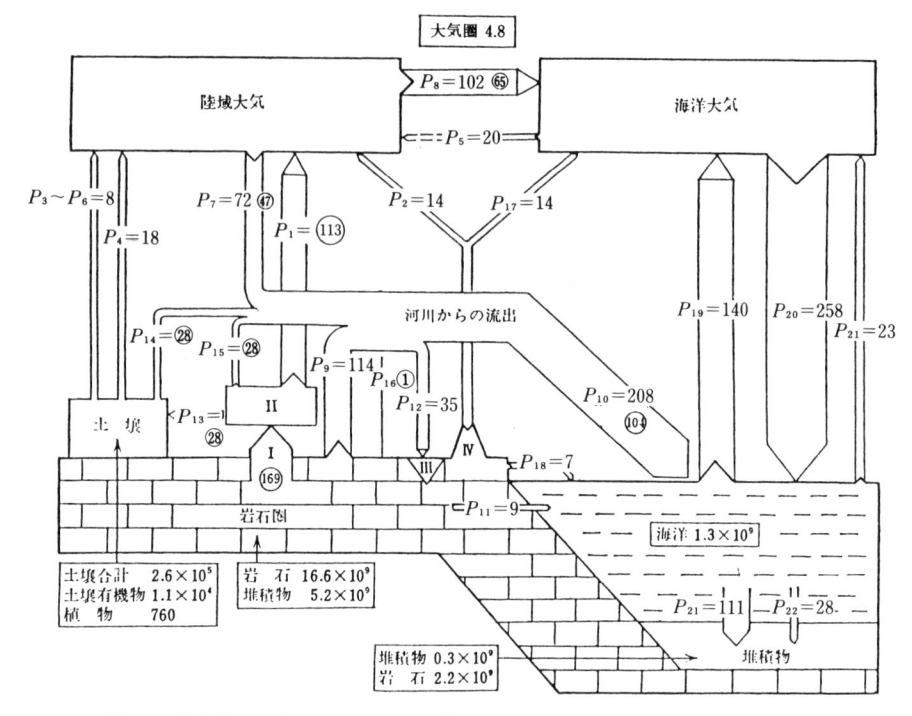

図6-2 地球上におけるSの現存量($10^6$t)および循環速度($10^6$t y$^{-1}$)(木村, 1989)
 [記号] Ⅰ:含硫黄鉱物の採掘, Ⅱ:工業活動, Ⅲ:陸水, Ⅳ:火山. [循環] $P_1$:燃焼・製錬, $P_2$:火山活動, $P_3$:粉塵, $P_4$:生物活動, $P_5$:大気圏における海洋から陸域への流入, $P_6$:大型粉塵の落下, $P_7$:落下・降水, $P_8$:大気圏における陸域から海洋への流入, $P_9$:風化, $P_{10}$:河川からの流出, $P_{11}$:地下水による流出, $P_{12}$:陸水への流入, $P_{13}$:施肥, $P_{14}$:肥料の溶脱, $P_{15}$:化学工業からの流出, $P_{16}$:酸性鉱床からの流出, $P_{17}$:火山活動, $P_{18}$:海岸侵食, $P_{19}$:海水飛沫, $P_{20}$:落下・降水, $P_{21}$:硫化物の沈積, $P_{22}$:硫酸塩の沈積, $P_{23}$:生物活動.

それぞれのフラックスについて考慮されていない事象による誤差がある.また,これらのフラックスは時間とともに変化することに注意しないといけない.SはCとともに最もよく研究されている元素であるが,それでもこのフラックスの見積りは研究者によってかなり相違がみられる(表6-3).

## 6-1-3 リン(P)

図6-3にPの短期的サイクルを示す(木村, 1989).Pのほとんどは岩石

表6-3 Sの河川フラックス (Brimblecombe *et al.*, 1989)

| | Meybeck (1978) | Ivanov *et al.* (1983) | Husar and Husar (1985) |
|---|---|---|---|
| 河川の数 | 40 | — | 54 |
| 全流出量($10^{16} l\ y^{-1}$) | 3.74 | 4.24 | 4.1 |
| 平均硫黄濃度(mg $l^{-1}$) | 2.8 | 4.9 | 3.2 |
| 自然による河川の硫黄フラックス($10^{12}$ g $y^{-1}$) | — | 104 | 46〜85 |
| 人間活動による河川の硫黄フラックス($10^{12}$ g $y^{-1}$) | — | 93 | 46〜85 |
| 全河川フラックス($10^{12}$ g $y^{-1}$) | — | 208 | 131〜170 |

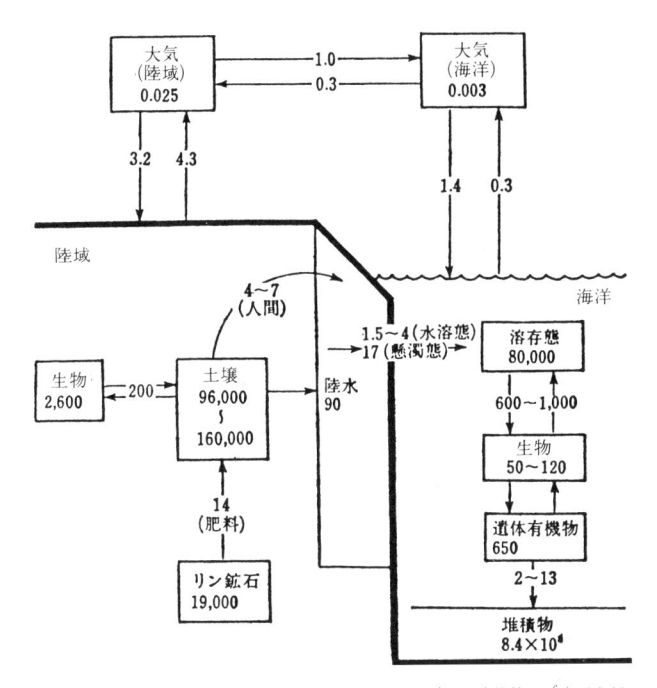

図6-3 短期的Pサイクルと地球上におけるPの現存量(単位$10^6$t)(木村, 1989) フラックスの単位は$10^6$t $y^{-1}$.

圏・水圏中に含まれ,大気圏中では少ない.したがって,大気圏-岩石圏,大気圏-水圏間の移行速度も小さい.土壌中のPの量は $(96〜160) \times 10^{15}$g と多い.生物中のPの量は,陸上生物で $26 \times 10^{26}$g $y^{-1}$,海洋生物中で $(5〜12) \times 10^{13}$g $y^{-1}$ である.人間が肥料としてPを土壌にまく量が増えているた

めに，土壌中のPの量が増えている．人間は堆積岩からPを採掘し，取り入れている（$0.4 \times 10^{12}$ mol y$^{-1}$; Garrels *et al.*, 1975）．そしてこれを土壌に放出する．この人間が取り入れているPのフラックスは，岩石の風化によって土壌にいくPのフラックス（$0.55 \times 10^{12}$ mol y$^{-1}$）と変わりがない．

### 6-1-4　微量元素

人間社会システムから大気への微量元素のフラックスを表6-1，表6-4に示した（西村，1991；Garrels *et al.*, 1975）．これより，Pb，Hg，Ag，Mo，Cd，Snなどの微量元素の人間社会システムから大気へのフラックスが岩石の風化＋火山による大気へのフラックスよりもかなり大きいことがわかる．これらの微量元素の大気へのフラックスは，主に鉱石の製錬，石炭・石油の燃焼による．ところが，Al，Ti，Fe，Mn，Coなどについては，人間活動の寄与率が低い．近年，エアロゾルの分析も多く行われるようになってきたが，微量元素の分析例は少なく，またこれらの起源については明らかでないことが多い．

図6-4には，人間活動の始まった以前とそれ以降の水銀（Hg）サイクル

**表6-4**　微量元素のフラックス（単位 $10^{12}$ g y$^{-1}$）（Garrels *et al.*, 1975）

| 金属 | 鉱山 | 人間社会システムからの放出量 | 雨水による大気からの除去量 | 河川による流出量 |
| --- | --- | --- | --- | --- |
| 鉛 | 3 | 0.40 | 0.31 | 0.42 |
| 銅 | 6 | 0.21 | 0.19 | 0.82 |
| バナジウム | 0.02 | 0.09 | 0.02 | 2.4 |
| ニッケル | 0.48 | 0.05 | 0.12 | 1.2 |
| クロム | 2 | 0.05 | 0.07 | 1.7 |
| 錫 | 0.2 | 0.04 | — | 0.27 |
| カドミウム | 0.014 | 0.004 | — | 0.04 |
| ヒ素 | 0.06 | 0.05 | 0.19 | 0.3 |
| 水銀 | 0.009 | 0.01 | 0.001 | 0.005 |
| 亜鉛 | 5 | 0.73 | 1.04 | 1.8 |
| セレン | 0.002 | 0.009 | 0.03 | 0.02 |
| 銀 | 0.01 | 0.003 | — | 0.03 |
| アンチモン | 0.07 | 0.03 | 0.03 | 0.09 |

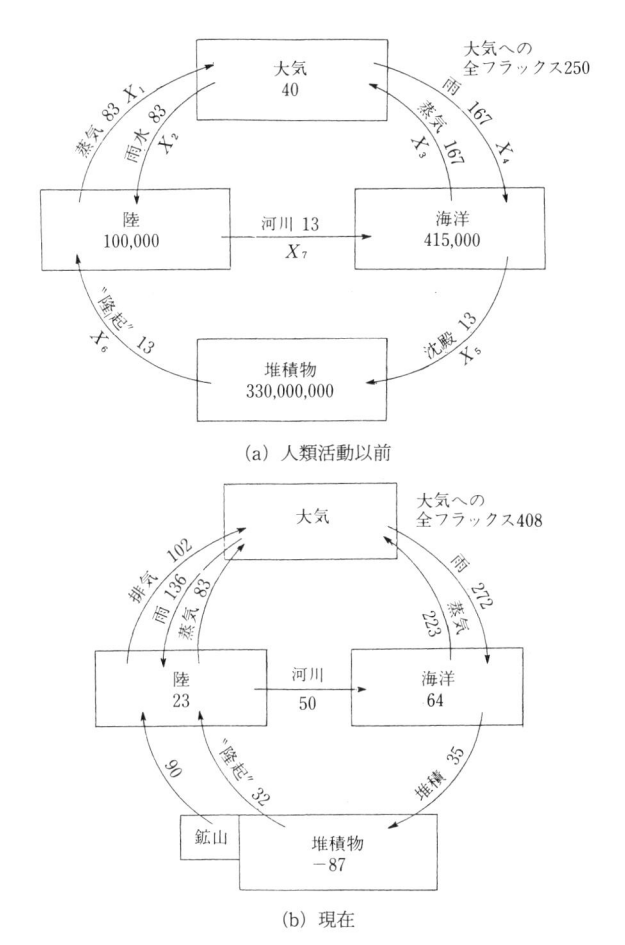

**図6-4** Hg の地球化学サイクル（Garrels *et al.*, 1975）
リザーバーの存在量の単位は $10^8$Gt，フラックスの単位は $10^8$Gt y$^{-1}$．

を示す．人間活動によって岩石から Hg が採られ，これによって大気にいくフラックス，河川から海洋にいくフラックスが非常に増えたことがわかる．現在では，海洋や陸上へいく Hg の 2/3 は人間活動によるものといわれている（Mason *et al.*, 1994）．

このような Hg サイクルを明らかにするためには，Hg の存在状態と反応について知らないといけない（Bunce, 1991）．

人間は鉱床からHgをHgSの形で取り入れている．これを大気中で熱すると，
$$HgS + O_2 \rightarrow Hg(g) + SO_2 \tag{6-1}$$
という反応でHgガスが大気に放出される．水溶液中ではHgは+1価ではなく，+2価として存在する．塩化銀$Hg_2Cl_2$が水溶液中に溶けると，
$$2Hg^+ \rightarrow Hg^{2+} + Hg \tag{6-2}$$
という反応で，Hgが水溶液から除かれ，堆積物へいく．堆積物が還元的で$H_2S$が多いと，
$$Hg + H_2S \rightarrow HgS + H_2 \tag{6-3}$$
の反応でHgSが生成される．

Hgは，水溶液中ではさまざまな形態をとるが，$Cl^-$や$HS^-$の濃度が高いと，Hgのクロロ錯体，チオ錯体となる．これらの濃度が低いと，pHの違いで$Hg(OH)O_2$，$HgOH^+$，$Hg^{2+}$となる．Hgは無機化学的反応以外に生物の働きでさまざまな形態となる．たとえば，有害な$CH_3Hg^+$，$(CH_3)_2Hg$となる．以下の反応で$Hg^+$とメチルコバルアミン（$L_5C_0-CH_3$）が反応して$CH_3Hg^+$になることもある．
$$L_5C_0-CH_3 + Hg^{2+} \rightarrow L_5C_0^+ + CH_3Hg^+ \tag{6-4}$$
貝類などの生体中ではHgは，$CH_3HgCl$，$CH_3HgSCH_3$となる．

## 6-2　人間社会システムから水圏,土壌へのフラックスと物質移動メカニズム

水圏は，雨水，湖沼水，地下水，河川水，海水などよりなるが，ここでは，これらの水圏および土壌中における人間社会システムによって影響を受ける元素組成の変動要因について考える．

### 6-2-1　酸性雨 - 土壌 - 地下水プロセス

$SO_2$や$NO_x$が人間社会システムから自然システムに出されると，これらの気体が雨水に溶け，酸性雨となる．酸性雨が降り，土壌と反応し，さまざまな物質を溶解する．その間に酸性雨は中和され，下部の地層中へ浸透し，地下水となる．以下ではこのプロセスについて考える．

(1) 雨水−大気反応

　人間社会システムから出された気体は，雨水と反応し，一部は大気から除かれていく．雨水の組成を考えるとき，水溶液に対するさまざまな気体の溶解度データが基本となる．雨水のpHを定める気体として$CO_2$は最も重要である．そこで$H_2O$-$CO_2$系のpHを求める．そのために，以下の反応を考える．

$$H_2O + CO_2 = HCO_3^- + H^+ \tag{6-5}$$

この平衡定数は，

$$K_{6-5} = \frac{m_{H^+} \cdot m_{HCO_3^-}}{P_{CO_2}} = 10^{-7.83} (25℃) \tag{6-6}$$

である．これに$P_{CO_2} = 3.1 \times 10^{-4}$atmを入れると，$m_{H^+} \cdot m_{HCO_3^-} = 10^{-11.34}$となる．$H_2O$-$CO_2$系の溶存種として，$H_2CO_3$，$H^+$，$OH^-$，$HCO_3^-$，$CO_3^{2-}$があげられる．したがって，この電気的中性の条件は，$m_{H^+} = m_{HCO_3^-} + m_{OH^-} + 2m_{CO_3^{2-}}$である．ところで，陰イオンのなかでは$HCO_3^-$が卓越しているので，近似的に$m_{H^+} = m_{HCO_3^-}$となる．したがって，$m_{H^+}^2 = 10^{-11.34}$よりpH=5.67と求められる．すなわち，大気と化学平衡にある雨水のpHは約5.7といえる．

　ところが，人間活動によって排出されるHCl，$HNO_3$，$H_2SO_4$は雨水のpHを下げ，大きな影響を与える．たとえば，$H_2SO_4$-$H_2O$系のpHを以下で求める (Lerman, 1979)．この場合，溶存種としては，$H^+$，$OH^-$，$HSO_4^-$，$SO_4^{2-}$が考えられる．したがって電気的中性の条件は以下で表せる．

$$m_{H^+} = m_{OH^-} + m_{HSO_4^-} + 2m_{SO_4^{2-}} \tag{6-7}$$

これは，近似的に$m_{H^+} = 2m_{SO_4^{2-}}$と表される．$m_{SO_4^{2-}} = 3.6 \times 10^{-6}$mol l$^{-1}$とすると，$m_{H^+} = 7.2 \times 10^{-6}$mol l$^{-1}$で，pH=5.1となる．工業地帯付近の大気中では$SO_4^{2-}$濃度が高く，雨水の$SO_4^{2-}$濃度を$m_{SO_4^{2-}} = 35 \times 10^{-6}$mol l$^{-1}$とすると，pH=4.1となる．$HNO_3$-$H_2O$系についても同様にpHが5.7よりも小さくなることが示される．このように多くの気体成分はpHを下げるが，逆にpHをあげる気体として，$H_2S$，$NH_3$がある．以上は単純な系の場合であるが，実際の雨水は多成分系（たとえば，$H_2O$-$CO_2$-$H_2SO_4$-$NH_3$系）であるので，もっと複雑である．たとえば，以下の電気的中性条件を考えないといけない．

$$m_{H^+} + m_{NH_4^+} = m_{HCO_3^-} + m_{Cl^-} + m_{NO_3^-} + m_{HSO_4^-} + 2m_{SO_4^{2-}} + 2m_{CO_3^{2-}} + m_{OH^-} \tag{6-8}$$

雨水には固体微粒子（海水からの塩類，黄砂など）が懸濁しているので，

**表6-5** 溶液内反応機構（地球環境工学ハンドブック編集委員会編，1991）

| 反応 | 反応速度 |
|---|---|
| 1. $OH + HSO_3^- \longrightarrow OH^- + 2H^+ + SO_4^{2-} + SO_4^-$ | $9.5 \times 10^9$ |
| 2. $H_2O_2 + (SO_2)_{aq} \longrightarrow SO_4^{2-} + 2H^+$ | $8.0 \times 10^4 \exp[-3650(-1/T - 1/298)]$ |
| 3. $O_3 + S(IV) \longrightarrow H^+ + SO_4^{2-} + O_2$ | $4.39 \times 10^{11} \exp(-4131/T)$ $+ 2.56 \times 10^3 \exp(-966/T)$ |
| 4. $H_2O \longleftrightarrow H^+ + OH^-$ | $1.0 \times 10^{-14} \exp[7153.6(1/298 - 1/T)]$ |
| 5. $HO_2HO_2 \longrightarrow O_2^- + H^-$ | $1.3 \times 10^{-5}$ |
| 6. $HO_2HO_2 + H^+ \longleftrightarrow H_2O_2^-$ | $10.0$ |
| 7. $H_2O_2 + H_2O \longleftrightarrow HO_2^- + H^+$ | $2.0 \times 10^{-12} \exp[3464(1/298 - 1/T)]$ |
| 8. $CO_2 + H_2O \longleftrightarrow HCO_3^- + H^+$ | $4.5 \times 10^{-7} \exp[1544(1/298 - 1/T)]$ |
| 9. $HCO_3^- \longleftrightarrow CO_3^{2-} + H^+$ | $4.5 \times 10^{-11} \exp[1744(1/298 - 1/T)]$ |
| 10. $HNO_3 + H_2O \longleftrightarrow NO_3^- + H^+$ | $22.0 \exp[2371(1/T - 1/298)]$ |
| 11. $HNO_2 \longleftrightarrow NO_2^- + H^+$ | $5.0 \times 10^{-4}$ |
| 12. $NH_3 + H_2O \longleftrightarrow NH_4^+ + OH^-$ | $17.6 \times 10^{-6}$ |
| 13. $SO_2 + H_2O \longleftrightarrow HSO_3^- + H^+$ | $1.7 \times 10^{-2} \exp[2037(1/T - 1/298)]$ |
| 14. $HSO_3^- \longleftrightarrow SO_3^{2-} + H^+$ | $6.3 \times 10^{-8} \exp[1996(1/T - 1/298)]$ |
| 15. $HSO_4^- \longleftrightarrow SO_4^{2-} + H^+$ | $1.2 \times 10^{-2}$ |
| 16. $HCl + H_2O \longleftrightarrow Cl^- + H^+$ | $1.3 \times 10^6$ |
| 17. $Cl + Cl^- \longleftrightarrow Cl_2^-$ | $2.0 \times 10^5$ |
| 18. $(HCOOH)_{aq} \longleftrightarrow HCOO^- + H^+$ | $1.8 \times 10^{-4}$ |
| 19. $(CH_3COOH)_{aq} \longleftrightarrow CH_3COO^- + H^+$ | $1.73 \times 10^{-5}$ |
| 20. $(HCHO)_{aq} + HSO_4^- \longrightarrow HMSA^* + H_2O$ | $8.6 \times 10^{-4}$ |

単位：1次反応 $(s^{-1})$，2次反応 $(mol^{-1}s^{-1})$，*HMSA：Hydromethane sulfate，$T$：絶対温度．

　これらと雨水との反応により，陽イオンが溶け出す．この固体微粒子と雨水との反応を考慮する必要がある．たとえば，黄砂中には炭酸塩が含まれており，これが酸性雨中に取り込まれ反応をすると，酸性雨のpHが上昇をする．

　以上は主として化学平衡論をもとにした議論である．しかし，実際には，気体が雨水に溶けていく速度，雨水の中での溶液内反応速度や固体微粒子が雨水に溶けていく速度などに関する速度論的考察も必要である．これらの速度論データも最近では多く得られている（表6-5）．しかし，表6-5のデータは溶液内反応に関するものである．このほかに固体微粒子－水溶液間反応に関する速度論も考えに入れないといけないが，この種の研究は不十分である．

　大気－水間の気体の溶解平衡が成り立っていると，水中の気体濃度は $m_A = KP_A$ と表される．ここで，$P_A$ は気体Aの分圧，$K$ は定数である．ところ

**表6-6** 気相-雨粒間の平衡に達する時間,雨粒が蒸発する時間と大気落下距離 (Lerman, 1979)

| はじめの雨粒の半径 $r_0(\mu m)$ | 気体が雨粒中に拡散し定常状態になる時間(秒) | 相対湿度80%の大気中での時間 | |
|---|---|---|---|
| | | 完全に蒸発する時間 (秒) | 落下距離 |
| 3 | 0.004 | 0.16 | $2\mu m$ |
| 10 | 0.04 | 1.8 | 0.2mm |
| 30 | 0.12 | 16 | 2.1cm |
| 100 | 4.0 | 290 | 208m |
| 150 | 9.0 | 900 | 1.05km |

が,この大気/水境界付近では気体濃度は,分子拡散速度によって支配される.これによって支配された雨水が定常濃度に達する時間は,以下で表される(表6-6).

$$t_{ss} = \frac{0.4 r_0^2}{D} \tag{6-9}$$

ここで,$D$は水における溶存気体の拡散係数($cm^2 s^{-1}$),$r_0$は半径(cm).

$D = 1 \times 10^{-5} cm^2 s^{-1}$とすると,$t_{ss} = 0.4 \times 10^5 r_0^2$となる.ところで,この$r_0$は$10^{-3} \sim 10_4 \mu m$の範囲である(Lerman, 1979).仮に$150 \mu m$の雨粒を考えると,$t_{ss} = 0.4 r_0^2/D = 9.0$秒となり,短時間であることがわかる.

一般的には雨水と気体間の反応速度は速く,この時間は雨粒の蒸発する時間と比べても短く,溶解平衡に達しやすい.

## (2) 雨水-土壌反応

次に酸性雨が地面に落下し,土壌と反応する場合を考える.これは図6-1の⑤のプロセスにあたる.

土壌の表面付近で雨水は蒸発する.雨水が急速に蒸発すると,雨水中に溶けていた HCl, $H_2SO_4$ などは蒸発せず,雨水中のこれらの濃度は増加する.そして,次第に酸性物質が土壌表面付近で濃集する.このとき,土壌と反応を起こし,Na, Mg, Al などが水溶液に溶解し,これらの塩類(たとえば,硫酸塩鉱物)が土壌表面付近に濃集する.海の近くで降る雨水の場合は,海

水起源の塩化物が溶けていて,塩化物が土壌表面で濃集することもある.これらはその溶解度と水溶液中の濃度,蒸発の程度にしたがって沈殿をする.

地表面で水が蒸発すると,地下水が移流毛管現象で上昇し,塩類が地表に運ばれ,地表に集積する.地表近くで蒸発をすると,水の塩濃度が高くなり,地表から土中へ分子拡散が発生し,地表直下の水中の塩分濃度が高くなる.地表近くの水の塩分濃度がかなり高くなると塩類が析出する(中野,1991).$Na^+$,$Ca^{2+}$などが地表近くに移動してくると,粘土鉱物に吸着され,ナトリウム粘土やカルシウム粘土が生成される.さらに塩分が供給されてくると,硫酸塩鉱物などの塩類が集積する.

乾燥地域では,土壌表面付近に塩類が濃集しやすい.ここに雨水が降ると,土壌表面に濃集していた酸性物質が雨水に溶解し,酸性の表面水が河川に流入し,河川水や湖沼水のpHが急激に下がる.ところが湿潤地域ではこのようなことは起こりにくい.たとえば,雨水中の$SO_4^{2-}$は,地下に浸透し,地下水へ取り込まれる.

酸性雨と土壌が接すると次の反応で雨水が中性化される.

$$RNa + H^+ = RH + Na^+ \tag{6-10}$$

ここで,RNaは陽イオン交換基.

ところが,この反応が進むと土壌の緩衝作用が弱まる.この反応がさらに進むと,交換性$H^+$の増加だけでなく,交換性$Al^{3+}$が増加し,$Al^{3+}$が溶出されてくる.この$Al^{3+}$は一般に溶解度の小さい鉱物をつくりやすいので,これらの鉱物(ギブサイト($Al(OH)_3$)など)が沈積・濃集する.一般的に,土壌中のAl濃度は,これらの鉱物(または非晶質物質)の溶解度によって決められる.

雨水が地下に浸透すると,pHははじめは小さくなる.それは黒色土壌帯での有機物との反応による.有機物を$CH_2O$で代表させると,

$$CH_2O + O_2 \rightarrow CO_2 + H_2O \tag{6-11}$$

という酸化反応が起こり,土壌中の$CO_2$が増加する.この$CO_2$が水に溶解し,pHが低くなる.この反応はバクテリアにより促進される.この酸性溶液と岩石が反応すると岩石からCaが溶け出し,$Ca^{2+}$濃度,$CO_3^{2-}$濃度が高くなる.これらが高くなると$CaCO_3$が沈殿しやすい条件となる.しかし一般には,

$CaCO_3$ の溶解度積以上には達しないので沈澱をしない．ところが乾燥地帯で蒸発が進むと pH が上昇し，また $Ca^{2+}$ 濃度，$CO_3^{2-}$ 濃度が高くなり，$CaCO_3$ が沈澱する．

このほかに黄鉄鉱の酸化によって pH は小さくなる．これは以下の反応として表される．

$$FeS_2 + 15/4 O_2 + 7/2 H_2O \rightarrow Fe(OH)_3 + 2SO_4^{2-} + 4H^+ \quad (6\text{-}12)$$

また，$H_2S$ のバクテリアによる酸化反応によっても pH が小さくなる．

$$H_2S + 2O_2 \rightarrow SO_4^{2-} + 2H^+ \quad (6\text{-}13)$$

酸性の地下水はケイ酸塩鉱物（仮に $MSiO_3$ と表す）との反応により pH が上昇する．この反応として以下があげられる．

$$MSiO_3 + 2H^+ \rightarrow M^{2+} + SiO_2 + H_2O \quad (6\text{-}14)$$

ここで，陽イオンを +2 価で代表させた．この反応性が高いと，pH 条件は中性〜弱アルカリ性となる．つまり，多くの場合，はじめは酸性雨で pH が低く，また地表付近で pH が下げられても，深層地下水では中性〜アルカリ性となっている．このほかに，次のような炭酸塩鉱物との反応によっても pH は上昇する

$$CaCO_3 + H^+ \rightarrow Ca^{2+} + HCO_3^- \quad (6\text{-}15)$$

こういう地下水が多く流入する河川水の pH は小さくならない．しかし，酸性の表面水が多く流入する河川水の pH は小さくなる．pH だけでなく (6-14) 式，(6-15) 式より陽イオン濃度が変化する．

これらの酸塩基反応だけでなく，人為的な $SO_4^{2-}$, $NO_3^-$ などが $H_2S$, $NH_3$ に変化する還元反応も土壌との反応で進められる．この還元反応は主に有機物，バクテリア，黄鉄鉱などの作用により起こる．

陰イオンは陽イオンと結びつき鉱物として固定されることもある．たとえば，$SO_4^{2-}$ は $Ca^{2+}$ と結びつき，石膏（$CaSO_4 \cdot 2H_2O$）となる．$HPO_4^{2-}$ が $Ca^{2+}$ と反応をすると，リン酸塩鉱物（$CaHPO_4 \cdot 2H_2O$ など）が pH の高い条件で生成する．$F^-$ と $Ca^{2+}$ が結びつき，螢石（$CaF_2$）ができることもある．土壌中にこれらの鉱物が多いと，土壌水の Ca 濃度，$HPO_4^{2-}$ 濃度，$SO_4^{2-}$ 濃度，$F^-$ 濃度はこれらの鉱物の溶解度に規定される（図 6-5）．

以上のように酸性雨が降ることにより，地表付近での岩石と雨水との反応

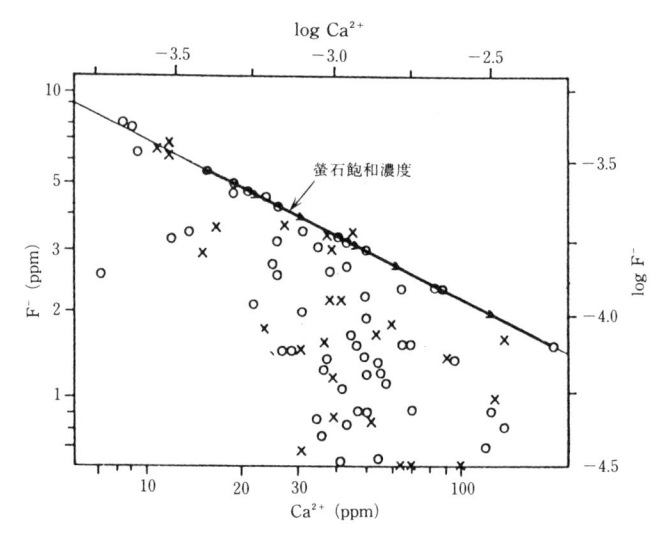

図6-5 地下水(Sirohi, W. Rajathan, インド)中の$F^-$濃度と$Ca^{2+}$濃度(Appelo and Postma, 1993)

速度が速められ,河川水へと運搬される物質量が増大する.

この酸性雨の作用だけでなく,土壌の性質が人為的に変えられることにより,風化速度が速められる.たとえば,ヨーロッパ中部では人為的影響によって風化速度が自然の作用による速度の1000倍にもなっているという(Paces, 1983).

この酸性雨から地下水への水質の変化の仕方は,岩石組成や岩石の物性(透水係数,空隙率など)によっても大きく異なる.たとえば,岩石が火山灰のようなガラスでできている場合,ガラスと水の反応速度は速い.ガラスと水が反応をし,ガラスからSiが溶解する.ガラス中の各成分の溶解速度は,このガラス中のSiの溶解速度に規定される.

土壌中の元素の循環は酸性雨と土壌との反応だけでなく,さまざまなプロセスと密接に関係している.その例として硫黄(S)の循環を図6-6に示した.このSの循環に関しては微生物の働きが重要である.さまざまな微生物によって,有機態Sから$SO_4^{2-}$,$S^{2-}$への変化,$S^{2-} \to S_o$,$S_o \to SO_4^{2-}$,$SO_4^{2-} \to$有機態Sなどの酸化還元反応が起こる(表6-7).土壌中のSは有機

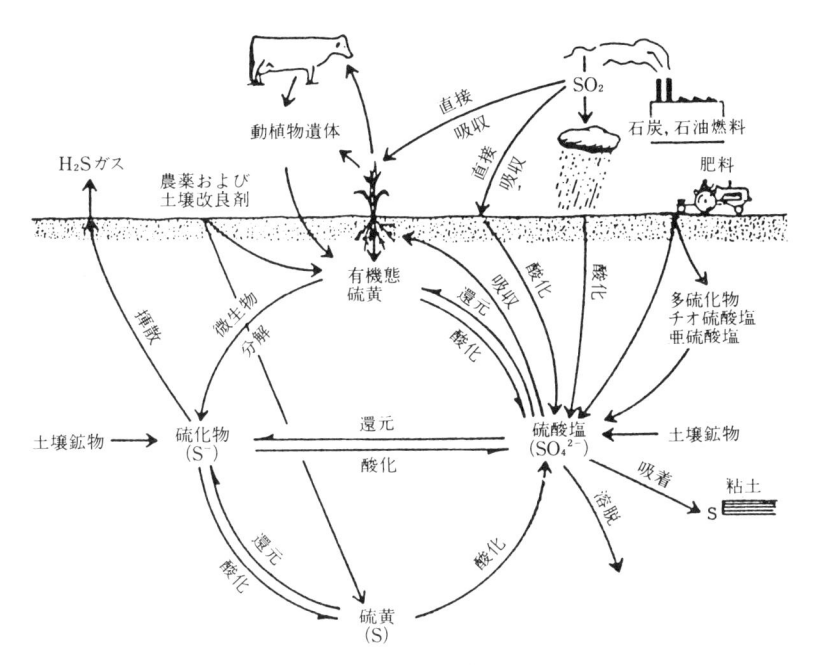

**図6-6** 土壌中におけるSの循環（木村,1989）

**表6-7** S循環に関与する主要な微生物（木村,1989）

| Sの形態変化 | 関与する微生物 |
|---|---|
| 有機態Sの無機化 | |
| 　(C-O-S)結合→ $SO_4^{2-}$ | 各種有機栄養微生物 |
| 　(C-S)結合→ $S^{2-}$ | |
| $S^{2-}$→ $S^0$ | *Thiobacillus, Beggiatoa* |
| | 光合成硫黄細菌 |
| $S^0$→ $SO_4^{2-}$ | *Thiobacillus* |
| $SO_4^{2-}$→ $S^{2-}$ | *Desulfovibrio, Desulfotomaculum* |
| $SO_4^{2-}$→有機態S | 各種有機栄養微生物（植物） |

態Sのほかに，酸性雨からの $SO_4^{2-}$，岩石中の $SO_4^{2-}$，$S^{2-}$ が起源物質である．

このSの循環は，ほかの元素の循環ともおおいに関係がある．たとえば，地表付近で $SO_4^{2-}$ は硫酸還元バクテリアの働きで $H_2S$ に還元される．もともとの岩石中には黄鉄鉱（$FeS_2$）が存在し，これから溶け出す $H_2S$ もある．この $H_2S$ は酸化バクテリアの働きで $SO_4^{2-}$ となる．このとき，以下の反応で

pHが低くなる．

$$H_2S + 2O_2 \rightarrow SO_4^{2-} + 2H^+ \tag{6-16}$$

この酸性溶液はケイ酸塩鉱物を溶解する．すなわち化学的風化が進み，さまざまな元素が水に溶解する．

　工業活動などの影響で大気中の重金属元素濃度が高くなり，土壌表面にこれらの元素が濃集する．これらの元素は，$Ca^{2+}$と$SO_2$との反応を進める働きがあり，石膏（$CaSO_4 \cdot 2H_2O$）が生成する．すなわち，大気からの$SO_2$の除去に対して，重金属元素の物質循環も影響を与えるといえる．

### 6-2-2　地下水中の重金属元素濃度

　人為的に有機物が排出され，これが地下水中に入り込む場合を考える．有

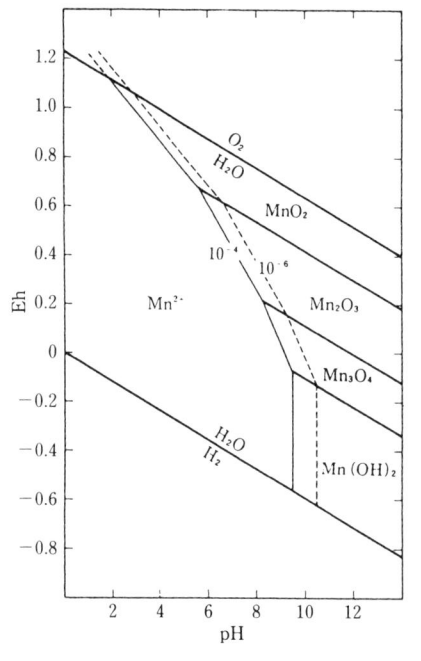

図6-7　マンガンイオンとマンガン鉱物のEh-pH安定領域（一国，1972）
　25℃，全圧1気圧，図中の数字はマンガンのモル濃度．

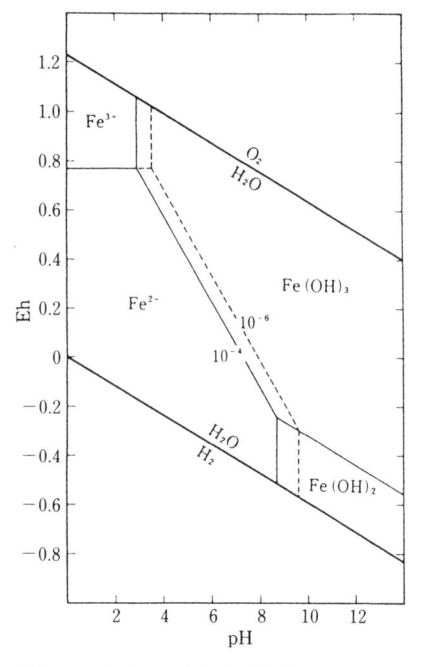

図6-8　鉄イオンと鉄水酸化物のEh-pH安定領域（一国，1972）
　25℃，全圧1気圧，図中の数字は鉄イオンのモル濃度．

機物により $O_2$ が消費され，酸化還元電位（Eh）が低くなる．Eh の低下により地下水中の Fe・Mn 濃度は上昇する．これは図 6-7，6-8 の Eh-pH 図から明らかである．すなわち，Fe，Mn は還元条件で，岩石から地下水中に溶解しやすい．この Fe，Mn の溶解は，Fe，Mn を含む鉱物と酸性で還元的な水溶液との無機的反応にもよるが，種々の有機酸とのキレート化合物の生成による可溶化も重要であると考えられている（松本，1983）．このように Fe 濃度，Mn 濃度の高い地下水は，人為的影響によってもできるが，還元的な天然水中でもみられる．たとえば，石炭地域の地下水中では Fe 濃度，Mn 濃度が高いといわれている．Eh だけでなく，pH も Fe 濃度，Mn 濃度に影響を与える（スタム・モーガン，1974）．

$Fe^{2+}$ 濃度や $Mn^{2+}$ 濃度の高い地下水が酸化作用の影響を受けると，$Fe^{3+}$，$Mn^{4+}$ となり，Fe・Mn 水酸化物の沈澱が，たとえば以下の反応により生じる．

$$4Fe^{2+} + O_2 + 4H^+ \rightarrow 4Fe^{3+}（水酸化鉄として沈澱）+ 2H_2O \qquad (6\text{-}17)$$

この反応に対して，鉄酸化バクテリアの働きが重要である（山中，1992）．

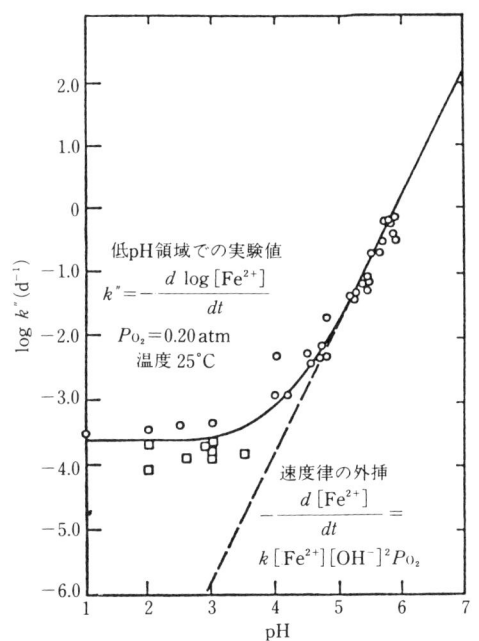

図6-9 $Fe^{2+}$ の酸化速度と pH との関係（ホランド，1979）

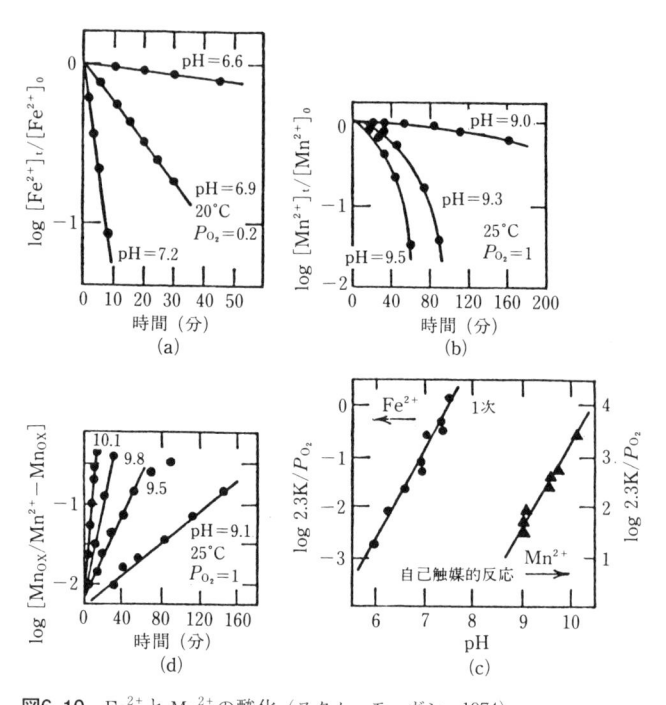

**図6-10** $Fe^{2+}$と$Mn^{2+}$の酸化(スタム・モーガン,1974)
(a) 炭酸水素イオン溶液中の$Fe^{2+}$の酸化,(b) 酸化による炭酸水素イオン溶液中の$Mn^{2+}$の除去,(c) $HCO_3^-$溶液中の$Mn^{2+}$の酸化,(d) pHの酸化速度に与える影響.

この反応速度は無機的酸化反応速度に比べて酸性領域では速い(図6-9).しかし,中性・アルカリ性領域では変わりがない.以上の無機的,生物的反応速度は,$Fe^{2+}$と$Mn^{2+}$の場合にはたいへんに異なっている.たとえば,$HCO_3^-$溶液中の$Fe^{2+}$と$Mn^{2+}$の酸化速度を比べると(図6-10),pHが9.0以下では$Mn^{2+}$はほとんど酸化されないが,$Fe^{2+}$はpHが9以上でも急激に酸化される.

このFe・Mn水酸化物は,重金属イオンに対する吸着能力が大きいといわれている.吸着だけでなく,固溶体(たとえば,$(Fe, Cr)(OH)_3$)として存在することもある(Schwertmann et al., 1989).すなわち,地下水中の重金属元素は,Fe・Mn水酸化物により多くの影響を受けることになる.このほかに重金属イオンは,土壌中の陽イオン交換体によって吸着される.重金属イ

オンには，この陽イオン交換体によって著しく選択的に吸着や保持されるものがあり，これを特異吸着という（3-3-2 参照）．

金属鉱山からの排水中の重金属元素の濃度も，Fe 濃度，Mn 濃度と同様なことがいえる．たとえば，黄銅鉱（$CuFeS_2$）は2次的に硫酸銅になるが，このとき鉄酸化細菌が存在していると，$Fe^{2+}$ は $Fe^{3+}$ となり，$CuFeS_2$ の溶解反応が促進される．ほかの Bi, Zn, Mo などもこういう働きで硫化物から溶かし出される．これをバクテリアリーチングといい（山中，1992），鉱山からの坑内水や鉱石からの金属の回収に利用されている．

このほか，浅地中と地表での重金属元素濃度の挙動に対しては酸性雨の影響もある．図6-11 に示すように，pH が低いとカドミウム（Cd）濃度が高くなっている．これは鉱物などに吸着されていた Cd が酸性条件下で溶出した結果であると考えられている．この重金属元素は生態系に対して大きな影響を与えるので，以上のプロセスを明らかにすることは非常に大切である．

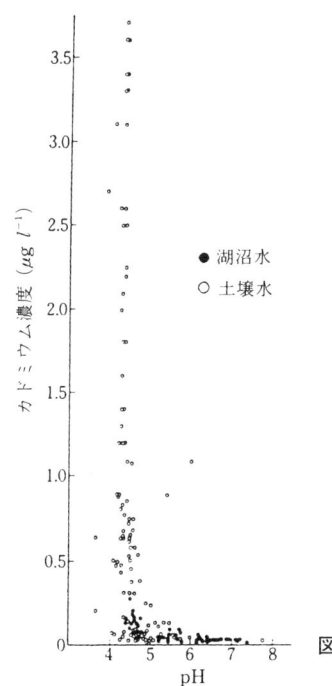

**図6-11** スウェーデンにおける湖沼水と土壌水中のカドミウム濃度と pH との関係（藤縄，1991）

このほかに土壌中での鉱物の生成も，土壌水中の重金属元素の濃度に影響を与える場合がある．たとえば，CdはCaCO₃に固溶体として取り込まれる(Appelo and Postma, 1993)（2-5-2(1)参照）．

### 6-2-3 河川水の汚染

　河川水の組成は主として地下水と地表水（雨水，氷河の溶けた水など）の流入，大気からの降塵，生物活動，蒸発作用によって決められているが，最近ではこのほかに，工場排水，生活排水などの人間活動の影響が大きくなってきている．

　表6-8には，1990年における人間活動によって生み出されたフラックスと，自然作用による河川水のフラックスを示す（Holland and Petersen, 1995）．多くの元素で人間活動によるフラックスの方が自然作用による河川水のフラックスより大きいことがわかる．これの例として，S，N（アンモニア），P，Cu，Zn，Pb，Cr，Sn，Mo，Cd，Hg，Au，Ptグループがあげられる．これらの多くは有毒性の化合物をつくる元素である．これらの多くの元素については，金属鉱山から採掘される金属元素が河川水に流れ込む影響が大きい．一方，Al，Ni，Mgは，人間活動の影響は小さい．

　しかしながら，人間活動によって生み出されたフラックスのすべてが河川水に入るのではない．したがって，表6-8から上記元素に関して人間活動による河川水の汚染が大きいとはただちにはいえない．河川水中の汚染物質の濃度は場所によりかなり変化をする．たとえば，金属鉱山からの廃水が河川水に入り込んだ場合，発生源の近くでは重金属元素濃度が高いが，離れると低くなる．すなわち，重金属元素は，鉱物としての沈澱，Fe－水酸化物への吸着，粘土鉱物によるイオン交換，生物による取り込みなどにより河川水中から取り除かれる．しかしながら，河川堆積物が重金属元素の多い鉱物などの物質によって汚染されている場合は，ここからの溶解により河川水中の重金属元素濃度が高くなる．これらのメカニズムの解明や，無機生物的反応，流速，拡散を考慮したモデル解析が重要である．これらの解析については，化学工学の分野などで詳しい研究がされている（高松ほか，1977）．

表6-8 人間活動による全生産量と汚染されていない河川による運搬量（Holland and Petersen, 1995）

| 元素 | 1990年世界生産 (g y$^{-1}$) | 汚染されていない河川によるフラックス (g y$^{-1}$) | 1990年の世界生産/汚染されていない溶存＋粒子河川フラックス |
|---|---|---|---|
| 炭素 | $5,000 \times 10^{12}$ | $\begin{cases} 400 \times 10^{12} \text{ 有機物} \\ 250 \times 10^{12} \text{ 無機物} \end{cases}$ | 6 |
| 鉄 | $500 \times 10^{12}$ | $1,000 \times 10^{12}$ | 0.50 |
| 硫黄 | $58 \times 10^{12}$ | $100 \times 10^{12}$ | 0.58 |
| 窒素（アンモニア） | $110 \times 10^{12}$ | $10 \times 10^{12}$ | 11 |
| アルミニウム | $18 \times 10^{12}$ | $1,600 \times 10^{12}$ | 0.01 |
| リン | $22 \times 10^{12}$ | $2 \times 10^{12}$ | 11 |
| 銅 | $9.0 \times 10^{12}$ | $1.1 \times 10^{12}$ | 8.2 |
| 亜鉛 | $7.3 \times 10^{12}$ | $1.4 \times 10^{12}$ | 5.2 |
| 鉛 | $3.3 \times 10^{12}$ | $0.26 \times 10^{12}$ | 13 |
| クロミウム | $11.7 \times 10^{12}$ | $2.0 \times 10^{12}$ | 5.8 |
| ニッケル | $1.0 \times 10^{12}$ | $6.5 \times 10^{12}$ | 0.2 |
| 錫 | $220 \times 10^{9}$ | $60 \times 10^{9}$ | 3.7 |
| マグネシウム | $380 \times 10^{9}$ | $400,000 \times 10^{9}$ | $0.95 \times 10^{-3}$ |
| モリブデン | $114 \times 10^{9}$ | $30 \times 10^{9}$ | 3.8 |
| ウラン | $20 \times 10^{9}$ | $36 \times 10^{9}$ | 0.55 |
| カドミウム | $21 \times 10^{9}$ | $4 \times 10^{9}$ | 5.2 |
| 水銀 | $6.0 \times 10^{9}$ | $1.6 \times 10^{9}$ | 3.7 |
| 金 | $2.0 \times 10^{9}$ | $0.08 \times 10^{9}$ | 25 |
| 白金属 | $285 \times 10^{6}$ | $200 \times 10^{6}$ | 1.4 |

出典：World production figures from *Mineral Commodities Summaries*, 1991.

## 6-2-4 湖沼水の汚染

汚染された河川水，地下水，酸性水が湖沼水に流入すると湖沼水が汚染を受け，酸性化する．これは図6-1の④プロセスにあたる．この湖沼水の汚染・酸性化については，いままでに詳しい研究が行われ，いくつかのモデル解析もなされている．以下では，酸性雨および酸性化した河川水が流入した後の湖沼水のpHの変化，および湖沼水の水質に関するシミュレーションについての研究例を紹介する．

## (1) 湖沼水のpH

酸性雨や酸性化した河川水が湖沼へ流入すると，湖沼水も酸性化する．しかし，湖沼水のpHは，これらの水の流入だけでなく，さまざまな相互作用によって影響を受ける．相互作用の中でも，1) 風化作用，2) イオン交換反応，3) 酸化還元反応，4) バイオマスの働きが重要である (Stumm and Schnoor, 1995)．

1) の風化作用では，たとえば以下の反応によってpHが上昇する．

$$CaCO_3(方解石) + 2H^+ \rightarrow Ca^{2+} + CO_2 + H_2O \tag{6-18}$$

$$CaAl_2Si_2O_8(Ca長石) + 2H^+ \\ \rightarrow Ca^{2+} + H_2O + Al_2Si_2O_5(OH)_4(カオリナイト) \tag{6-19}$$

炭酸塩鉱物の反応速度は速いので，湖沼の底が石灰岩やドロマイトであるとpHは上昇する．ところが，ケイ酸塩鉱物からなる花崗岩や変成岩であると，反応はあまり進まないでpHは上昇をせず，湖沼水の酸性化問題が生じてしまう．この岩質の違いによる湖沼水のpHの違いの例を図6-12に示した．

2) のイオン交換反応の例として以下がある．

$$2R-OH + SO_4^{2-} \rightarrow R_2-SO_4 + 2OH^- \tag{6-20}$$

$$Na-R + H^+ \rightarrow H-R + Na^+ \tag{6-21}$$

ここでRはイオン交換体．いずれの反応でもpHは上昇する．

微生物の働きで以下の3) の酸化還元反応が起こる．

$$NH_4^+ + 2O_2 \rightarrow NO_3^- + H_2O + 2H^+ \tag{6-22}$$

$$\frac{1}{4}CH_2O + NO_3^- + H^+ \rightarrow \frac{1}{4}CO_2 + \frac{1}{2}N_2 + \frac{3}{2}H_2O + \frac{5}{8}O_2 \tag{6-23}$$

$$H_2S + 2O_2 \rightarrow SO_4^{2-} + 2H^+ \tag{6-24}$$

$$SO_4^{2-} + 2CH_2O + 2H^+ + \frac{1}{2}O_2 \rightarrow 2CO_2 + H_2S + 3H_2O \tag{6-25}$$

$$FeS_2 + \frac{15}{4}O_2 + \frac{7}{2}H_2O \rightarrow Fe(OH)_3 + 2SO_4^{2-} + 4H^+ \tag{6-26}$$

これらの反応でpHが変化する．

3), 4) は生物による働きで，たとえば，以下の反応で$Fe(OH)_3$, $MnO_2$が還元され，pHは大きくなる．

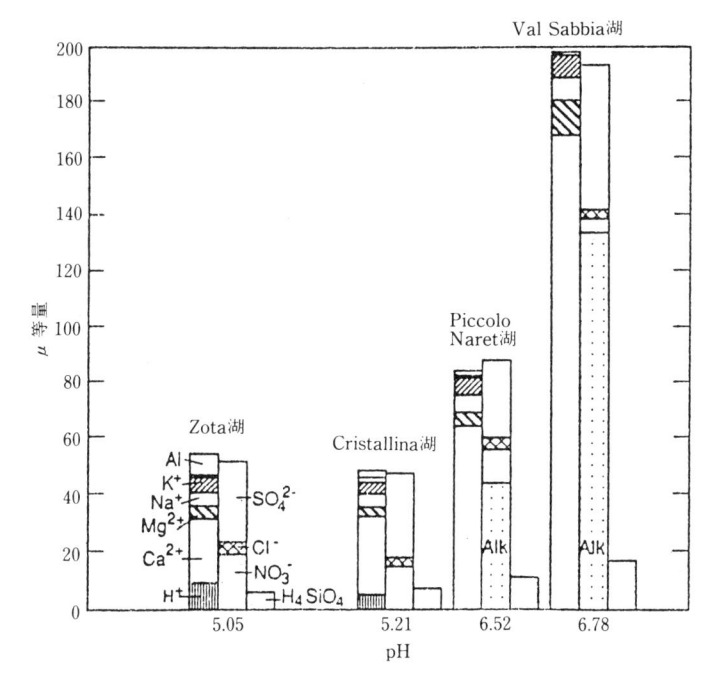

図6-12 岩質の違いによる湖沼水のpHの違い (Stumm and Schnoor, 1995)
Zota 湖, Cristallina 湖：片麻岩, 花崗岩, Piccolo Naret 湖：石灰岩質片岩（少量）, Val Sabbia 湖：石灰岩質片岩.

$$\left[(CH_2O)_{106}(NH_3)_{16}(H_3PO_4)\right] + 424Fe(OH)_3 + 862H^+ \\ \rightarrow 424Fe^{2+} + 16NH_4^+ + 106CO_2 + HPO_4^{2-} + 1166H_2O \tag{6-27}$$

$$\left[(CH_2O)_{106}(NH_3)_{16}(H_3PO_4)\right] + 212MnO_2 + 438H^+ \\ \rightarrow 212Mn^{2+} + 16NH_4^+ + 106CO_2 + HPO_4^{2-} + 298H_2O \tag{6-28}$$

このように，pHは生物−水反応，岩石−水反応によって大きく変化する．このほかに気体−水反応によってもpHが変化する．たとえば，乾燥地域で湖沼水の蒸発が進むと，気体成分が抜け，アルカリ塩湖になることもある．火山ガス（$SO_2$, HClなど）の流入する湖では，pHは非常に低くなる．このように気体成分がpHを支配する場合もある．pHは，鉱物の溶解度，吸着，生物の働きなどさまざまなプロセスやメカニズムに大きな影響を与えるので，

湖沼水の水質がこれによって大きく変化する.

　湖沼水の水質は，上記の化学反応だけによって決められるのではない．河川水，雨水の流入量，混合，拡散などが重要である．これらの要因を考慮していままでに多くのシミュレーションが行われているので，以下に紹介する.

### (2) 完全混合モデル

　まず，最も簡単な完全混合非定常モデルの場合について考える（半谷，1973）.

　いま，湖沼水に汚水が流入し，完全混合し，流出する場合を考える.

$$V\frac{dm}{dt} = q(m_i - m) \tag{6-29}$$

ここで，$m$ は濃度，$V$ は体積（湖沼水の貯留量），$q$ は単位時間あたりの体積流入量，流出量，$m_i$ は流入濃度.

　(6-29) 式を解くと，

$$m = m_0 + \left[1 - \exp\left(-\frac{t}{\tau}\right)\right]\frac{m_i q}{q - m_0} \tag{6-30}$$

ここで，$m_0$ は汚染水流入前の濃度，$\tau$ は滞留時間.

　(6-30) 式をもとに解いた湖沼水の水質の時間的変化を図6-13に示す．これより滞留時間の4倍くらいで，湖沼水はほとんど汚水になることがわかる.以上は流入量と流出量が等しい場合である．しかし，貯水量の大きい湖では蒸発量が大きく，流入量と流出量は異なる．そこで，$q$ を流入量，$q'$ を流出量とおくと，次式が成り立つ.

$$V\frac{dm}{dt} = qm_i - q'm \tag{6-31}$$

これより，

$$m = m_0 + \left[1 - \exp\left(-\frac{t}{\tau}\right)\right]\frac{m_i q}{q' - m} \tag{6-32}$$

となる.

　以上は，湖沼水中で沈殿物の生成（たとえば，重金属元素であれば水酸化物など），懸濁物による吸着，水中生物による吸収，堆積物の溶解などが湖

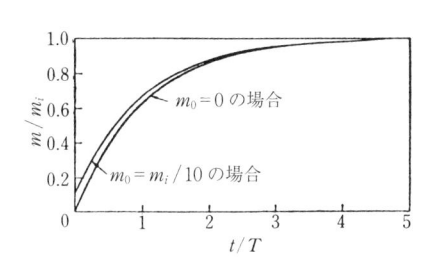

**図6-13** 希釈のみを考慮した場合の湖沼の水質変化（完全混合モデル）（半谷編, 1973）

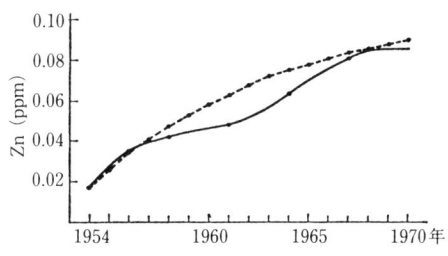

**図6-14** 十和田湖における亜鉛濃度の変化の計算値（破線）と実測値（実線）との比較（半谷編, 1973）

水の濃度に影響を与えない場合に成り立つ．そこで，これらの影響の少ないと思われる例を図6-14に示した．図6-14の例では実測値と計算値がよく一致している．すなわち，上の仮定が近似的には成り立っていると思われる．

次に複雑なプロセス（生物活動など）を考慮し，湖沼水中の化学物質濃度の時間的変化を完全混合モデルに基づき解く（椹根, 1972）．

水収支式として以下が成り立つ．

$$q_p + q_s + q_g - q_v - q_0 = 0 \tag{6-33}$$

ここで，$q_p$ は湖面降水量，$q_s$ は湖沼水への流入量，$q_g$ は湖沼水への地下水流入量，$q_v$ は湖沼水からの蒸発量，$q_0$ は湖沼水からの流出量．なお，湖沼水からの地下水への流出量は無視してある．

化学物質の収支式は以下の通りである．

$$m_p q_p + m_s q_s + m_g q_g - m_0 q_0 + d - s = V \frac{dm_1}{dt} \tag{6-34}$$

ここで，$m$ は濃度，$d$ は水以外によって直接流入する物質の量，$s$ は生物活動，イオン交換，鉱物の生成などにより水溶液から除かれる物質の量，$V$ は湖沼水の体積，$t$ は時間，$m_1$ は湖沼中のその物質の濃度．

混合が完全に行われていると，

$$m_0 = m_1 \tag{6-35}$$

したがって，以上の2式より，

$$\frac{dm_1}{dt} + m_1 \frac{q_p + q_s + q_g + q_v}{V} = \frac{m_p q_p + m_s q_s + m_g q_g + d - s}{V} \tag{6-36}$$

この解は次のようになる.

$$m_1 = \exp\left[-\int A(t)\,dt\right]\left[\int \exp[A(t)]B(t)\,dt + C'\exp\left[-\int A(t)\,dt\right]\right] \quad (6\text{-}37)$$

ここで，$C'$ は積分定数.

AとBが時間に対して変化しないとし，$t=0$ のとき，$m_1$ が湖沼水の初期濃度 $m_1$ と等しいとすると，

$$m_1 = \frac{m_p q_p + m_s q_s + m_0 q_0 + d - s}{q_p + q_s + q_g - q_v} + \left[m_1 - \frac{m_p q_p + m_s q_s + m_g q_g + d - s}{q_p + q_s + q_g - q_v}\right]$$

$$\exp\left[-\frac{(q_p + q_s + q_g - q_v)}{V}t\right] \quad (6\text{-}38)$$

$$\tau = \frac{V}{q_p + q_s + q_g - q_v}$$

となる.

汚染物質の入力を一定とし，湖水中の溶存物質の濃度 $m$ は上の式を $t \to \infty$ とし，そのときの $m_1$ を $m_{eq}$ とすると，

$$m_{eq} = \frac{m_p q_p + m_s q_s + m_g q_g + d - s}{q_p + q_s + q_g - q_v} \quad (6\text{-}39)$$

となる.

Dingman and Johnson (1971) は，以上の式をもとに混合されている湖沼中の水の平均滞留時間 $\tau(=V/(q_p+q_s-q_v))$ と平衡濃度 $m_{eq}$ を計算した（図6-15）．これより $\tau$ の大きい湖の方が $m_{eq}$ が小さいといえる.

上の式の $q$ や $m$ の値は比較的求めやすい．しかし，$s$ を求めることは難しい．$s$ にはさまざまな項が含まれているので，それぞれのフラックスがわか

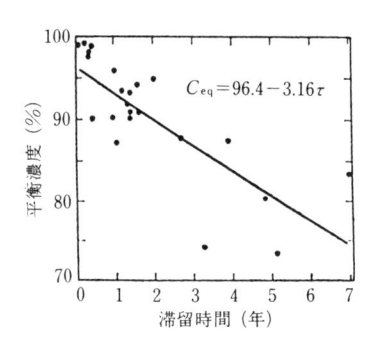

**図6-15** 米国ニューハンプシャー州の湖沼水における滞留時間と平衡濃度との関係
(Dingman and Johnson, 1971；樋根, 1972)

グラフ中: $C_{eq} = 96.4 - 3.16\tau$
縦軸: 平衡濃度 (%)
横軸: 滞留時間 (年)

らないといけない．この $s$ の中でも特に鉱物の沈殿速度を考慮に入れた解析はいままでに行われていない．沈殿反応速度の遅い水酸化物をつくる重金属元素の場合は，この項が問題となろう．

上の例では，湖沼水全体を1つのボックスとしている．しかし，湖沼水の組成は不均一で，特に表層水と深いところの水では組成が異なる．そこで，2つのボックスからなるとして，上と同様の扱いができる（たとえば，Brezonik（1994）によるP濃度の解析）．さらに，ボックスの数を増やしたモデルの数学的扱いも可能である．

### (3) 1次元垂直モデル

湖沼水中の微量成分の組成は，沈降粒子への吸着，粒子からの脱着，および堆積物と底層水との相互作用により決められる場合が多い．そこで，水平的な組成は均一で，垂直的に濃度が変化するとした1次元垂直モデル（Imboden and Gachter, 1978）が微量成分の解析に有効である．Imboden and Schwarzenbach（1985）は，このモデルをもとにチューリッヒ湖中のテトラクロロエチレン濃度を計算で求めた．この計算の基本式は，水中の溶質，粒子に関する質量保存式，堆積物コラム中での粒子上での微量成分に関する質

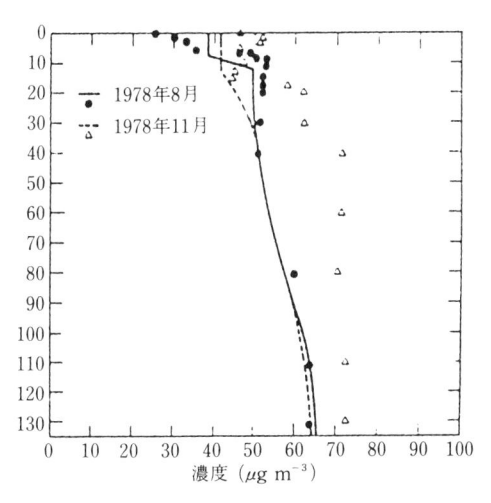

図6-16 チューリッヒ湖水中でのテトラクロロエチレン（PER）の垂直的濃度変化の計算値（実線）と実測値（記号）（Imboden and Schwarzenbach, 1985）

量保存式，堆積物表面と底層水境界での拡散式である．これらの式を解いた結果と，湖沼水中での垂直的濃度変化を図6-16に示す．

### 6-2-5　海洋の汚染

汚染された河川水が海洋へ入れば海洋も汚染される．特に河川水が内湾，閉鎖性海域に入ると，汚染物質が分散しないために，これらの海域に汚染物質が蓄積される（Holland and Petersen, 1995）．重金属元素は特に蓄積されやすい．たとえば，バルチック海では，Cd, Pb, Zn, Cu の濃集が著しい（Wood and Goldberg, 1977）．この濃集は，石炭燃焼によって出た灰分の投棄による．この種の汚染はアメリカ合衆国沿岸地域でもみられる．これらの重金属元素の沿岸地域での挙動について明らかにされている元素は少ない．

水銀（Hg）は有毒性が著しいために最も研究が多くなされている元素である．図6-17に示すように，Hg の形態はさまざまに変化し，その原因としてバクテリアの働きが重要である．水溶液中の Hg は，バクテリアの働きで有機水銀（$CH_3Hg^+$，$(CH_3)_2Hg$，$CH_3S-HgCH_3$）となる．有機水銀がバクテリアの働きで無機水銀（HgO）に変わることもある．

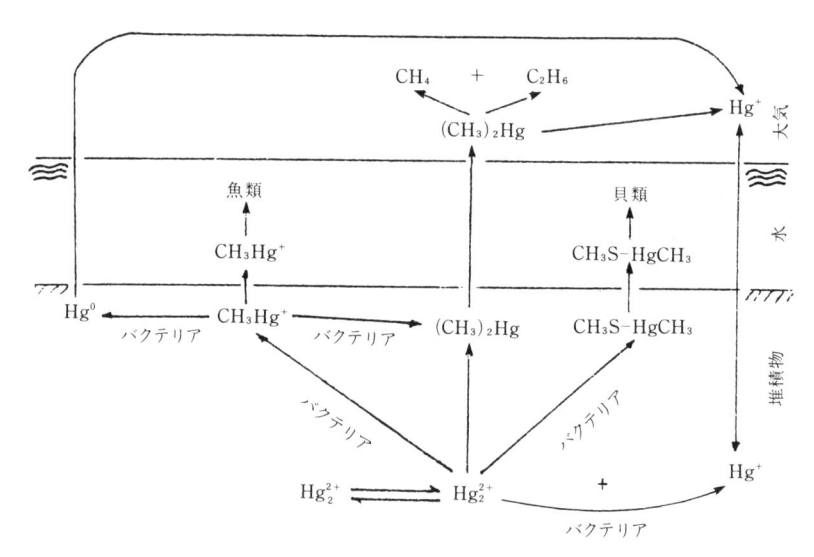

**図6-17**　Hg の生物サイクル（Wood and Goldberg, 1977）

表6-9 水質などの予測モデル（堀江，1991；地球環境工学ハンドブック編集委員会編，1991）

| モデル | 物質の取扱いまたは物質循環フロー | 特徴 | 適用例 |
|---|---|---|---|
| ①保存モデル | （濃度変化）＝（移流）＋（拡散） | ○保存性物質としての取扱い<br>○塩分，保存性物質とみなした拡散物質 | 東京湾<br>大阪湾<br>伊勢湾，三河湾，<br>瀬戸内海 |
| ②非保存モデル | （栄養塩濃度変化）＝（移流）＋（拡散）－（沈降）<br>　　　　　　　＋（溶出）－（生産）＋（分解）<br>（COD濃度変化）＝（移流）＋（拡散）－（沈降）<br>　　　　　　　－（分解）＋（生産）＋（舞上がり） | ○COD，全窒素，全リンを対象としたボックスモデルによる水質解析<br>○CODの生産速度は全窒素または全リンに比例する形で与えられている． | 周防灘（中田，1983）<br>徳山湾 |
| | （温度変化）＝（移流）＋（拡散）－（海表面熱収支） | 温排水などの拡散解析に適用される | |
| | （濁り濃度変化）＝（移流）＋（拡散）－（沈降）<br>　　　　　　　＋（舞上がり） | 土砂（SS）の拡散解析に適用される | 大阪湾<br>東京湾 |
| ③生態物質循環モデル | 無機態リン⇔植物プランクトン⇔硝酸塩<br>有機態リン⇔動物プランクトン⇔アンモニア<br>ベントス⇔有機態窒素 | ○生産速度はP，Nの濃度，水温，照度の関数で与えている<br>○呼吸，捕食率は水温の関数で与えている<br>○数個のボックスで移流，拡散効果を入れて日単位で8ヵ月分計算している． | エリー湖<br>(Di Toro, 1975) |
| | 有機態窒素　無機態窒素<br>植物プランクトン⇔リン<br>動物プランクトン | ○プランクトンを生きたものと死んだものとに区別して取り扱っている<br>○リンは無機態のみ扱っている<br>○移流のみ考慮し，数個のブロックで解析している | 琵琶湖<br>(土木学会，1976) |
| | 栄養塩⇔デトライタス⇔植物プランクトン<br>　　　　　　　　　　⇔動物プランクトン<br>（上層）<br>栄養素⇔デトライタス⇔動物プランクトン<br>（下層） | リン酸を循環物質とし，移流，拡散を考慮して1時間単位で3日分の解析をしている | 三河湾<br>(中田，1978) |

Hgをはじめとして，重金属元素類は有機物と相互作用を行い，さまざまに形態を変える．たとえば，メチル水銀は，多くの重金属元素，As，Seと反応をし，メタルアルキルをつくり，生物中に濃縮される（Wood and Goldberg, 1977）．重金属汚染は河川水だけからでなく，河川水によるフラックスの1％にもなる（Goldberg, 1976）．

　この内湾における水質などの予測については，表6-9に示すように多くのモデルがあり，これらにより解析，予測がなされている．

## 6-3　人間社会システムから排出された廃棄物のフィードバック

　6-1と6-2では，自然－人間社会システム相互作用の例として，図6-1の④，⑤のプロセス，すなわち人間社会システムから排出された物質の自然システム内の物質循環について考えた．しかし，これら排出されたものが人間社会システムに対してどういう影響を与えるのかについては考えなかった．

　次に，人間社会システムから排出されたもののフィードバックの例として，放射性廃棄物地層処分と，二酸化炭素地中貯留によって起こる物質移動について簡単にまとめる．これは図6-1の⑥のプロセスに相当する．

### 6-3-1　放射性廃棄物地層処分

　原子力発電所から出てくる使用済核燃料中にはウランやプルトニウムが含まれている．これらを再処理し取り出すときに，放射能レベルの高い廃液が出る．この放射能は長時間経っても危険なレベルにあるので，これらの放射能レベルの高い高レベル放射性廃棄物を処分する必要があり，いままでにさまざまな方法（宇宙処分，海洋底下処分，氷床処分，地層処分）が提案されてきた．現在ではわが国を含めたいくつかの国で地層処分を行う計画であり，そのための研究開発を行っている．高レベル廃液をガラスで固化し，そのまわりを腐食されにくい金属容器（オーバーパック），緩衝材（ベントナイトなど）でおおう．これらを人工バリアという（図6-18）．そのまわりの岩石中の鉱物による放射性核種の吸着，固溶体生成による取り込みや微細割れ目への拡散（マトリックス拡散）は，放射性核種の移行を遅らせる効果（遅延

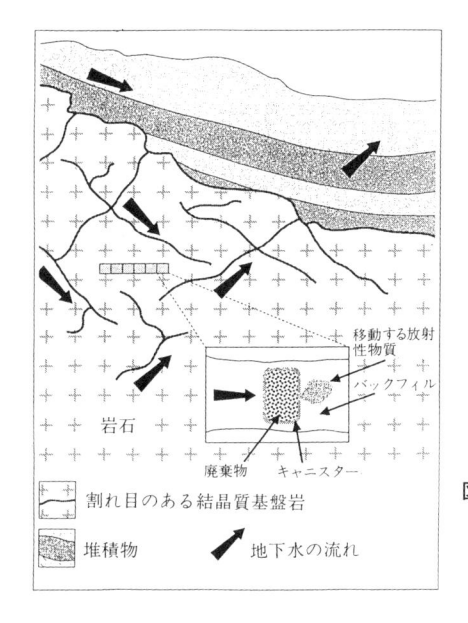

**図6-18** 割れ目のある結晶質基盤岩中の高レベル廃棄物体が地下水と反応し，放射性物質が地下水により移動する様子を示した図（Miller et al., 1994）

効果）がある．このように，天然物もバリアとなるので，これを天然バリアという．この人工バリアと天然バリアからなる多重バリアによって放射性核種の移行速度が抑えられる．

### (1) 地下水移行シナリオ

しかしながら，地下では地下水が流れ，長期間を考えると地下水が人工バリア中に浸透し，ガラス固化体中の放射性核種を溶解し，運搬するであろう．その移行速度，移行量を知り，放射性核種が地下水により運ばれ，最終的に人間社会，生物圏へ到達したときの放射線量，放射線被爆量，リスクの時間的変化を求める必要がある．これらを知るためには，地下水の化学的性質，地下水流速，緩衝材中での地下水の移行・反応，地下水によるオーバーパックの腐食，ガラスの溶解速度などを明らかにする必要がある．各バリアでの放射性核種移行量を知るためには，それぞれに応じたモデルに基づき計算をする．たとえば，緩衝材中では拡散卓越と考える．ガラスの溶解が起こり，放射性核種は沈澱し，この化合物の溶解度で地下水中の放射性核種濃度が規定されると考える．

地層中での地下水による放射性核種移行は以下の式にしたがうとする (P.A.G.I.S, 1984).

$$\frac{\partial m_i}{\partial t} = \frac{v \partial m_i}{\partial x} + \frac{D \partial^2 m_i}{\partial x^2} - \lambda_1 m_i - \lambda_{i-1} m_{i-1} - \frac{\partial S_i}{\partial t} \qquad (6\text{-}40)$$
$$\quad\text{(a)}\qquad\text{(b)}\qquad\text{(c)}\qquad\text{(d}_1)\quad\text{(d}_2)\qquad\text{(e)}$$

ここで，(a) は水溶液中での放射性核種 $i$ の濃度 ($m_i$) の時間変化，(b) は移流，$x$ はニアフィールド（地下処分場近くの場所）からの距離，(c) は分散 - 拡散，$D = D_0 + \alpha v$ は分散定数，$v$ は地下水の流速，$v = 0$ であると拡散のみ起こる．($d_1$), ($d_2$) 放射性壊変，放射性核種 $i$ の放射壊変により核種 $i-1$ が生成する．$\lambda i$, $\lambda_{i-1}$ は壊変定数，(e) 収着/離脱，これは $K_d$ (分配係数) と関係する．$S_i$ は固相中の放射性核種 $i$ の濃度．

この式をもとに放射性核種がガラス固化体から地下水により地表（人間社会，生物圏）まで運搬されたときの各放射性核種の放射線量，全放射線量の時間変化が求められる．この放射線量はある基準値以下になっていないといけないので，それ以下に抑える必要がある．そのために，人工バリアと天然バリアにより放射性核種の移行を遅延させる方法がとられる．そのためには遅延効果の大きい緩衝材（ベントナイト），腐食されにくい金属材料（炭素鋼など），遅延効果の大きい地質環境（粘土鉱物の多い堆積岩など）を選定する必要がある．

ガラス固化体からの放射性核種の移行を明らかにするためには，ガラス固化体の溶解速度，緩衝材中での放射性核種の移行速度，放射性核種化合物の溶解度などがわからないといけない．緩衝材中の物質移動のメカニズムについてペクレ数（拡散と移流による輸送量の比を表す無次元量）を検討すると，移流ではなく，拡散支配であると一般的にいえる．したがって，次式で緩衝材中での物質移行を表すことができる．

$$\begin{aligned}
& R_i \frac{\partial m_i}{\partial t} + \frac{\partial m_{pi}}{\partial t} \\
& = D_{pi} \frac{\partial^2 m_i}{\partial r^2} + \frac{1}{r \partial m_i / \partial r} - \lambda_i R_i m_i + \lambda_{i-1} R_{i-1} m_{i-1} \\
& \quad - \lambda_i m_{pi} + \lambda_{i-1} m_{pi-1}
\end{aligned} \qquad (6\text{-}41)$$

ここで，$m_i$ は放射性核種 $i$ の水溶液中の濃度，$m_p$ は放射性核種 $i$ の沈澱物中の濃度，$D_p$ は放射性核種 $i$ の空隙水中の拡散係数，$\lambda_i$ は放射性核種 $i$ の壊変定数，$R_i$ は放射性核種 $i$ の遅延係数，$t$ は時間，$r$ はガラス固化体中心からの距離．$R_i$ は以下で表される．

$$R_i = 1 + (1-\varepsilon)\frac{\rho K_{di}}{\varepsilon} \tag{6-42}$$

ここで，$\varepsilon$ は緩衝材の空隙率，$\rho$ は緩衝材の密度，$K_{di}$ は放射性核種 $i$ の分配係数．

基本的には以上の (6-40) 式，(6-41) 式をもとにし，初期条件・境界条件を与えることにより多重バリアシステム内における地下水による放射性核種の移行と，人間社会・生物圏に達した地下水中の放射線量の時間的変化について求めることができる．

以上述べた地下水移行シナリオの考えの問題点としては，以下があげられる．

1) (6-40) 式，(6-41) 式のたて方についての問題がある．たとえば，溶解平衡や収着平衡が天然で成り立っているかが問題である．今後は，速度論をもとに考える必要がある．

2) 収着以外に地下水による鉱物の溶解・沈澱反応を考慮しないといけない．鉱物が沈澱生成をすると放射性核種が地下水から固溶体として取り込まれることもあるであろう（たとえば，Am，Cm の炭酸塩鉱物中への取り込み；土橋・鹿園，2008）．

3) (6-42) 式の $K_d$ が放射性核種移行を決める要因として重要であるが，この $K_d$ の物理的意味がはっきりしていない．

4) (6-40) 式，(6-41) 式を規定する多くのパラメターがあるが，多くの正確なデータの取得に努める必要がある．たとえば，地下環境は一般的には還元的であると考えられるので，還元条件下での溶解度・溶解速度データが必要であるが，今のところ不十分である．

5) パラメター値には常に誤差が伴う．この誤差を考慮した解析，すなわち決定論ではなく確率論をもとにした解析，不確実性解析をする必要がある．

6) 次に解析結果が求まったとしても，その正当性の評価をしないといけ

ない．この評価として，地下実験施設において，天然バリアでの核種移行に関する実験を行ったり，天然水の分析をして元素の挙動を調べ，その結果を解析結果と比較検討する方法がある．しかし，この評価研究はまだ十分とはいえない．簡単なモデルに基づいた天然の水溶液－岩石系の解析と評価はこれまで行われているが，この放射性核種移行という複雑な系における解析については多くの課題が残されている．

　7) 以上の議論は地層が長期的に安定であるという仮定に基づく．火山噴火，断層運動，気候変動による風化，隆起，侵食，地震，海面変化などさまざまな地学現象が生じると地層そのものが変化を受け，安定でなくなるかもしれない．この地層の安定性の長期的評価が重要である．たとえば，地震，断層運動によって地層中に割れ目が生じるであろう．そうすれば地下水の流動経路が変化するであろう．このように地下水の流動は時間とともに変化する．新たな割れ目が生じなくて，同じ割れ目を地下水が流動していく場合を考えても，この割れ目を埋める鉱物種が地下水－岩石反応によって変化する．鉱物が割れ目を埋め地下水が通過しにくくなるかもしれない．鉱物種が変化し，収着能力が変化したり，同じ鉱物種であっても時間とともに収着能力は変化する．割れ目の形態の変化なども重要である．これらの変化により割れ目における鉱物の沈澱速度，割れ目を通過する水の流速，岩石内の拡散速度が変化する．

　8) このほかにいままでにあまり考慮されていなかったプロセスとして，コロイドによる放射性核種の運搬と，微生物の影響をあげることができる．この微生物の影響としては，オーバーパック材と水との反応，硫酸イオンなどの還元反応に対する影響などがあげられる．

　9) 放射性核種の移行は，主として低温の地下水によりなされるが，このほかに熱水により運搬されることもあるかもしれない．熱水活動の盛んなわが国においては，特にこの熱水シナリオについての解析が必要である．

　以上の問題点の中で，まず1) について取り上げる．すなわち，沈澱速度と流動をもとにしたモデル解析を廃棄物体と反応した地下水と熱水に対してあてはめる（鹿園，1995d）．

　まず，地下の廃棄物体に地下水，熱水が接し，ガラスを溶解し，シリカ

($SiO_2$) に関し過飽和な溶液ができる場合を考える（図 6-19）. この溶液が岩石中を流動し, シリカが沈澱する. このシリカの沈澱と廃棄物体からの距離の関係を以下の式（1 次元, 定常, 沈澱カイネティックス – 流動モデル）をもとに解いた. その結果を図 6-20 に示す.

$$m = m_i - (m_{eq} - m_i)\exp\left(\frac{Ak}{Mv}x\right) \tag{6-43}$$

ここで $m$ は地下水中のシリカの濃度, $m_{eq}$ はシリカの平衡濃度, $m_i$ はシリカの初期濃度, $k$ はシリカの沈澱速度定数, $A/M$ は岩石の表面積／水の質量比, $v$ は地下水の流速, $x$ は廃棄物体からの距離.

ここで, $m_i$, $m \gg m_{eq}$ とすると,

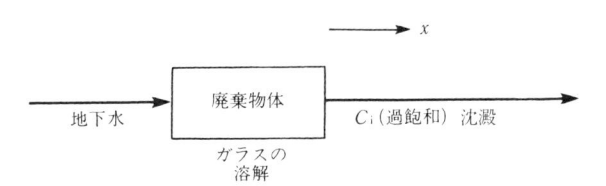

**図6-19** 沈澱カイネティックス – 流動モデル（鹿園, 1995d）

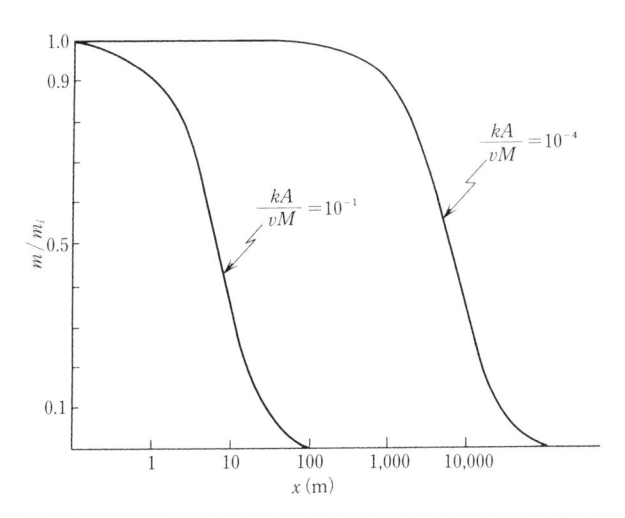

**図6-20** シリカ濃度比 ($m/m_i$) と廃棄物体からの距離 ($x$) との関係（25℃）（鹿園, 1995d）

$$m = m_i \left[ 1 - \exp\left(\frac{Ak}{Mv}x\right) \right] \tag{6-44}$$

この式を解くためには，$k$，$A/M$，$v$ が与えられないといけない．ここでは一般の岩石の $A/M$，地下水の $v$ を与えた．図より明らかなように，$kA/vM$ が $10^{-1}$ のときは，$x=100$ m くらいで地下水中に含まれているシリカのほとんどは沈澱する．このシリカが沈澱すれば，地下水通路が充填され，地下水が流れにくくなる．また，シリカ鉱物に放射性核種が吸着をする．したがって，シリカ鉱物の沈澱によって，放射性核種移行に対する遅延効果が働く．一方，$kA/vM$ が $10^{-4}$ のときは，$m/m_i$ が 0 に近くなるのは $10^5$m くらいであり，シリカの運搬距離は大きい．深地下に埋められた放射性廃棄物体と人間社会，生物圏間の距離は $10^3 \sim 10^4$m 以上を考えればよいであろう．したがって，この場合，シリカ鉱物の沈澱による放射性核種の遅延効果は期待できない．

次に 2) の問題である $K_\mathrm{d}$ の問題について考える．この $K_\mathrm{d}$ は以下で定義される（Zhu and Anderson, 2002）．

$$K_\mathrm{d} = \frac{S_i}{m_i} \tag{6-45}$$

ここで $S_i$ は単位質量の固相に吸着した $i$ の質量，$m_i$ は溶液中の $i$ 種の濃度．

$K_\mathrm{d}$ は反応に対応した平衡定数ではないので，温度，圧力が一定であっても条件（pH など）によって一定ではない点に注意しないといけない．この $K_\mathrm{d}$ は，室内ではバッチ法，カラム法，拡散法によって求められる．拡散法では，拡散係数を求めることで，次の式より $K_\mathrm{d}$ が求められる．

$$K_\mathrm{d} = \frac{1}{\rho}\left(\frac{D_e}{D_a} - \varepsilon\right) \tag{6-46}$$

ここで，$D_a$ はみかけの拡散係数（$m^2 s^{-1}$），$D_e$ は実効拡散係数（$m^2 s^{-1}$），$\varepsilon$ は間隙率，$\rho$ は乾燥密度．

非定常拡散試験により，収着による遅延を含むみかけの拡散係数（$D_a$）が求められる．透過拡散試験により，定常状態での透過フラックスを求め実効拡散係数（$D_e$）が求められる．このほかにフィールドデータをもとに $K_\mathrm{d}$ が求められる．このようにさまざまな方法で求められる $K_\mathrm{d}$ の比較検討をし

て，正しいと思われる $K_d$ 値をもとに (6-40) 式, (6-41) 式をもとに多重バリアシステムにおける全安全評価 (Total Performance Assessment) を行う．

(2) ナチュラルアナログ研究

以上述べたように，人工バリアからの放射性核種の天然バリアでの移行についてモデル計算をすることができる．しかしながら，人工バリアから天然バリア（岩石圏），生物圏，人間社会システムまでの放射性核種の移行時間は長い．また長時間にわたって放射性核種は人工バリアから放出される．したがって，この計算結果が正しいかどうかの評価をすることは難しい．地下実験施設において岩石中での放射性核種の移行実験を行い，モデルの正しさを評価することは可能である．しかし，この場合は，短期間の実験（せいぜい数年）しか行えない．そこで，室内実験ではなく，長期間の天然の地学事象の研究によってモデルの評価をする必要性が唱えられた．これをナチュラルアナログ研究という．この研究では主に天然の廃棄物類似体（ナチュラルアナログ）の物質移行の問題を考える．

このナチュラルアナログ研究にはさまざまな時間，対象（廃棄物類似体），プロセスがある．たとえば，人工バリアから放射性核種が放出するプロセスのナチュラルアナログ研究として，ウラン鉱床からまわりの地質環境への元素の放出と移行に関する研究があげられる．この例として，アフリカ・オクロウラン鉱床の研究が有名である（ブルッキンス, 1984）．アフリカ・ガボンの先カンブリア紀の岩石中にウラン鉱床がある．このウラン鉱石は20億年前頃生成し，核分裂を行ったと考えられている．この天然原子炉の核分裂でつくられた元素や鉱石中の元素のまわりの母岩への移動についての研究 (Brookins, 1978, 1990) により，長期間，また高温という条件にもかかわらず，ウラン鉱床から多くの元素が移動しなかったことが明らかにされた．カナダ・アサバスタ地方のシガーレイクウラン鉱床についてもナチュラルアナログ研究がなされている．鉱床は13億年前に生成されたウラン鉱床であり，平均品位は21％もある．鉱床の上位は粘土鉱物に富む熱水変質帯があり，これにより，コロイドなどによるウランの運搬が遮断されたと考えられている．この変質帯は高レベル廃棄物体を囲む緩衝体に相当する．ブラジル・オ

サムウツミウラン鉱床（9000万年前に生成した熱水性鉱床）には，還元フロントがみられ，ウランなどの元素（U, Th, Pb, Ni, Sr, V, Zn）の移動についての計算が詳しくなされている．

このほかの例として，地層中に貫入した火成岩体が母岩に与える元素分布の影響を調べた研究がある．たとえば，米国・コロラド州，エルドラブライアン岩株とアイダホスプリングス層の研究（Brookins et al., 1982）では，高温条件下でも接触変成帯で放射性廃棄物類似体元素がきわめて移動しにくいことが示された．貫入岩体の近くでも貫入岩体と母岩との間で酸素同位体交換があまり行われていないことが示された．熱水溶液と花崗岩が反応を起こしたときに生成する変質鉱物の分布に関する研究や，コンピュータシミュレーションによる変質鉱物の種類と量を求めた研究では，希土類元素，ウランなどの重元素が変質鉱物中に濃集し，花崗岩が天然バリアとして有効に働くことが示された．

わが国のナチュラルアナログ研究としては，東濃ウラン鉱床における硫黄同位体組成をもとに地下水の酸化還元条件を求めた研究（Shikazono and Utada, 1997），堆積岩中の炭酸塩鉱物の希土類元素に関する研究（土橋・鹿園，2008），黒鉱鉱床地域の熱水変質岩中の希土類元素に関する研究（Shikazono et al., 2008）などの研究があげられる．

このようなウラン鉱床，熱水変質，安定同位体の研究は，長期間（10万年〜10億年）にわたる物質移動の研究である．しかしながら，このような長期間であると，定量的で厳密な研究をすることは難しい．また，実際の高レベル放射性廃棄物処分では，1万年〜100万年位の長時間スケールでの放射性核種移行が問題となる．そこで，短期間（数万年以下）での水−岩石反応の研究が行われている．その例として，火山ガラスの溶解速度に関する研究（Shikazono et al., 2005），ベントナイトと地下水との反応に関する研究，金属（考古学試料）の腐食に関する研究，化学的風化作用における希土類元素，U, Thの挙動に関する研究（鹿園・大谷，2005）があげられる．火山ガラスはガラス固化体の天然廃棄物類似体であり，これはニアフィールド（廃棄物近くの地質環境）の研究といえる．

このナチュラルアナログ研究は，以上のファーフィールドとニアフィール

ドの研究以外に，放射性核種放出と運搬プロセスの解明に重きをおいた研究（溶解度，水溶液中の存在状態，吸着，イオン交換，沈澱，マトリックス拡散，コロイド，還元フロント，微生物作用，ガス放出など）がある．

　以上述べた人工バリアと天然バリアからなる多重バリアシステムにおける物質移行の研究において特に重要なことは，放射性核種が人間社会システム，生物圏に達したときの最終的な放射線量の時間的変化を求め，安全基準値との比較をすることである．そのためにはそれぞれの各サブシステムにおける物質移行を明らかにしないといけない．トータルシステムの解析をするためには，各サブシステムの物質移行を決定するパラメター値を求めないといけない．しかしながら，パラメターの数は多く，それぞれ求められたパラメター値には幅がある．しかし，すべてを求めなければトータルシステムの解析ができないというものでもないであろう．各サブシステムの解析をしやすくするように，モデルを簡単化することが重要である．また各サブシステムの解析を組み合わせて，トータルシステムの解析を行う場合においても，どの物質移行が律速段階になるのかを明らかにし，解析をすべきであると考える．

　廃棄物体をとりまく地質条件は，地域によって大きく異なることが特徴である．したがって，それぞれの地域に応じて，重要な要因を取り上げるべきであろう．ここで論じたことは，ほかの天然のシステム解析の場合にもあてはまるであろう．すなわち，律速過程を明らかにすること，問題を解析し，結果を出すこと，そして，ほかの独立な方法によって求められた結果と比較し，その評価をすることが特に重要である．

### 6-3-2 二酸化炭素地中貯留問題

　近年，人間社会からの二酸化炭素排出量が増大し，大気中の二酸化炭素濃度の増加，温暖化を招いているといわれている．二酸化炭素の排出量を削減することは重要であるが，大変に難しい．そこで二酸化炭素の自然作用による固定と貯蔵・投棄という方法が考えられている．自然の固定プロセスの利用法としては，植林，水生生物による固定，海洋への吸収，サンゴ礁による固定といった方法があるが，それぞれについては多くの問題がある．人工的貯留・投棄法として，海洋や地中（廃油田，廃炭田，天然ガス廃坑，帯水

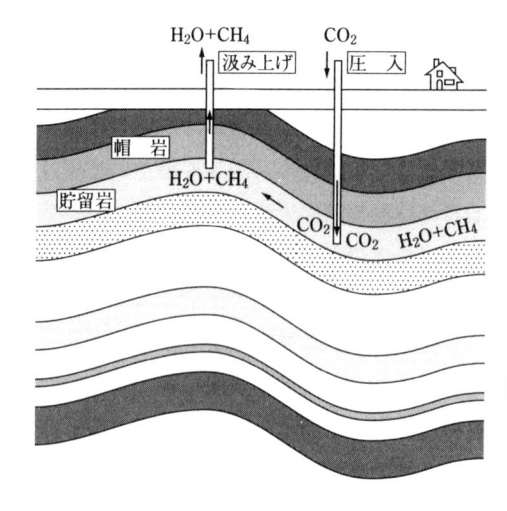

図6-21 天然ガス層・帯水層への二酸化炭素圧入とメタンの回収（久保田・松田，化学工業会監修，1995）メタンは火力発電所で利用できる．

層）などへの貯留法がある（図6-21）．ここでは帯水層貯留法についての説明をする．

　工場などによるガスから二酸化炭素ガスを分離・回収し，液体二酸化炭素にかえ，これを運搬し，地下1000mくらいの深さへ圧入する．1000mの深さでは液体二酸化炭素は超臨界二酸化炭素となり，岩石中の空隙中にとどまる．背斜構造でキャップロック（帽岩）が存在していると，超臨界二酸化炭素は上部へ移動することができず，地層中に長期にわたってとどまっている．これを二酸化炭素の構造トラッピングという．地下1000mくらいの深さの帯水層中には地下水が存在しているので，二酸化炭素は次の反応で地下水に溶解する．

$$CO_2(超臨界状態) + H_2O \rightarrow HCO_3^- + H^+ \tag{6-47}$$

すなわち，この反応が進み，二酸化炭素は$HCO_3^-$として地下水に溶存している．また$HCO_3^- + H^+ \rightarrow H_2O + CO_2$（ガス）の反応により二酸化炭素ガスが発生する．この二酸化炭素ガスが地下水へ溶解し，$HCO_3^-$になる．帯水層母岩中にはケイ酸塩鉱物，炭酸塩鉱物が存在し，次の反応で二酸化炭素は$HCO_3^-$に変化する．

$$CaSiO_3 + 2CO_2 + H_2O \rightarrow Ca^{2+} + 2HCO_3^-$$
$$CaCO_3 + CO_2 + H_2O \rightarrow Ca^{2+} + 2HCO_3^- \tag{6-48}$$

以上の反応により炭素が地下水中に $HCO_3^-$ としてトラップされることを溶解トラッピングという．以上のケイ酸塩鉱物，炭酸塩鉱物の溶解反応により地下水中の Ca 濃度，Mg 濃度が増加し，pH が増加すると，以下の反応で炭酸塩鉱物（方解石 $CaCO_3$，ドロマイト $CaMg(CO_3)_2$）が沈澱し，炭素が固定される．これを鉱物トラッピングという．

$$Ca^{2+} + 2HCO_3^- \rightarrow CaCO_3 + H_2O \tag{6-49}$$

鉱物は溶解しにくいので，鉱物トラッピングにより炭素は長期にわたって固定化される．

以上の溶解トラッピング，鉱物トラッピングによる炭素貯留量の推定のシミュレーションをすることが可能である．このシミュレーションは次の反応速度論による反応式をもとにする．

$$R = A^* k (1 - \Omega) \tag{6-50}$$

ここで，$R$ は鉱物の溶解反応速度（mol $m^{-2} s^{-1}$），$A^*$ は反応比表面積（$m^2 kg^{-1} H_2O$），$k$ は溶解反応速度定数（mol $m^{2-} s^{-1}$），$\Omega$ は飽和指数（イオン活動度積／平衡定数）．

これをもとに計算するためには，二酸化炭素溶解水により溶解する鉱物種，溶液組成，鉱物組成，間隙率，粒径，密度，温度，圧力のデータが必要である．これらの値を入れ，深さ 1000 m，50℃の堆積岩中の地下水中に二酸化炭素を圧入したときの地下水組成，鉱物組成の時間的変化を図 6-22 に示す．これらの計算より，はじめに炭酸塩鉱物，ケイ酸塩鉱物が溶解し，$CO_2$ は $HCO_3^-$ に変化し，長期間後に炭酸塩鉱物（方解石，ドロマイト）として炭素が固定されることがわかる．このことにより，溶解トラッピング，鉱物トラッピングは，二酸化炭素を深地下で貯留するメカニズムとして有効であることが示唆される．わが国では，この種のシミュレーションはあまりなされていないが（柏木・鹿園，2005；鹿園ほか，2009a,b），海外では，アメリカ・コロンビア州洪水玄武岩，カナダ・アルバータベイズン堆積岩地域などについての詳しい研究がなされている（Marini, 2007）．

このようにシミュレーションは，二酸化炭素の地下での挙動の長期予測や

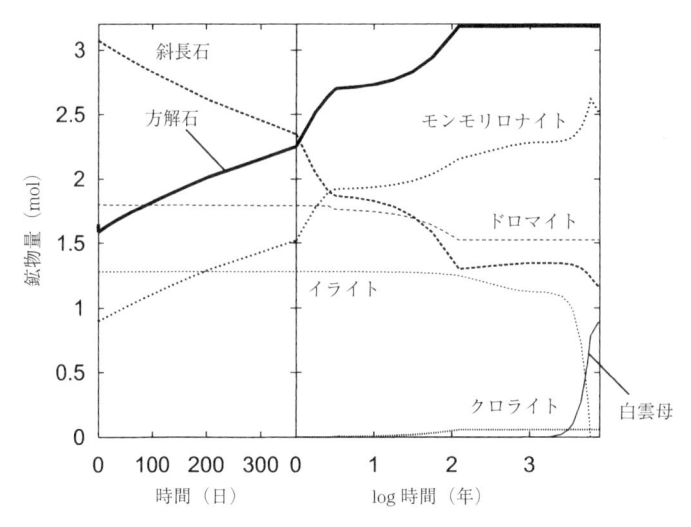

**図6-22** 母岩として大田代層,地下水として淡水型地下水(高澤地下水)を設定した場合の,$CO_2$注入後の固相種の時間変化(柏木・鹿園,2005)

貯留量の推定に有効であるといえるが,数万年先の長期予測が正しいかどうかを評価するのは,シミュレーションだけでははっきりしない.そこで,過去の地質現象をもとにしたナチュラルアナログ研究によって,二酸化炭素の地下の長期間での挙動に関する研究がいくつかなされている.わが国におけるこの種の研究例として,花崗岩,堆積岩地域の地下水の地球化学的研究(鹿園ほか,2004),堆積盆地域における塩水の研究(柏木・鹿園,2005)などがあげられる.しかしながら,この種の研究は少なく,いまはじまったばかりである.

# あとがき

　本書では，地球をシステムとしてとらえるという地球システム科学を基本として，地球システムのなかでも大気圏，水圏，地圏表層（土壌，岩石），生物圏，および人間社会からなる地球表層環境を主たる対象として，その環境における物質循環，元素移動の問題について考えた．

　まず，第2章～第4章では，人間社会を除く地球表層環境における物質移動論の基礎と応用（解析例）があげられている．特に水による物質循環，元素移動の問題が重要であるので，水－岩石相互作用による物質移動メカニズムに関する基本的な理論（熱力学，カイネティックス，溶解カイネティックス－流動モデルなどのカップリングモデル）を示した．そして，その後，それらの理論と物質移動メカニズムに基づく地質事象（風化作用，熱水鉱床の生成，熱水変質作用，地下水組成，海水組成要因など）の解析例を示した．ここでは化学平衡論，カイネティックス，溶解カイネティックス－流動モデルなどをもとにしているが，より複雑なモデル（多成分，多相系の反応－流動－拡散モデルなど）や現象（自己触媒，化学振動など）については取り上げられていない．

　第5章では，グローバルな物質循環の解析には，個々のメカニズムを考慮しないボックスモデルによる解析が有効であるので，グローバル地球化学モデル（炭素循環モデルなど）に基づいた物質循環の解析を行った．このグローバル地球化学モデルでは，地球表層環境のみならず，マントルという地球深部も含めた地球システムの変動を解析することが可能である．しかしながら，詳しい反応メカニズムを考慮した解析は難しく，フラックスをもとにした解析にとどまっている．また，第2章～第4章と第5章を結びつける簡単な解析を行ったが（5-1），この種の議論の今後の進展を期待したい．

　第6章では上記の地球表層環境における物質循環の解析とともに，人間社会と自然相互作用の解析例（酸性雨，水質汚染，放射性廃棄物，二酸化炭素

地中貯留問題など）を示した．しかしながら，解析というよりもフラックスを中心に述べた議論が中心である．

　本書で扱った範囲は，上記のように，地球表層環境が対象とはいえ，従来の環境化学で扱っている地球のごく表面（大気，水，土壌，生物）だけを対象としたものではなく，より深部（地殻，マントル）についても考え，これからの地球表層環境への影響も考慮している．水であれば，地表近くの温度の低い水（雨水，河川水，地下水，海水など）だけでなく，深部の温度の高い水（熱水など）についても取り上げ，これらの水と岩石との相互作用，それに伴う物質移動，循環についての考察をしている．また，時間スケールについてみてみると，従来の環境化学では，人間の自然環境に与える影響を中心にしているために，短期的事象の記述，分析，解析が中心である．しかしながら，本書では，それに比して，より長期的事象についても取り扱っている．

　一方，従来の固体地球科学（地球物理学など）や地球システム科学では，地球全体や地球深部（マントルなど）の事象が研究の中心である．しかしながら，本書では，たとえば地球深部の物質循環という問題には触れられていない．したがって，本書は既存の学問体系とは異なるアプローチをとっているという特徴はあるが，扱われていない基本的事項や解析対象があったり，モデルが簡単化されているために，読者にとっては理解しにくい点が多々あるのではないかと思われる．これらの点については，以下の推薦図書を参考にし，補っていただければ幸いである．

# 参考書，参考・引用文献

## 参考書

**地球システム科学**
鹿園直建，2009：地球惑星システム科学入門，東京大学出版会．
Ernst, J. W.(ed.), 2000: *Earth Systems*, Cambridge Univ. Press.
Kump, L. R., Kasting, J. R. and Crane, R. G., 1999: *The Earth System*, Pearson Prentice Hall.
Chamedes, W. C. and Perdue, E. M., 1997: *Biogeochemical Cycles*, Oxford Univ. Press.

**熱力学**
Nordstorm, D. K. and Munoz, J. L., 1985: *Geochemical Thermodynamics*, The Benjamin / Cummings Publishing Co.
Garres, R. M. and Christ, C. L., 1965: *Solutions, Minerals and Equilibria*, A Harper International Student Reprint, Harper & Row, John Weatherhill.

**速度論**
Lasaga, A. L., 1997: *Kinetic Theory in the Earth Sciences*, Princeton Univ. Press, Princeton, New Jersey.

**環境化学，地球化学**
Holland, H. D. and Turekian, K. K.(eds.), 2004: *The Treatise in Geochemistry*, Elsevier.
Zhu, C. and Anderson, G., 2002: *Environmental Applications of Geochemical Modeling*, Cambridge Univ. Press.
Langmuir, D., 1997: *Aqueous Environmental Geochemistry*, Prentice Hall.
Stumm, W. and Morgan, J. J., 1996: *Aquatic Chemistry*(3rd ed.), John Wiley & Sons.

**海洋科学**
Holland, H. D., 1978: *The Chemistry of the Atmosphere and Oceans*, Wiley.

**鉱床学**
資源地質学会編，2003：資源環境地質学—地球史と環境汚染を読む，資源地質学会．
Barnes, H. L.(ed.), 1997: *Geochemistry of Hydrothermal Ore Deposits*, John Wiley & Sons.

**土壌学**
Bolt, G. H. and Bluggenwert, M. G.(eds.), 1978: *Soil Chemistry*, Elsevier, Amsterdam.

**地下水学**
Appelo, C. A. J. and Postma, D., 1993: *Geochemistry, Groundwater and Pollution*, A. A. Balkema / Roterdaml Brookfield.
Drever, J. I., 1988: *The Geochemistry of Natural Waters*(2nd ed.), Prentice Hall.

**放射性廃棄物**
ブルッキンス，D. G. 著／石原健彦・大橋弘士訳，1984：放射性廃棄物処分の基礎—地球化学的アプローチ，現代工学社．

**二酸化炭素地中貯留**
Marini, L., 2000: *Geological Sequestration of Carbon Dioxide*, Elsevier.

## 引用・参考文献

アーンスト，W.G.著／牛来正夫訳，1970：鉱物岩石学入門，共立出版．
一国雅巳，1972：無機地球化学，培風館．
井上麻夕里・鈴木　淳・野原正人・日比野浩平・川幡穂高，2008：月刊地球，**59**，12-17．
内田　隆，1992：資源地質，**42**，175-190．
エヴァンス，A.M.著／三宅輝海訳，1989：鉱床地質学序説，山洋社．
遠藤一佳，2008：*Japan Geoscience Letters*，No.4，6-8．
大滝仁志，1987：溶液の化学，大日本図書．
核燃料サイクル開発機構，1999：地層処分研究開発第2次取りまとめ，JNC TN1400 99-021．
柏木洋彦・鹿園直建，2003：地学雑誌，**112**，473-488．
柏木洋彦・鹿園直建，2005：地下水学会誌，**47**，65-80．
柏木洋彦・小川泰正・鹿園直建，2008：地学雑誌，**117**，1029-1050．
梶原良道，1983：鉱山地質特別号，**11**，289-304．
榧根　勇，1972：水の循環，共立出版．
菊地広吉・三室俊昭・大村富士夫・原　敏昭，1984：節理性岩盤モデル化に関するシンポジウム講演論文集，126-130．
北野　康，1984：地球環境の化学（化学選書），裳華房．
木村真人，1989：土の化学（日本化学会編），129-146．
日下部　実，1990：科学，**60**，711-712．
久保田　宏・松田　智著，化学工学会監修，1996：廃棄物工学，培風館．
佐々木　昭，1979：岩波講座地球科学14 地球の資源／地表の開発（佐々木　昭・石原舜三・関　陽太郎編），岩波書店，49-53．
サモイロフ，O.YA.著／上平　恒訳，1970：イオンの水和，地人書館．
鹿園直建，1977：地質学雑誌，**83**，41-47．
鹿園直建，1979：岩波地球科学講座14 地球の資源／地表の開発（佐々木　昭・石原舜三・関陽太郎編），岩波書店，31-45．
鹿園直建，1988：地の底のめぐみ―黒鉱の化学，裳華房．
鹿園直建，1992：地球システム科学入門，東京大学出版会．
鹿園直建，1993：地球化学，**27**，135-139．
鹿園直建・白木亮司，1994：資源地質，**44**，379-390．
鹿園直建，1995a：地学雑誌，**104**，16-27．
鹿園直建，1995b：地球化学反応速度と移動現象（千田　佑編著），コロナ社，134-152．
鹿園直建，1995c：科学，**65**，324-332．
鹿園直建，1995d：放射性廃棄物と地質科学（島崎英彦・新藤静夫・吉田鎮男編），東京大学出版会，147-164．
鹿園直建・藤本光一郎，1996：地球化学，**30**，91-97．
鹿園直建，1997：地球システムの化学，東京大学出版会．
鹿園直建，2002a：岩石鉱物科学，**31**，197-207．
鹿園直建，2002b：地学雑誌，**111**，55-65．
鹿園直建・大谷晴啓，2003：資源地質，**53**，147-152．
鹿園直建・親松克典・深田鉄平，2004：地下水学会誌，**47**，45-63．
鹿園直建・大谷晴啓，2005：資源地質，**53**，201-206．

鹿園直建，2009：地球惑星システム科学入門，東京大学出版会．
鹿園直建・原田広康・池田則生，2009a：*J. MMIJ*，**125**，106-114．
鹿園直建・原田広康・池田則夫・柏木洋彦，2009b：鉱物科学，**38**，149-160．
渋谷　健・新堀雄一・土屋範芳・千田　佶，1992：資源地質，**42**，241-248．
島津康男，1967：地球の進化，岩波書店．
白井厚太朗・高畑直人・佐野有司，2008：月刊地球，**59**，112-122．
鈴木隆次・中嶋　悟・永野哲志・喜多浩之，1989：鉱山地質，**39**，349-354．
スタム，W．，モーガン，J. J. 著／阿部喜也・半谷高久訳，1974：一般水質化学，上・下，共立出版．
砂川一郎，2003：結晶・成長・形・安全性，共立出版．
徂徠正夫，2008：地学雑誌，**117**(4)，782-796．
徂徠正夫・佐々木宗健・奥山康子，2009：岩石鉱物科学，**38**，101-111．
田中秀実，2003：地震発生と水（笠原順三・鳥海光弘・河村雄行編），東京大学出版会，208-209．
田中万也，2005：地球化学，**39**，65-72．
高松武一郎・内藤正明・Liang-Tseng Fan，1977：環境システム工学，日刊工業新聞社．
地球環境工学ハンドブック編集委員会編，1991：地球環境工学ハンドブック，オーム社．
デンビー，ケネス著／後藤田正夫・上埜武夫訳，1967：理論反応工学入門，産業図書．
登坂博行，2006：地圏水循環の数理，東京大学出版会．
土橋竜太・鹿園直建，2008：地球化学，**42**，79-98．
中嶋　悟，1995：鉱物学雑誌，**24**，125-130．
中野政詩，1991：土の物質移動学，東京大学出版会．
中野政詩，2009：地下水学会誌，**51**，285-296．
西村雅吉，1991：環境化学，裳華房．
西山勝栄・中嶋　悟・多田隆治・内田　隆，1990：鉱山地質，**40**，323-336．
西山忠男，1987：月刊地球，**91**，54-59．
日本化学会編，1975：固体の関与する無機反応（化学総説9），東京大学出版会．
日本土壌肥料学会編，1981：土壌の吸着現象，博友社．
沼子千弥，2004：2004年度日本地球化学若手シンポジウムプログラム講演集，1-5．
半谷高久編，1973：水文学講座9 汚染水質機構，共立出版．
藤井　隆，1977：現代鉱床学の基礎（立見辰雄編），東京大学出版会，127-144．
藤代亮一・黒岩章晃，1966：溶液の性質 I, II，東京化学同人．
藤縄克之，1991：汚染される地下水，共立出版．
藤本光一郎，1987：鉱山地質，**37**，45-54．
ブルッキンス，D. G. 著／石原健彦・大橋弘士訳，1984：放射性廃棄物処分の基礎—地球化学的アプローチ，現代工学社．
堀江　毅，1991：地球環境工学ハンドブック（地球環境工学ハンドブック編集委員会編），795-839．
堀越　叡，1977：現代鉱床学の基礎（立見辰雄編），東京大学出版会，32-43．
ホランド，H. D. 著／山県　登訳，1979：大気・河川・海洋の化学，産業図書．
松本英一，1983：地球化学，**17**，27-32．
宮川公雄・田中和広・井上大栄・大澤英昭・柳澤孝一・山川　稔，1991：電力中研報告，U91014，50p．
山中健生，1992：入門生物地球化学，学会出版センター．
林　為人・高橋　学・杉田信隆，1995：応用地質，**36**，300-306．

Albarede, F., 1995: *Introduction to Geochemical Modeling*, Press Syndicate of the University of Cambridge, New York.
Al-Horani, F. A., Al-Maghrabi, S. M. and de Beer, D., 2003: *Mar. Biol.*, **142**, 419-426.
Anbeek, C., 1992: *Geochim. Cosmochim. Acta*, **56**, 3957-3970.
Anderson, R. N., Langseth, M. G. and Sclater, J. G., 1977: *J. Geophys. Res.*, **82**, 3391-3401.
Appelo, C. A. J. and Postma, D., 1993: *Geochemistry, Groundwater and Pollution*, A. A. Balkema/Roterdam/Brookfield.
Arnórsson, S., Sigurdsson, S. and Svarvarsson, H., 1982: *Geochim. Cosmochim. Acta*, **46**, 1513-1532.
Avogadro, A. and DeMarsily, G., 1989: *Env. Sci. Technol.*, **230**, 496-502.
Banwart, S. A., 1994: In *Chemistry of Aquatic Systems: Local and Global Perspectives* (Bidoglio, G. and Stumm, W., eds.), 307-335.
Barnes, H. L. and Kullerud, G., 1961: *Econ. Geol.*, **56**, 648-688.
Barnes, H. L. (ed.), 1967: *Geochemistry of Hydrothermal Ore Deposits*, Holt, Rinehart and Winston.
Barnes, H. L. (ed.), 1979: *Geochemistry of Hydrothermal Ore Deposits*, Wiley-Interscience.
Barron, E. L., Sloan, J. L. II and Harrison, C. G. A., 1978: *Palaeogeogr. Palaeoclimatol. Palaeoecol.*, **30**, 17-40.
Barton, P. B. Jr., 1984: In *Reviews in Econ. Geol.*, Vol. 1, *Fluid-Mineral Equilibria in Hydrothermal System*, 99-114.
Beig, M. S. and Liittge, A., 2006: *Geochim. Cosmochim. Acta*, **70**, 1402-1420.
Berner, R. A., 1964: *Marine Geol.*, **1**, 117-140.
Berner, R. A., 1980: *Early Diagemesis—A Theoretical Approach*, Princeton Univ. Press.
Berner, R. A., Lasaga, A. C. and Garrels, R. M., 1983: *Am. J. Sci.*, **283**, 641-683.
Berner, R. A., 1987: *Am. J. Sci.*, **287**, 177-196.
Berner, R. A., 1991: *Am. J. Sci.*, **291**, 339-376.
Berner, R. A., 1994: *Am. J. Sci.*, **301**, 182-204.
Berner, R. A. and Kothavala, Z., 2001: *Am. J. Sci.*, **3**, 182-204.
Berner, R. A., 2006: *Am. J. Sci.*, **306**, 295-302.
Berndt, M. E., Seyfried, W. E. Jr. and Janeckey, D. R., 1989: *Geochim. Cosmochim. Acta*, **53**, 2283-2300.
Bidoglio, G. and Stumm, W., 1994: *Chemistry of Aquatic Systems—Local and Global Perspectives*, Kluwer Academic Publishers.
Bischoff, J. L. and Dickson, F. W., 1975: *Earth Planet. Sci. Lett.*, **25**, 385-397.
Bischoff, J. L., 1980: *Science*, **207**, 1465-1469.
Blount, C. W., 1977: *Am. Mineral.*, **62**, 942-957.
Blum, A. E., Yund, R. A. and Lasaga, A. C., 1990: *Nature*, **331**, 431-433.
Blum, A. E. and Lasaga, A. C., 1991: *Geochim. Cosmochim. Acta*, **55**, 2193-2201.
Blum, A. E. and Stillings, L. L., 1995: In *Reviews in Mineralogy*, **31** (White, A. F. and Brantley, S. C., eds.), *Weathering Rates of Silicate Minerals*, 291-351.
Blundy, J. D. and Wood, B., 1994: *Nature*, **372**, 452-454.
Bolt, G. H. and Bluggenwert, M. G. M. (eds.), 1978: *Soil Chemistry*, Elsevier, Amsterdam. (岩田進午ほか訳, 1998：土壌の化学, 学会出版センター).

Brady, P. V. and Walther, J. V., 1992: *Am. J. Sci.*, **292**, 639–658.

Brantley, S. L., 1992: In *Experimental and Field Results, Water-Rock Interaction*, Balkema, Rotterdam, 3–6.

Brantley, S. L., 2003: In *Treatise on Geochemistry*, Vol. 5, *Surface and Ground Water, Weathering and Soils*, 73–117.

Brezonik, P. C., 1994: *Chemical Kinetics and Process Dynamics in Aquatic Systems*, CRC Press.

Brimblecombe, P., Hammer, C., Rodhe, H., Ryaboshapko, A. and Boutron, C. F., 1989: In *Evolution of the Global Biogeochemical Sulphur Cycle* (Brimblecombe, P. and Lein, A. Yu., eds.), John Wiley & Sons, 77–121.

Brimhall, B. H. and Crerar D. A., 1987: In *Reviews in Mineralogy*, **17** (Carmichael, I. S. E. and Eugster, H. P., eds.), *Thermodynamic Modelling of Geological Materials-Minerals, Fluids and Melts*, 235–322.

Brookins, D. G., 1978: *Chem. Geol.*, **23**, 309–323.

Brookins, D. G., Abashian, M. S., Cohen, L. H. and Wollenberg, H. A., 1982: In *Scientific Basis for Nuclear Waste Management*, V (Topps, S. V., ed.), North-Holland Press, Amsterdam.

Brookins, D. G., 1990: *Gabon-Waste Management*, **10**, 285–296.

Buddermeier, R. W. and Hunt, J. R., 1988: *Appl. Geochem.*, **3**, 535–548.

Bunce, N. J., 1991: *Environmental Chemistry* (*2nd ed.*), Wuerz Publishing, Winnipeg, Canada.

Busenberg, E. and Plummer, L. N., 1986: *U. S. Geological Bull.*, **1578**, 139–168.

Chameides, W. C. and Perdue, E. M., 1977: *Biogeochemical Cycles*, Oxford Univ. Press.

Chase, C. G., 1972: *J. Geophys. Res.*, **29**, 117–122.

Claasen, H. C. and White, A. F., 1979: In *Chemical Modeling in Aqueous Systems* (Jenne, E. A., ed.), 771–793.

Cowen, J. P., Masoth, G. J. and Baker, E. T., 1986: *Nature*, **322**, 169–171.

Crerar, D. A. and Barnes, H. L., 1976: *Econ. Geol..*, **71**, 772–794.

Crerar, D. A., Wood, S. and Brantly, S., 1985: *Can. Min.*, **23**, 333–352.

Curtie, E., 1999: *Applied Geochem.*, **14**, 433–445.

Davies, C. W. and Jones, A. L., 1955: *Trans. Faraday Soc.*, **57**, 812–817.

Davies, C. W., 1962: *Ion Association*, Butterworth, Washington, D. C.

Davis, J. A., James, R. O. and Leckie, J. O., 1978: *J. Colloid Interface Sci.*, **63**, 480–499.

Davis, J. A., Fuller, C. C. and Cook, A. D., 1987: *Geochim. Cosmochim. Acta*, **51**, 1477–1490.

Demicco, R. V., Lowenstein, T. K. and Hardie, L. A., 2003: *Geology*, **31**, 793–796.

Dingman, S. C. and Johnson, A. H., 1971: *Chem. Soc. Am. J.*, **7**, 1208–1215.

Doener, H. A. and Hoskins, W. M., 1925: *Chem. Soc. Am. J.*, **47**, 662–675.

Dove, P. M. and Crerar, D. A., 1990: *Geochim. Cosmochim. Acta*, **54**, 955–969.

Dove, P. M., 1995: In *Reviews in Mineralogy*, **31** (White, A. F. and Brantley, S.L. eds.), *Chemical Weathering Rates of Silicate Minerals*, 235–290.

Dove, P. M., Yoreo, J. J. De and Weiner, S. (eds.), 2004: *Biomineralization, Reviews in Mineralogy & Geochemistry*, **54**.

Drever, J. I., 1974: In *The Sea*, Vol.5 (Goldberg, E. D., ed.), Wiley-Interscience, 337–357.

Drummond, S. E. and Ohmoto, H., 1985: *Geochim. Cosmochim. Acta*, **50**, 825–833.

Dzombak, D. and Morel, F. M. M. 1990: *Surface Complexation Modeling Hydrous Ferric*

*oxide*, Wiley-Interscience, New York.
Edmond, J. M., Measure, C., Mangum, B., Grant, B., Gordon, L. I. and Corliss, J., 1979: *Earth Planet. Sci. Lett.*, **46**, 1-18.
Ekart, D. D., Cerling, T. E., Montanez, I. P. and Tabor, N. J., 1999: *Am. J. Sci.*, **299**, 805-827.
Elder, J. W., 1966: Heat and mass transfer in the earth: hydrothermal systems, *Bulletin* (New Zealand, Dept. of Scientific and Industrial Research), No. 169.
Ellis, A.J. and Mahon, W. A. J., 1977: *Chemistry and Geothermal System*, Academic Press.
Erez, J., 2003: *Reviews in Mineralogy and Geochemistry*, **54**, 115-149.
Essington, M. E., 2004: *Soil and Water Chemistry*, CRC Press 38.
Exley, R. A., Mattey, D. R., Pillinger, C. T. and Sinton, J. M., 1986: *Terra Cognita*, **6**, 324.
Feeley, R. A., Lewinson, M., Massoth, G. J., Robert-Baldo, G. and Lavelle, J. W. Byrne, R.H., Von Damm, C. V. and Carl, J. R. H. C., 1987: *J. Geophys. Res.* **92**, 11347-11363.
Fleming, B. A., 1986: *J. Colloid Interface Sci.*, **110**, 40-64.
Fouquet, Y., Stackelberg, U., Von Charlou, J. L., Donval, J. P., Foucher, J. P., Erzinger, J., Herzig, P., Muhe, R., Wiedicke, M., Soahai, S. and Whitechurch, H., 1991: *Geology*, **19**, 303-306.
Fournier, R. O., 1973: In *Proceedings of International Symposium on Hydrogeochemistry and Biogeochemistry, Japan.*
Fournier, R. O. and Truesdell, A. H., 1973: *Geochim. Cosmochim. Acta*, **37**, 1255-1275.
Furr, G. and Stumm, W., 1983: *Geochim. Cosmochim. Acta*, **50**, 1847-1860.
Gamo, T., 1995: In *Biogeochemical Processes and Ocean Flux in the Western Pacific* (Sakai, H. and Nozaki, Y., eds.), 425-451.
Ganor, J. and Lasaga, A. C., 1994: *Min. Mag.*, **58A**, 315-316.
Garrels, R. M., 1967: In *Researches in Geochemistry*, Vol. 2 (Abelson, P. H., ed.), John Wiley & Sons.
Garrels, R. M. and Perry, E. A., Jr., 1974: In *The Sea*, Vol. 5 (Goldberg, E. D., ed.), Wiley-Interscience., 303-306.
Garrels, R. M., Mackenzie, F. T. and Hunt, C., 1975: *Chemical Cycles and the Global Environment-Assessing Human Influences*, William Kaufman, Los Altos.
Garrels, R. M. and Lerman, A., 1984: *Am. J. Sci.*, **284**, 989-1007.
Gerlach, T. M., 1989: *J. Volcanol. Geotherm. Res.*, **39**, 221-232.
Giggenbach, W. F., 1981: *Geochim. Cosmochim. Acta*, **45**, 393-410.
Giggenbach, W. F., 1984: *Geochim. Cosmochim. Acta*, **48**, 2693-2711.
Giggenbach, W. F., 1992: *Earth Planet. Sci. Lett.*, **113**, 495-510.
Gnanapragasam, E. and Lewis, B., 1995: *Geochim. Cosmochim. Acta*, **59**, 5103-5111.
Goldberg, E. D., 1976: *The Health of the Oceans*, The UNESCO Press, Paris.
Goldich, S. S., 1938: *J. Geol.*, **46**, 17-58.
Gordon, L., Salutsky, M. C. and Willard, H. H., 1959: *Precipitation from Homogeneous Solution*, Wiley.
Grambow, B., 1985: *Mat. Res. Soc. Symp.*, **44**, 15-27.
Guy, C., 1989: Mechanismes de dissolution des solides dans les solutions hydrothermales deduits de comportments des verres basa Higues et de calcites deformees. Ph. D. Thesis, Universite Paul Sabatier.
Han, M. W. and Suess, E., 1989: *Palaeogeogr. Palaeoclimatol. Palaeoecol.*, **71**, 97-118.
Hannington, M. D., Pertersen, S., Jonasson, I. R. and Franklin, J. M., 1994: In *Generalized*

*Map of the World*, Geological Survey of Canada Open File Report, 2915C, Map 1: 35,000,000 and CD-ROM.
Hardie, L. A., 1991: *Ann. Rev. Earth Planet. Sci.*, **19**, 131-168.
Hart, R. A., 1973: *Can. J. Earth Sci.*, **10**, 799-816.
Harvie, C. E. and Weare, J. H., 1980: *Geochim. Cosmochim. Acta*, **44**, 981-992.
Harvie, C. E., Weare, J. H., Hardie, L. A. and Eugster, H. P., 1980: *Science*, **208**, 498-500.
Hayba, D. O., Bethke, P. M., Heald, P. and Foley, N. K., 1985: In *Reviews in Econ. Geol.*, Vol. 2 (Berger, B. R. and Bethke, P. M., eds.), 129-168.
Hayes, K. F., Redden G., Ela, W. and Leckie, J. O., 1991: *J. Colloid Interface Sci.*, **142**, 448-469.
Haymon, R. M. and Kaster, M. C., 1981: *Earth Planet Sci. Lett.*, **53**, 363-381.
Helgeson, H.C., 1979: In *Geochemistry of Hydrothermal Ore Deposits* (Barnes, H. L., ed.), Wiley-Interscience, 568-610.
Helgeson, H. C., Kirkham, P. H. and Flowers, G. C., 1981: *Am. J. Sci.*, **281**, 1249-1516.
Helgeson, H. C., Murphy, W. M. and Aagaard, D. 1984: *Geochim. Cosmochim. Acta*, **48**, 2405-2432.
Henley, R. W., 1984a: *Reviews in Economic Geol.*, **1**, 45-56.
Henley, R. W., 1984b: *Reviews in Economic Geol.*, **1**, 115-128.
Hiemstra, T., Riemsdijk, W. H. V. and Bolt, G. H., 1989a: *J. Colloid Interface Sci.*, **133**, 91-104.
Hiemstra, T., Wit, J. C. M. P. and Riemsdijk, W. H. V., 1989b: *J. Colloid Interface Sci.*, **133**, 105-117.
Holdren, G. R. Jr. and Speyer, P. M., 1985: *Am. J. Sci.*, **285**, 994-1026.
Holland, H. D., 1978: *The Chemistry of the Atmosphere and Oceans*, Wiley.
Holland, H. D. and Malinin, S. D., 1979: In *Geochemistry of Hydrothermal Ore Deposits* (Barnes, H. L., ed.), Wiley-Interscience, 404-460.
Holland, H. D. and Petersen, U., 1995: *Living Dangerously*, Princeton Univ. Press.
Holser, W. T. and Kaplan, I. R. 1966: *Chem. Geol.*, **1**, 93-135.
Hosking, K. F. G., 1951: *Trans. Roy. Geol. Soc. Cornwall*, **18**, 309-356.
House, W. A., 1981: *J. Chem. Soc. Fraday Trans.*, I, **77**, 341-359.
Husar, R. B. and Husar, J. D., 1985: *J.Geophys. Res.*, **90**, 1115-1125.
Iijima, K., Shoji, Y. and Tomura, T., 2008: *Radiochim. Acta*, **96**, 721-730.
Imboden, D. M. and Gächter, R., 1978: *Ecol. Modelling*, **4**, 77-98.
Imboden, D. M. and Schwarzenbach, R. P., 1985: In *Chemical Processes in Lakes* (Stumm, W., ed.), Wiley-Intersciences, 1-29.
Inskeep, W. P. and Bloom, P. R., 1985: *Geochim. Cosmochim. Acta*, **49**, 2165-2180.
Ito, E., Marris, D. M. and Anderson, A. T. Jr., 1983: *Geochim. Cosmochim. Acta*, **47**, 1613-1624.
Jannasch, H. W. and Mottl, M. J., 1985: *Science*, **229**, 717-725.
Kameda, J., Saruwatari, K., Tanaka, H. and Tsunomori, F., 2004: *Earth Planets and Space*, **56**, 1241-1245.
Kashiwagi, H., Ogawa, Y. and Shikazono, N., 2008: *Palaeogeogr. Palaeoclimatol. Palaeoecol.*, **270**, 139-149.
Kastner, M., Elderfield, H. and Martin, J. B., 1991: *Trans. Roy. Soc. London*, **A-335**, 261-273.

Kawahata, H. and Shikazono, N., 1988: *Can. Min.*, **26**, 555-565.
Kawahata, H., 1989: *Geochem. J.*, **23**, 255-268.
Kazmierczak, T. F., Tomson, M. B. and Nancollas, G. H., 1982: *J. Phys. Chem.*, **86**, 103-107.
Kersting, A. E., Efund, D. W., Finnegan, D. C., Rokop, D. J., Smith, D. K. and Thompson, J. C., 1999: *Nature*, **397**, 56-59.
Kimball, B. A., Callender, E. and Axtmann, E. V., 1995: *Applied Geochem.*, **10**, 285-306.
Kita, I., Matsuo, S. and Wakita, H., 1982: *J. Geophys. Res.*, **87**, 789-795.
Kitahara, S., 1960: *Rev. Phys. Chem. Japan*, **30**, 123-130.
Kobayashi, J., 1960: *Ber. Ohara Inst. Landwirtschaft. Biol., Okayama Univ.*, **11**, 313-358.
Kramer, J. R., 1965: *Geochim. Cosmochim. Acta*, **29**, 921-945.
Kretzschmar, R., Borovec, M., Grollimund, D. and Elimelech, M., 1999: *Adv. Agronomy*, **66**, 121-194.
Lagache, M., 1965: *Bull. Soc. Franc. Miner. Crist.*, **88**, 223-256.
Langmuir, D. 1997: *Aqueous Environmental Geochemistry*, Prentice-Hall.
Lasaga, A. C. and Holland, H. D., 1976: *Geochim. Cosmochim. Acta*, **44**, 815-828.
Lasaga, A. L., 1981a: *Reviews in Mineralogy*, **8**, 69-110.
Lasaga, A. L., 1981b: *Reviews in Mineralogy*, **8**, 135-170.
Lasaga, A. L., 1984: *J. Geophys. Res.*, **89**, 4009-4025.
Lasaga, A. L., 1997: *Kinetic Theory in the Earth Sciences*, Princeton Univ. Press, Princeton, New Jersey.
Lerman, A., Mackenzie, F. T. and Garrels, R. M., 1975: *Geol. Soc. Am. Bull.*, **142**, 205-218.
Lerman, A., 1979: *Geochemical Processes—Water and Sediment Environments*, John Wiley & Sons.
Lichtner, P. C., Oelkers, E. H. and Helgeson, H. C., 1986: *Geochim. Cosmochim. Acta*, **50**, 1951-1966.
Livingstone, D. A., 1983: In *Data of Geochemistry*, 6th ed. (Fleisher, M. ed.), USGS Prof. Pap., 440-G.
Lorens, R. B., 1981: *Geochim. Cosmochim. Acta*, **45**, 553-561.
Lovelock, J. E., Maggs, R. J. and Rasmussen, R. A., 1972; *Nature*, **237**, 452-453.
Mackenzie, F. T. and Garrels, R. M., 1966: *Am. J. Sci.*, **264**, 507-525.
Mann, S., 1988: *Nature*, **332**, 119-124.
Mann, S., 2001: *Biomineral Principle and Concepts in Bioinorganic Materials Chemistry*, Oxford Univ. Press, New York.
Margenau, H. and Murphy, G. M., 1956: *The Mathematics of Physics and Chemistry*, D. Van Nostrand, Princeton.
Marini, L., 2007: *Geological Sequestration of Carbon Dioxide*, Elsevier.
Martin, J. M. and Maybeck, M., 1979: *Marine Chem.*, **7**, 173-206.
Mason, R. P., Fitzgerald, W. F. and Morel, F. M. M., 1994: *Geochim. Cosmochim. Acta*, **58**, 3191-3198.
Meyer, C. and Hemley, J. J., 1969: In *Geochemistry of Hydrothermal Ore Deposits* (Barnes, H. L., ed.), Holt, Rinehart and Winston, 166-235.
Miller, W., Alexander, R., Chapman, N., McKinley, I. and Smellie, J., 1994: *Natural Analogue Studies in the Geological Disposal of Radioactive Wastes*, Elsevier.
Mitsui, S. and Aoki, R., 2001: *J. Nuclear Materials*, **298**, 184-191.
Mizukami, M. and Ohmoto, H., 1983: *Econ. Geol. Mon.*, **5**, 559-569.

Morgan, J. W. and Wandless, G. A., 1980: *Geochim. Cosmochim. Acta*, **44**, 973-980.
Morris, J., Leeman, W. P. and Tera, F., 1990: *Nature*, **344**, 31-36.
Mosbrugger, V., Utescher, T., and Dilcher, D. C., 2005: *Proc. Natl. Acad. Sci.*, **102**, 14964-14969.
Mottl, M. J., 1983: *Geol. Soc. Am. Bull.*, **94**, 161-180.
Muehlenbachs, K., 1977: *Can. J. Earth Sci.*, **14**, 771-776.
Nagasawa, H., 1966: *Science*, **152**, 767.
Nagy, K. L. and Lasaga, A. C., 1992: *Geochim. Cosmochim. Acta*, **56**, 3093-3111.
Nakano, M. and Kawamura, K., 2006: *Clay Science*, **12**, Supplement 2, 76-81.
Nancollas, G. H. and Reddy, M. M., 1971: *J. Colloid. Interface Sci.*, **37**, 824-836.
Nielsen, A. E., 1958: *Acta Chem. Scand.*, **12**, 951-958.
Nielsen, A. E., 1964: *Kinetics of Precipitation*, Pergamon, Oxford.
Nielsen, A. E., 1983: In *Treatise on Analytical Chemistry* (Kolthoff, I. M. and Elving, P. J., eds.), John Wiley & Sons, 268-347.
Nielsen, A. E. and Toft, J. M., 1984: *J. Cryst. Growth*, **67**, 278-288.
Novikov, A. P., Kalmykov, S. N., Utsunomiya, S., Ewing, R. C., Horreard, F., Merkulov, A., Clark, S. B., Tkachev, U. K. and Myasoedov, B. F., 2006: *Science*, **314**, 638-641.
Oelkers, E. H., 2001: *Geochim. Cosmochim. Acta*, **65**, 3703-3719.
Oelkers, E. H. and Gislason, S. R., 2001: *Geochim. Cosmochim. Acta*, **65**, 3671-3681.
Oelkers, E. H. and Schott, J., 2001: *Geochim. Cosmochim. Acta*, **65**, 1219-1231.
Ohmoto, H., Mizukami, H., Drummond, S. E., Eldridge, C. S., Pisutha-Arnond, V. and Lenaugh, T. C., 1983: *Econ. Geol. Mon.*, **5**, 570-600.
Paces, T., 1973: *Geochim. Cosmochim. Acta*, **37**, 2641-2663.
Paces, T., 1983: *Geochim. Cosmochim. Acta*, **47**, 1855-1863.
Pagani, N., Zaches, J. C., Freeman, K. H., Tipple, B. and Bohaty, S., 2005: *Science*, **309**, 600-603.
P. A. G. I. S., 1984: *Summary Report of Phase*, *1*, *a Common Methodological Approach based on European Data and Models*, VI. EUR 9220.
Palandri, J. L. and Kharaka, Y. K., 2004: U.S. Geological Survey, Open File Reports, 2004-1068 (http://water.usgs.gov/pubs/of/2004/1068/pdf/OFR.2004.1068.pdf).
Parks, G. A., 1965: *Chem. Rev.*, **65**, 177-198.
Peacock, S. M., 1990: *Tectonics*, **9**, 1197-1211.
Pearson, R. G., 1968: *J. Chem. Educ.*, **45**, 581-587, 643-648.
Pettersson, U. T. and Ingri, J., 2001: *Chem. Geol.*, **177**, 399-414.
Phillips, O. M., 1991: *Flow and Reactions in Permeable Rocks*, Cambridge Univ. Press.
Pitman, W. C., 1978: *Geol. Soc. Am. Bull.*, **89**, 1289-1403.
Pitzer, K. S., 1973: *J. Phys. Chem.*, **77**, 268-277.
Plummer, L. N., Wigdley, T. M. L. and Parkhurst, D. L., 1979: In *Chemical Modeling in Aqueous Systems* (Jenne, E. A., ed.), Am. Chem. Soc. Symp. Ser. No. 93, 539-573.
Prigogine, I., 1955: *Introduction to Thermodynamics of Irreversible Processes*, Interscience, New York.
Reddy, M. M. and Nancollas, G. H., 1971: *J. Colloid Interface Sci.*, **36**, 166-172.
Reddy, M. M. and Gaillard, W. D., 1981: *J. Colloid Interface Sci.*, **80**, 171-178.
Reed, M. H., 1983: *Econ. Geol.*, **78**, 446-485.
Reed, M. H. and Spycher, N. F., 1984: *Geochim. Cosmochim. Acta*, **46**, 513-528.

Reed, M. H. and Spycher, N. F., 1985: In *Reviews in Economic Geol.*, **2** (Berger, B. R. and Bethke, P. M., eds.), *Geology and Geochemistry of Epithermal System*, 249-272.
Retallack, G. J., 2001: *Nature*, **411**, 287-290.
Rimstidt, J. P. and Barnes, H. L., 1980: *Geochim. Cosmochim. Acta*, **44**, 1683-1699.
Rose, A. W. and Burt, D. M., 1979: In *Geochemistry of Hydrothermal Ore Deposits* (Barnes, H. L., ed.), Wiley-Interscience, 173-235.
Royer, D. L., Wing, S. L., Beerling, D. J., Jolley, D. W., Koch, P. L., Hickey, L. J. and Berner, R. A., 2001: *Science*, **292**, 2310-2313.
Rudnicki, M. D. and Elderfield, H., 1993: *Geochim. Cosmochim. Acta*, **57**, 2939-2957.
Ryan, J. N. and Elimech, M., 1996: *Physicochemical and Engineeing Aspects*, **107**, 1-56.
Sato, T., 1977: In *Volcanic Processes in Ore Genesis*, Vol.6, Elsevier, 129-222.
Sayles, F. L. and Margelsdorf, P. C. Jr., 1977: *Geochim. Cosmochim. Acta*, **41**, 951-960.
Scott, S. D., 1997: In *Geochemistry of Hydrothermal Ore Deposits* (Barnes, H. L., ed.), Wiley-Interscience, 877-936.
Schindler, P. W. and Stumm, W., 1987: In *Aquatic Surface Chemistry: Chemical Processes at the Particle-Water Interface* (Stumm, W., ed.), Wiley, 83-110.
Schoonen, M. A. A. and Barnes, H. L., 1991a: *Geochim. Cosmochim. Acta*, **55**, 1495-1504.
Schoonen, M. A. A. and Barnes, H. L., 1991b: *Geochim. Cosmochim. Acta*, **55**, 1505-1514.
Schoonen, M. A. A. and Barnes, H. L., 1991c: *Geochim. Cosmochim. Acta*, **55**, 3491-3504.
Schrader, R., Wissing, R. and Kubsch, H., 1969: *Z. Anorg. Allg. Chem.*, **365**, 191-198.
Schwertmann, V., Gasser, V. and Sticher, H., 1989: *Geochim. Cosmochim. Acta*, **53**, 1293-1297.
Shikazono, N., 1976: *Geochem. J.*, **10**, 47-50.
Shikazono, N., 1978: *Chem. Geol.*, **23**, 239-254.
Shikazono, N. and Holland, H. D., 1983: *Econ. Geol. Mon.*, **5**, 320-328.
Shikazono, N., Holland, H. D. and Quirk, R. F., 1983: *Econ. Geol. Mon.*, **5**, 329-344.
Shikazono, N., 1984: *Geochem. J.*, **18**, 181-187.
Shikazono, N., 1985: *Chem. Geol.*, **49**, 213-230.
Shikazono, N. and Shimazaki, H., 1985: *Geochem. J.*, **19**, 259-267.
Shikazono, N. and Kawahata, H., 1987: *Can. Min.*, **25**, 465-474.
Shikazono, N., 1988: *Mining Geol. Spec. Issue*, No. 12, 47-55.
Shikazono, N., 1994a: *Geochim. Cosmochim. Acta*, **58**, 2203-2213.
Shikazono, N., 1994b: *The Island Arc*, **3**, 59-65.
Shikazono, N., Nakata, M. and Tokuyama, E., 1994: *Marine Geol.*, **118**, 303-313.
Shikazono, N. and Utada, M., 1997: *Mineralium Deposita*, **32**, 596-606.
Shikazono, N. and Fujimoto, K., 2001: *Bull. Earthq. Res. Inst. Univ. Tokyo*, **76**, 333-340.
Shikazono, N., Yonekawa, N. and Karakizawa, T., 2002: *Resource Geol.*, **52**, 211-221.
Shikazono, N., 2003: *Geochemical and Tectonic Evolution of Arc-Backarc Hydrothermal Systems*, Elsevier.
Shikazono, N., Takino, A. and Ohtani, H., 2005: *Geochem. J.*, **39**, 185-196.
Shikazono, N., Ogawa, Y., Utada, M., Ishiyama, D., Mizuta, T., Ishikawa, N. and Kubota, Y., 2008: *J. Geochem. Exploration*, **98**, 65-79.
Shiraki, R. and Brantley, S. L., 1995: *Geochim. Cosmochim. Acta*, **59**, 1457-1471.
Siegel, M. D. and Bryan, C. R., 2004: In *Treatise on Geochemistry*, Vol. 9 (Lollar, B.S., ed.), *Environmental Geochemistry*, 205-262.

Sillen, L. G., 1961: In *Oceanography* (Sears, M., ed.), AAAS, Washington, D. C., 549-581.
Sillen, L. G., 1967a: *Science*, **156**, 1189-1197.
Sillen, L. G., 1967b: In *Advances in Chemistry Series*, No. 67, *Equilibrium Concepts in Natural Water Systems*, Am. Chem. Soc., Washington, D. C., 57-69.
Sorai, M., Ohsumi, T., Ishikawa, M. and Tsukamoto, K., 2007: *Applied Geochem.*, **15**, 265-279.
Southam, J. R. and Hay, W. W., 1977: *J. Geophys. Res.*, **82**, 3825-3842.
Sposito, G., 1994: *Chemical Equilibria and Kinetics in Soils*, Oxford Univ. Press.
Steefel, C. I. and Van Cappellen, P, 1990: *Geochim. Cosmochim. Acta*, **54**, 2657-2677.
Stumm, W. and Morgan, J.J., 1970: *Aquatic Chemistry*, John Wiley & Sons.
Stumm, W. and Schnoor, J. L., 1995: In *Physics and Chemistry of Lakes* (Lerman, A., Imboden, D. and Gat, J., eds.), Springer, 185-215.
Stumm, W. and Morgan, J. J., 1996: *Aquatic Chemistry* (*3rd ed.*), John Wiley & Sons.
Sugawara, K., 1967: *Chemistry of the Earth's Crust*, II, 510, Israel Program for Sci. Translation, Ltd., Jerusalem.
Sverjensky, D. A., 1994: *Geochim. Cosmochim. Acta*, **58**, 3123-3129.
Sverjensky, D. A. and Sahai, N., 2001: *Geochim. Cosmochim. Acta*, **65**, 3643-3655.
Tajika, E., 1998: *Earth Planet. Sci. Lett.*, **160**, 695-707.
Takeno, N., 1989: *Mining Geol.*, **39**, 295-304.
Takeuchi, T. *et al.*, 2008: *FEBS Lett.*, **582**, 591-596.
Tanaka, K., Ohata, A. and Kawabe, I., 2004: *Geochem. J.*, **38**, 19-32.
Tarney, J., Pickering, K. T., Knipe, R. J. and Sewey, J. D. (eds.), 1991: *Phil. Trans. Roy. Soc. London, A*, **535**, 227-418.
Tesoriero, A. J. and Pankow, J. F., 1996: *Geochim. Cosmochim. Acta*, **60**, 1053-1063.
Tester, J. W., Wopoley, W. G., Robinson, B. A., Grigsby, C. O. and Feerer, J. L., 1994: *Geochim. Cosmochim. Acta*, **58**, 2407-2420.
Thompson, J. B. Jr., 1959: In *Researches in Geochemistry*, Vol. 1. (Abelson, P. H., ed.), John Wiley & Sons, 427-457.
Thompson, J. B. Jr., 1967: In *Researches in Geochemistry*, Vol. 2 (Abelson, P. H., ed.), Cummings Publishing Co., 129-142.
Tivey, M. K. and McDuff, R. E., 1990: *J. Geophys., Res.*, **95**, 12617-12637.
Truesdell, A. H., 1984: *Reviews in Economic Geol.*, Vol. 1 (Henley, R. W. *et al.*, ed.), 129-142.
Uchida, M. and Sawada, A., 1995: *Proceedings of Material Research Society Symposium*, **353**, 387-394.
Van Cappellen, P., 1990: The formation of marine apatite: A kinetic study—Ph. D. dissertation, Yale Univ.
Van Riensdijk, W. H., de Wit, J. C. M., Koopal, L. K. and Bolt, G. H., 1987: *J. Colloid Interface Sci.*, **116**, 511-522.
Veizer, J., Ala, D., Azmy, K., Bruckschen, P., Buhl, D., Brum, F., Caden, G. A. F., Diener, A., Ebneth, S., Godderis, Y., Jasper, T., Korte, C., Dawellek, F., Podlaha, O. G. and Strauss, H. 1999: *Chem. Geol.*, **161**, 59-88.
Wakita, H., Nakamura, Y., Kita, I., Fujii, N. and Notsu, K. *et al.*, 1980: *Science*, **210**, 188-190.
Wallman, K., 2001: *Geochim. Cosmochim. Acta*, **18**, 3005-3025.
Walsh, P. R., Duce, R. A. and Fashing, J. L., 1979: *J. Geophys. Res.*, **84**, 1719-1726.

Walther, J. V. and Wood, B. J., 1986: *Fluid-Rock Interactions during Metamorphism*, Advances in Physical Geochemistry, Vol. 5, Springer-Verlag.
Welch, S. A. and Ullman, 1996: *Geochim. Cosmochim. Acta*, **60**, 2939-2948.
Wells, J. T. and Ghiorso, M. S., 1991: *Geochim. Cosmochim. Acta*, **55**, 2467-2481.
Weres, O., Yee, A. and Tsao, L., 1981: *J. Colloid Interface Sci.*, **84**, 379-402.
Weres, O., Yee, A. and Tsao, L., 1982: Society of Petroleum Engineers, February, 9-16.
Wolery, T. J. and Sleep, N. H., 1976: *J. Geol.*, **84**, 249-275.
Wolery, T. J., 1978: Some chemical aspects of hydrothermal processes at midoceanic ridges —A theoretical study. Ph. D. Thesis, Northwestern Univ.
Wolfe, J. A., 1995: *Ann. Review Earth Planet. Sci.*, **23**, 119-147.
Wollast, R., 1967: *Geochim. Cosmochim. Acta*, **31**, 635-648.
Wollast, R., 1974: In *The Sea*, Vol.5, *Marine Chemistry* (Goldberg, E.D., ed.), Wiley Interscience.
Wood, B. J. and Walther, J. V., 1983: *Science*, **222**, 413-415.
Wood, B. J. and Blundy, J.D., 2001: *Earth Planet. Sci. Lett.*, **188**, 59-71.
Wood, B. J. and Blundy, J.D., 2004: In *Treatise on Geochemistry*, Vol. 2, *The Mantle and Core*, 395-424.
Wood, J. M. and Goldberg, E. D. 1977: In *Global Chemical Cycles and Their Alterations by Man* (Stumm, W., ed.), 137-153.
Yamakawa, M., 1991: *The Third Symposium on Advanced Nuclear Energy Research—Global Environment and Nuclear Energy*, 150-158.
Zachos, J. C., Pagami, M., Sloan, L., Thomas, E. and Billups, K., 2001: *Science*, **292**, 686-693.
Zhong, S. and Mucci, A. 1995: *Geochim. Cosmochim. Acta*, **59**, 443-453.
Zhu, C. and Anderson, G., 2002: *Environmental Applications of Geochemical Modeling*, Cambridge Univ. Press.

# 索引

## ア行

アスパラギン酸　84
アロフェン　113
硫黄（S）　207
　──サイクル　182,193,219
　──-炭素-酸素サイクル　187
　──同位体組成（$\delta^{34}S$）　127,184
　──フガシティー（$f_{S_2}$）　30
イオン強度　8
イオン交換反応　153
イオン交換平衡　36
イオン交換メカニズム　79
イオン半径　8
1次元垂直モデル　231
1段階沸騰　46
雨水-大気反応　213
雨水-土壌反応　215
液相-気相分離　45
黄鉄鉱　30,139
黄銅鉱　30
押し出し流れ-反応モデル　100
押し出し流れモデル　100
オストワルドライプニング　141
汚染　224,232

## カ行

外核　1
海溝　3
開口幅　92
海水　5,44,154
　──-岩石相互作用　154
　──系　50,149
　──循環　117
　──・熱水循環　165
海底熱水系　117,125
海底熱水性鉱床　125

　──生成プロセス　133
海底風化　163
外的営力　2
海洋地殻　2,190
海洋底拡大速度　178
海洋の汚染　232
海嶺　3,164
　──鉱床　200
　──熱水　129
カオリナイト　18,105
化学的風化作用　18,114
化学反応　2
　──進行度　43
　──律速　55
化学平衡　6,102,149,152
　──モデル　6,151
　──論　5,6
化学ポテンシャル　9
　──図　12
化学量論的反応　102
核形成　83
　──速度　142
拡散　3,49,86,89
　──係数　90
　──電気二重層　36
　──二重層モデル　80
　──律速　51,55
　──-流動モデル　139
花崗岩　102,199
　──体　22
火成岩　3
火成・変成作用　182
河川水　154,224
活性化エネルギー　56
活性錯体　61
活動度　6
　──係数　6,8

索引／261

――図　12
――積　23
カップリングモデル　93
カドミウム　33
――濃度　223
過飽和度　57,59
ガラス　66
――固化体　236
岩塩　157
間隙水　161
緩衝材　236
岩石　89
――圏　3
―― - 水溶液反応　127
完全混合システム　149
完全混合モデル　110
カンラン石　20
規格値　115
気候指標　181
擬似コロイド　81
輝石　20
希土類元素（REE）　34
揮発性元素　201
擬非線形モデル　171
ギブサイト　15,106
吸・脱着反応　79
吸着　76
――反応　76
共沈　81
強粘土化変質　120
境膜拡散律速　55
金属鉱床　22
金属錯体化反応　79
空隙　89
――率　123
屈曲度　89
グリーンタフ地域　128
黒鉱鉱床　128,144,199
黒鉱鉱石　200
グローバル硫黄サイクル　193
グローバル炭素サイクル　190
グローバル地球化学サイクル　189,190
グローバル物質循環　3
クロロ錯体　30,31
ケイ酸　84

――塩鉱物　12,17
ケイ藻　160
結晶イオン半径　35,38
元素分配　32
玄武岩　126
―― - 海水反応　42,44
――ガラス　66
コア　1
鉱床　5,23,117
――構成元素　199
硬石膏　41,146
鉱物　12,14,45,89
――トラッピング　245
高レベル放射性廃棄物　82,234
湖沼水　223,225
古植生　180
固体地球　1
固溶体　33,39
――モデル　7
ゴールディッチ・ジャックソンの風化系列　21,95
コロイド　81
混合　145

## サ行

錯体　22
サブシステム　3
酸化還元条件　26
酸化還元電位　29
酸化還元反応　2,27
酸化物　14
酸性雨　5,212
酸素同位体交換平衡　125
酸素同位体組成（$\delta^{18}O$）　124
酸素フガシティー（$f_{O_2}$）　26
システム解析　102
沈み込みフラックス　194
自然システム　5
自然・人間社会システム　204
質量作用の式　26
縞状鉄鉱層　186
重金属イオン　77
重金属元素濃度　220
重晶石　41,47,135,137
収着　81

収れん度　90
準安定相　75,143
蒸発　159
　——岩　157
徐々なる脱ガスモデル　192
シリカ　71
　——鉱物　134
人工バリア　234
真性コロイド　81
新生代　181
深層地下水　105
浸透率　92,93
水銀（Hg）サイクル　210
水圏　3,212
水酸化鉄　78
水酸化物　14
水素同位体　163
水和イオン半径　38,81
水和反応　61
ストロンチウム同位体比（$^{87}Sr/^{86}Sr$ 比）　130
スピノーダル　7
スメクタイト　43
成層圏　2
正則溶液モデル　7,39
生体鉱物　83
　——化現象　83
生物化学サイクル　172,174
生物圏　3
生物作用　158
生物システム　3
ゼオライト　39
石英　13,60,101,123,124,134,137
セリン　84
全安全評価　241
遷移状態理論　57
前駆物質　71,75
線形モデル　171
浅層地下水　105
全体拡散律速　69
選択係数　36
造岩鉱物　20
層準規制型硫化物鉱床　184
層状構造　1
相平衡図　46,130

ゾーニング　22
ソルバス　7

タ行

第1水和定数　77
大気圏　1,205
帯状分布　25
太陽エネルギー　2
大陸地殻　2,190
対流圏　2
滞留時間　97,150,230
多段階沸騰　47
脱プロトネーション　79
ダルシー則　91
短期的サイクル　172,183
短期的リンサイクル　209
炭酸塩　191
　——殻　83
　——-ケイ酸塩サイクル　177
　——鉱物　14,18
弾性体理論　40
弾性歪みエネルギー　40
炭素（C）サイクル　171,190
炭素同位体比（$\delta^{13}C$）　182
炭素同位体分別　182
断熱膨張　117
遅延係数　237
遅延効果　234
地殻　1
地下水　102,124,212,218,220
　——移行シナリオ　235
　——系　50
　——水質形成メカニズム　102
地球外部エネルギー　2
地球化学サイクル　5,168
地球内的システム　189
地球内部エネルギー　2
地球表層環境システム　1,168,189,191
地球表層環境問題　5,204
地圏　3
地熱水　10,116
地表水　106
チムニー　126
中間圏　2
長期的サイクル　172,176,184

長石　12,62
超臨界二酸化炭素　244
貯留層　116,129
沈降‐分散モデル　138
沈澱　145
　　——カイネティックス　136
　　——カイネティックス‐流動モデル　239
　　——速度　74
　　——反応メカニズム　69
　　‐‐流動モデル　135
低温湧水　162
定常完全混合流動‐反応モデル　94
定常状態　149
テトラド効果　35
デバイ・ヒュッケルモデル　8
デービスモデル　8
電荷バランス　17
天然バリア　235
同位体交換平衡　128
島弧・背弧系　201
透水係数　91
動水勾配　91
透水量係数　110
特異吸着　77
土壌　212
　　——水　112,223
　　——組成　112
ドーナー・ホスキンス則　32
ドーナー・ホスキンス分配定数　32
トレーサー拡散係数　88

## ナ行

内核　1
内的営力　2
ナチュラルアナログ研究　241
二酸化炭素（$CO_2$）　5,205
　　——地中貯留問題　243
人間社会　3
　　——システム　3,205,212,234
熱圏　1
熱水　124,163
　　——系　31,50,116
　　——性鉱床　126
　　——組成　123

　　——噴出　126
　　——噴出孔　139
　　——変質作用　122
　　——変質帯　145
　　——溶液　23,31
熱力学データ　152
粘性係数　92
粘土鉱物　36,153

## ハ行

配位子交換反応　80
バイオミネラリゼーション　82
バイオミネラル　83
廃棄物　5,234
　　——体　238
背弧海盆　3,164
反応　49
　　——‐拡散モデル　101
　　——速度　54
　　——速度（固相‐水溶液間）‐流動モデル　108
　　——速度定数　50
　　——律速　50
　　——‐流動モデル　93
ピストン流反応モデル　100
微生物　219
ヒ素（As）　195
ピッツァーモデル　8
非定常完全混合流動‐反応モデル　96
比表面積　92
表面エネルギー　75
表面錯体　58
　　——定数　78
表面張力自由エネルギー　141
表面電荷　63
　　——ゼロ点　64
表面反応　79
　　——律速　51
微量元素　210
　　——サイクル　195
フィックの第1法則　87
フィックの第2法則　89
フィックの法則　87
フィードバック　234
風化作用　19,20

風化指標　114
風化・土壌系　50,112
風化フラックス　188
フェリハイドライト　79
フォーステライト　101
フガシティー　6,26,30
物質移動　49,122
　　──メカニズム　212
　　──論　5,49
物質循環　3
沸騰　45
負の水和　38
部分化学平衡　42
フラックス　168,205
ブラックスモーカー　126
ブラッグモデル　177,180
フリーラジカル反応　85
プレート運動　1
プレート収束境界　162
プレートテクトニクス　3
プロトネーション　79
プロピライト変質　120
分散　49
分子拡散　87
分配　34
　　──係数　33,35
平衡定数　9,27,153
変質海洋地殻　192
変質火山岩　128
変質作用　42
変質層　90
変成作用　42
変動率　115
ベントナイト　236
方鉛鉱　23
ボーウェンの反応系列　21
方解石　17,33,34,66,72
放散虫　83
放射性壊変　236
放射性元素　3
放射性廃棄物　5
　　──地層処分　234
ホウ素（B）　198
放物線則　91
ボックスモデル　5

## マ行

埋没作用　182
マグネシウム問題　165
マントル　190
　　──対流　1
水‐岩石相互作用　4
水‐岩石反応　42
メカノケミカル反応　86
モンモリロナイト　37,105,153

## ヤ行

陽イオン交換能（CEC）　76
陽イオン交換平衡　36
溶液内反応機構　214
溶解‐再結晶モデル　141
溶解速度　53,57,59,97,111
溶解・沈澱反応速度式　50
溶解度　9,14,16,17,20,146
　　──積　77
溶解トラッピング　245
溶解反応速度定数　54
溶解反応メカニズム　60
溶解平衡定数　14
溶解メカニズム　62
溶存硫黄種　26,28
溶脱層　62

## ラ行

らせん成長　74
リザーバー　168,172
硫化鉱物　14,22,30
硫酸還元バクテリア　159
流出帯　116,131
流速　124,137
流体地球　1
流体包有物　48
流通系　98
流動　3,49,91
流入帯　116,126
リン（P）　208
　　──サイクル　185
累帯配列　22,122
レイノルズ数　52
レイリー分別　32

索引／265

ロジスティックモデル　98

**アルファベット**

As　195
B　198
Cサイクル　171,190
CEC　76
CIA　114
$CO_2$　5,205
　——循環　191
　——濃度　47
　——フラックス　207
　——分圧　14
Eh-pH 安定領域　220
$f_{O_2}$　26
$f_{S_2}$　30
GEOCARB モデル　180
$^3$He/$^4$He　164
Hg サイクル　210
HKF モデル　9
$\log f_{O_2}$-pH　28
P　208
P サイクル　185
$P_{CO_2}$　14,20
pH　16,18,20,26,63,226
PZNPC　64
REE　34
S　207
S サイクル　182,193
S-C-O サイクル　187
$^{87}$Sr/$^{86}$Sr 比　130
Total Performance Assessment　241
$\delta^{13}$C　182
$\delta^{18}$O　125
$\delta^{34}$S　127

**著者略歴**
1946 年　東京に生まれる
1969 年　東京大学理学部地学科卒業
1974 年　東京大学理学系大学院地質学博士課程修了
現　　在　慶應義塾大学理工学部教授，理学博士

**主要著書**
『地の底のめぐみ』(1988 年，裳華房)
『地球システム科学入門』(1992 年，東京大学出版会)
『地球環境論』(共著，1996 年，岩波書店)
『地球システムの化学』(1997 年，東京大学出版会)
『社会地球科学』(共著，1998 年，岩波書店)
『廃棄物とのつきあい方』(2001 年，コロナ社)
"Geochemical and Tectonic Evolution of Arc-Backarc Hydrothermal Systems" (2003, Elsevier)
『地球学入門』(2006 年，慶応義塾大学出版会)
『地球惑星システム科学入門』(2009 年，東京大学出版会)

---

地球システム環境化学

2010 年 10 月 15 日　初　版

［検印廃止］

著　者　鹿園直建(しかぞのなおたつ)

発行所　財団法人　東京大学出版会

代表者　長谷川寿一

113-8654　東京都文京区本郷 7-3-1
電話 03-3811-8814　FAX 03-3812-6958
振替 00160-6-59964

印刷所　新日本印刷株式会社
製本所　矢嶋製本株式会社

©2010 Naotatsu Shikazono
ISBN 978-4-13-060755-1　Printed in Japan

Ⓡ〈日本複写権センター委託出版物〉
本書の全部または一部を無断で複写複製(コピー)することは，著作権法上での例外を除き，禁じられています．本書からの複写を希望される場合は，日本複写権センター(03-3401-2382)にご連絡ください．

鹿園直建
**地球惑星システム科学入門**　　　　　　　　　　　　　A5 判 242 頁 / 2800 円

川幡穂高
**海洋地球環境学**　生物地球化学循環から読む　　　　　A5 判 286 頁 / 3600 円

酒井　均・松久幸敬
**安定同位体地球化学**　　　　　　　　　　　　　　　　A5 判 420 頁 / 6700 円

東京大学地球惑星システム科学講座編
**進化する地球惑星システム**　　　　　　　　　　　　　4/6 判 256 頁 / 2500 円

池谷仙之・北里　洋
**地球生物学**　地球と生命の進化　　　　　　　　　　　A5 判 240 頁 / 3000 円

川上紳一
**縞々学**　リズムから地球史に迫る　　　　　　　　　　4/6 判 290 頁 / 3000 円

日本第四紀学会・町田　洋・岩田修二・小野　昭編
**地球史が語る近未来の環境**　　　　　　　　　　　　　4/6 判 274 頁 / 2400 円

ここに表示された価格は本体価格です．ご購入の
際には消費税が加算されますのでご諒承ください．